洞庭湖四口河系水安全及综合调控

甘明辉 刘卡波 施勇 杨大文 编著

中国水利水电出版社
www.waterpub.com.cn

内 容 提 要

本书通过研究建立洞庭湖四口河系水沙数值模型，计算水沙输运及其河床演变的趋势，分析了四口河系河道蓄泄能力的变化，预测了四口河系调控支强干等综合治理方案的水沙运动变化、河道泥沙冲淤变化趋势。采用建立洞庭湖区间洪水模型的方法，通过长江中下游水沙整体模型，动态模拟长江与洞庭湖的水量变化，用以分析三峡工程运用后四口水系河网的泄流能力变化；量化洞庭湖四口河系防洪、水资源配置和水环境保护调控体系的影响。书中最后提出四口河系综合调控体系，主要包括提高四口河系防洪能力、提高水资源配置能力和保护河道、湖泊水环境的综合治理方案。

本书可供从事河系水安全研究人员参考，也可供相关领域技术人员、研究人员阅读、借鉴。

图书在版编目（C I P）数据

洞庭湖四口河系水安全及综合调控 ／ 甘明辉等编著
. -- 北京 ： 中国水利水电出版社，2013.8
ISBN 978-7-5170-0755-5

Ⅰ．①洞… Ⅱ．①甘… Ⅲ．①洞庭湖－水系－水资源
管理－安全管理－研究②洞庭湖－水系－水资源管理－综
合调控－研究 Ⅳ．①TV213.4

中国版本图书馆CIP数据核字(2013)第191460号

书 名	**洞庭湖四口河系水安全及综合调控**
作 者	甘明辉 刘卡波 施勇 杨大文 编著
出版发行	中国水利水电出版社
	（北京市海淀区玉渊潭南路1号D座 100038）
	网址：www.waterpub.com.cn
	E-mail：sales@waterpub.com.cn
	电话：(010) 68367658 （发行部）
经 售	北京科水图书销售中心（零售）
	电话：(010) 88383994、63202643、68545874
	全国各地新华书店和相关出版物销售网点
排 版	中国水利水电出版社微机排版中心
印 刷	北京嘉恒彩色印刷有限责任公司
规 格	184mm×260mm 16开本 17.75印张 502千字
版 次	2013年8月第1版 2013年8月第1次印刷
印 数	0001—1000册
定 价	**60.00元**

本 书 编 委 会

湖 南 省 水 利 厅
张振全　李旷云　王　睿　邓枝柳

湖南省洞庭湖水利工程管理局
沈新平　文柏海　易放辉　谢　石
刘晓群　余元君　邓命华　黄昌林
刘世奇　朱诗好　李志军

清 华 大 学
丛振涛　唐莉华　刘大庆　王智勇
施亚栋　王婷婷

南京水利科学研究院
栾震宇　陈炼钢　金　秋　徐祎凡

湖南省水利水电勘察设计研究总院
廖晓红　黎昔春　宋　平　卢　翔

湖南省洞庭湖可持续发展研究会
刘　艳　张美德　练丽娇　唐凤鸣

序

　　八百里洞庭，激发了历史上无数文人墨客的创作激情，留下许多脍炙人口的传世诗篇，成为中华文化诸多明珠中璀璨的一颗。明清时期以来，大规模的围湖造田，使得洞庭湖成为我国著名的鱼米之乡和商品粮基地，这里滋养着1300多万湖区人民；与此同时，洞庭湖巨大的吞吐能力，也使其成为长江中游防洪体系中最为重要的一环。洞庭湖有着丰富的水土资源、深厚的文化积淀，无疑是湖南省乃至长江中游地区最具发展潜力的区域之一。

　　作为生长在洞庭湖边的湖南澧县人，我对洞庭湖有着深厚的情感。1954年，我曾亲身经历了澧水洪水，当时澧县县城就像大海中的孤岛，那时还是中学生的我们也上堤参加抗洪，情景险急、惊心动魄的场面至今记忆犹新，这也萌发和坚定了我报考水利专业的决心。1955年夏秋的一天，明月清风出洞庭，我自此离开故乡，开始了在清华大学水利系的学习生活，毕业后留校工作。我一直为没有机会为家乡的水利工作出力而感到遗憾，但令人欣慰的是，近年来我和清华大学水利系的一些教师开始参与与洞庭湖相关的研究工作，这弥补了我多年的遗憾。但对于洞庭湖防洪、水资源和生态环境诸多复杂问题，我还是个新兵，还在不断学习之中，为此书作序，实在有些勉强。

　　1867年（同治六年）洪水后，形成了长江干流自松滋口、太平口、藕池口、调弦口进入洞庭湖，汇集湘资沅澧及区间径流，自城陵矶汇入长江的江湖关系基本格局，从而奠定了四口河系地区防洪与水资源利用的基本态势。长期以来，防洪是洞庭湖四口河系地区的主要矛盾，洪灾成为制约当地社会经济的主要因素。自20世纪六七十年代下荆江裁弯取直以来，长江四口（调弦口于1958年堵塞）分流分沙比显著下降，四口河系地区水资源问题日益凸显。三峡工程的建成运行，一方面改善了包括四口河系在内的洞庭湖地区防洪形势，另一方面清水下泄河道冲刷引起四口分流分沙比将进一步下降，导致四口河系水资源矛盾加剧，同时由水量不足引起的水环境问题也日益严峻。

　　在这样的背景下，由湖南省水利厅牵头，湖南省洞庭湖水利工程管理局负责，清华大学、南京水利科学研究院和湖南省水利水电勘测设计研究总院等单位共同开展了公益性行业科研专项经费项目"洞庭湖四口河系防洪、水资源和水环境研究"，本书正是该研究成果的总结提炼。本书基于洞庭湖四口河系地区水安全主要问题识别，通过区间洪水模型与水沙模型，模拟分析了四口河系河道演变与水沙变化形势；在此基础上，分别探讨了三峡工程运行后四口河系地区的防洪、水资源和水环境形势；针对这些问题，提出四口河系防洪、水资源和水环境综合调控体系。从提出问题到分析问题、解决问题，运用科学方法，较为系统地开展了洞庭湖四口河系防洪、水资源和水环境研究，并取得了丰富的成果。本书的研究方法值得借鉴，具体结论对深入认识与积极应对洞庭湖四口河系地区水安全问题有重要的意义。

三峡工程正式运行还不到 10 年，人们对江湖关系演变的认识还在不断深入之中；洞庭湖地区社会经济、生态环境的可持续发展，不断给水利工作者提出更高的要求。洞庭湖防洪、水资源和水环境的相关研究和实践，大有可为！期待本书的作者和有关单位继续深入开展工作，取得更多成果，促进洞庭湖地区的生态文明建设！

2013 年 3 月

前　言

　　四口河系是连接长江与洞庭湖的纽带，四口河系地区是我国重要的商品粮基地，也是洞庭湖湿地生态系统的重要组成部分。受长江及湘、资、沅、澧四水的来水影响，尤其是受长江洪水与澧水洪水遭遇的影响，四口河系地区洪涝频发，历史上多次出现严重洪涝灾害，损失惨重。四口河系的河道堤防长，防洪标准低，保护的人口众多，防洪负担重。长江三峡水利枢纽工程建成运用后，该地区的防洪压力有所减轻，但是洪水威胁仍然存在。

　　近年来，四口河系从长江干流的分流比不断下降，河道断流时间延长，导致该地区出现季节性的水资源供需矛盾。四口河系的水体环境质量总体堪忧，水质已属轻度污染，部分断面总氮浓度超过Ⅴ类水标准，其中华容河的水质尤为恶劣。四口河系分流量减小和季节性断流，进一步加剧了水环境恶化和水资源短缺。现在，三峡工程已经建成运用，为洞庭湖的综合治理提供了条件，迫切需要加强四口河系水安全形势和综合调控体系的研究，旨在为该地区防洪、水资源配置和水生态环境保护等综合治理提供科学支持。

　　在上述背景下，水利部于 2008 年启动了公益性行业科研专项经费项目"洞庭湖四口河系防洪、水资源和水环境研究"。该项目由湖南省水利厅牵头，湖南省洞庭湖水利工程管理局负责，清华大学、南京水利科学研究院和湖南省水利水电勘测设计研究总院等单位共同承担、完成。项目的主要研究内容包括四个方面：①三峡工程蓄水运用后四口河系河道演变规律研究；②三峡工程运用后洞庭湖四口河系水情变化研究；③三峡工程运用后对四口河系河网地区防洪、水资源配置和水环境影响研究；④洞庭湖四口河系水网地区水资源综合调控体系研究。通过现场调查、采样、测量和资料收集、模型研究及数值分析等研究手段，构建了洞庭湖四口河系水沙数值模型、区间洪水模型、水环境分析模型，分析了长江三峡工程不同运行方式下四口河系的河道演变，洪水、水资源和水环境的变化；利用开发模型，综合分析了三峡工程运用后四口河系地区的防洪、水资源及水生态环境面临的形势；在此基础上，提出了洞庭湖四口河系地区的综合调控体系。

　　本书正是对上述项目成果的总结和提炼，并借此向社会各界，特别是从事洞庭湖水安全研究的国内外同行分享我们的研究成果，共同推动洞庭湖的综合治理，以确保洞庭湖地区的长治久安、人民安居乐业。受项目成员投入的时间、精力等限制，书中对一些问题的认识还不够充分，提出的综合治理方案也还不尽完善。恳请读者和同业专家多提出宝贵意见和建议，以促进我们在今后进一步开展深入研究。

编者
2013 年 3 月于长沙

目 录

第1章 洞庭湖四口河系地区基本特征

1.1 自然地理

洞庭湖四口河系地区位于北纬 $28°57'\sim30°25'$，东经 $111°39'\sim113°4'$，是联系长江与洞庭湖的纽带，属于洞庭湖区的一部分，由荆江南岸、长江从洞庭湖北面松滋、太平、藕池、调弦（1958 年封堵）四口及分流到洞庭湖的河道所组成的复杂河网。该地区涉及湖南省岳阳市、常德市、益阳市和湖北省荆州市、宜昌市等 5 市 13 个县（市、区），总面积 9812km²，是典型的洞庭湖平原水网区，夹有荆江南岸低山丘陵分布，大致形成北高南低、西高东低的趋势。地势上由较高的松滋河、虎渡河、藕池河渐次向最低的华容河出口过渡，受洪水冲决、泥沙淤积、水流冲刷切割及人类活动的影响，河流总体由北向南流动，并受地形影响相互串流、相互交织，在径流不断衰减的趋势下，河流特征渐弱。

1.2 社会经济

洞庭湖四口河系地区北临长江，南接洞庭湖，降水丰富，受洪涝灾害影响，当地社会经济发展相对滞后。区域人口总量呈增加趋势，2008 年四口河系地区总人口 458.8 万，其中城镇人口 124.8 万，占 27.2%，工业生产也有一定规模的发展。四口河系地区总面积 9812km²（其中含河洲、山地面积 1004.4km²），耕地面积 580 万亩，主要农作物包括水稻、棉花、油菜、苎麻、蔬菜等，是全国重要的商品粮基地，耕地面积占到全区总面积的一半，渔业及畜牧养殖也较发达，第一产业在社会经济中所占比重大，2008 年国民生产总值 511 亿元，第一产业、第二产业及第三产业比例大体相当（见表 1-1）。

表 1-1　　　　　四口河系地区经济社会基本情况统计表（2008 年）

序号	堤垸名称	县（市、区）	堤垸面积（km²）	耕地面积（亩）	总人口（人）	城镇人口（人）	农村人口（人）	城镇化率（%）	国民生产总值GDP（万元）	第一产业（万元）	第二产业（万元）	第三产业（万元）
1	安保垸	安乡县	375.55	311973	183865	15305	168560	8.32	225440	45791	66073	113576
2	安昌垸	安乡县	117.91	99390	63512	2550	60962	4.01	79758	17318	22965	39475
3	安化垸	安乡县	87.74	68525	49140	3357	45783	6.83	58419	14133	16288	27998
4	安澧垸	安乡县	136.68	112571	72859	4801	68058	6.59	93820	21836	26475	45509
5	安造垸	安乡县	239.98	184498	211750	90061	121689	42.53	143087	28924	41987	72176
6	东山寺（除民生垸）	华容县	125.98	57364	14501	574	13927	3.96	31725	20223	7148	4353

序号	堤垸名称	县（市、区）	堤垸面积（km²）	耕地面积（亩）	总人口（人）	城镇人口（人）	农村人口（人）	城镇化率（%）	国民生产总值GDP（万元）	第一产业（万元）	第二产业（万元）	第三产业（万元）
7	三封寺镇（除钱粮湖垸）	华容县	39	21752	14944	1049	13895	7.02	31887	7286	15290	9311
8	胜峰（除钱粮湖垸）	华容县	65.86	35475	22136	750	21386	3.39	54134	14145	24853	15135
9	采桑湖镇（除钱粮湖垸）	君山区	2.12	1287	558	291	267	52.15	1321	474	493	354
10	许市镇（除钱粮湖垸、建设垸）	君山区	82.20	49897	24404	12731	11673	52.17	51205	18380	19114	13712
11	大通湖东垸	南县、华容县	213.18	175908	129604	23934	105670	18.47	160087	50026	59466	50595
12	大通湖垸	南县、大通湖区、沅江市	1180.39	918840	620533	174852	445681	28.18	766203	302484	212414	251305
13	和康垸	南县	96.92	77850	56838	17557	39281	30.89	66732	29144	12467	25121
14	护城垸	华容县	447.26	348144	257193	41822	215371	16.26	391653	113999	181963	95691
15	集成安合垸	华容县	131.89	106182	67172	1840	65332	2.74	116179	28125	54727	33327
16	建设垸	君山区	62.93	50666	34795	16157	18638	46.43	51997	18663	19408	13923
17	建新农场	君山区	45.84	48314	24215	15420	8795	63.68	49582	17797	18509	13276
18	九垸垸	澧县	48.23	30504	21664	428	21236	1.98	24988	8776	8340	7872
19	君山垸	君山区	90.85	72915	49803	34946	14857	70.17	74828	26860	27932	20037
20	澧松垸	澧县	201.87	132198	108691	5272	103419	4.85	104189	34675	35709	33805
21	民生垸	华容县	143.32	57364	14501	574	13927	3.96	31725	20223	7149	4354
22	南鼎垸	南县	46.29	34556	26258	8111	18147	30.89	31443	13732	5874	11837
23	南汉垸	南县	97.71	79725	67528	20859	46669	30.89	73522	32109	13735	27678
24	七里湖垸	澧县	11.27	11343	3849	117	3732	3.04	5537	1754	1944	1839
25	钱粮湖垸	华容县、君山区	506.36	338235	267002	104558	162444	39.16	369494	117261	149774	102461
26	人民大垸	华容县	32.96	23637	15179	511	14668	3.37	32272	7666	15293	9313
27	西官垸	澧县	74.99	51449	18544	1604	16940	8.65	36845	11669	12936	12240
28	育乐垸	华容县、南县	370.53	292230	308593	90417	218176	29.30	256301	109912	55409	90980
29	张城垸	石首市	2.77	1196	4555	3567	988	78.31	4484	1237	1677	1570
30	保合垸	公安县	73.29	52982	52599	21371	31228	40.63	43437	15518	13494	14425
31	长寿垸	松滋市	144.58	118339	76013	3478	72535	4.58	62513	18867	20711	22935
32	陈公东垸	石首市	52.45	23008	25297	802	24495	3.17	24915	6876	9317	8722
33	陈公西垸	石首市	42.51	20699	18617	2978	15639	16.00	18338	5061	6858	6419

序号	堤垸名称	县（市、区）	堤垸面积（km²）	耕地面积（亩）	总人口（人）	城镇人口（人）	农村人口（人）	城镇化率（%）	国民生产总值GDP（万元）	第一产业（万元）	第二产业（万元）	第三产业（万元）
34	桃花山镇（除东兴垸）	石首市	70.92	15936	16039	1083	14956	6.75	15797	4360	5907	5530
35	东兴垸	石首市	28.83	6306	6347	429	5918	6.76	6251	1725	2338	2188
36	大同东城垸	公安县、荆州区、松滋市	382.83	281591	183781	28352	155429	15.43	175412	64664	50331	60417
37	丢家垸	石首市	25.65	7769	53839	45779	8060	85.03	53025	14635	19829	18561
38	顾复垸	石首市	112.61	58123	49255	7081	42174	14.38	48507	13388	18139	16980
39	横堤垸	石首市	48.77	28614	24466	2164	22302	8.84	24094	6649	9010	8435
40	黄金垸	公安县	334.52	190359	128031	18348	109683	14.33	105730	37771	32846	35113
41	金城垸	石首市	14.41	7970	6388	631	5757	9.88	6293	1737	2353	2203
42	荆江分洪区	公安县	931.79	527046	540036	192878	347158	35.72	445965	159319	138543	148103
43	久合垸	石首市	61.44	37370	25360	586	24774	2.31	24977	6894	9340	8743
44	罗城垸	石首市	39.19	16660	72698	58296	14402	80.19	71601	19762	26774	25065
45	南碾垸	石首市	43.59	20997	27256	11683	15573	42.86	26844	7409	10038	9397
46	南五洲	公安县	47.97	32393	23407	5278	18129	22.55	19330	6906	6005	6419
47	谦吉垸	石首市	130.67	71603	66419	7117	59302	10.72	65416	18055	24462	22899
48	三合垸	石首市	4.77	2346	2068	360	1708	17.41	2037	562	762	713
49	上百里洲垸	枝江市	187.42	176000	91000	6766	84234	7.44	170994	86000	27996	56998
50	胜利垸	石首市	2.55	1098	4181	3274	907	78.31	4118	1137	1540	1441
51	石戈垸	石首市	40.44	17740	19504	619	18885	3.17	19209	5302	7183	6724
52	顺和垸	公安县、松滋市	207.37	106367	85623	17012	68611	19.87	70643	24348	22277	24018
53	同丰垸	公安县	180.04	128731	84967	13853	71114	16.30	70165	25065	21798	23302
54	涴市备蓄区	荆州区、松滋市	99.22	85513	52902	10433	42469	19.72	81054	38941	16134	25979
55	新民外垸	石首市	3.70	2306	2097	167	1930	7.96	2065	570	772	723
56	兴学垸	石首市	16.04	9999	9096	725	8371	7.97	8959	2473	3350	3136
57	永福垸	石首市	10.05	6265	5704	455	5249	7.98	5619	1551	2101	1967
58	老城镇	松滋市	114.03	76335	53620	5012	48608	9.35	44098	13309	14610	16179
59	新江口镇	松滋市	100.99	35601	115392	84185	31207	72.96	94899	28641	31441	34817
60	南海镇	松滋市	175.89	78365	71293	13342	57951	18.71	58632	17696	19425	21511
堤垸合计			8807.11	6038419	4747481	1258552	3488929	26.51	5289794	1789813	1711096	1788885
四口河系合计			8807.11	5795410	4588447	1247991	3340456	27.20	5109717	1744315	1655063	1710339

1.3 河网水系

四口河系位于荆江南岸、洞庭湖北部。长江干流自松滋、太平口、藕池、调弦口分流，向南抵澧水洪道、安乡河、虎渡河、官垸河、下柴市河、注滋口河等分别汇入目平湖、南洞庭湖和东洞庭湖（见图 1-1）。

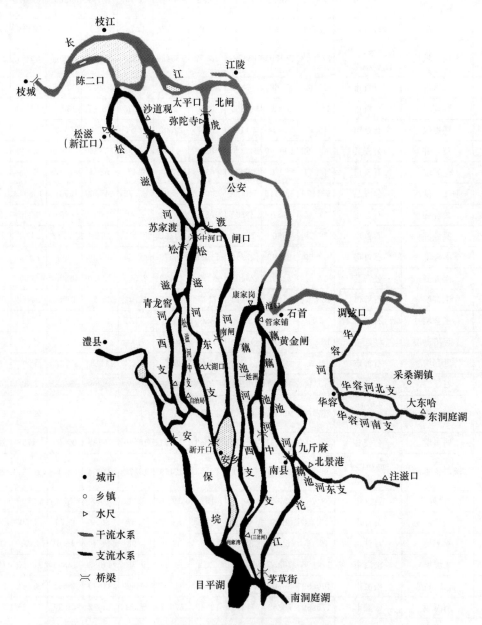

图 1-1　四口河系河道示意图

4

1.3.1　松滋河

松滋河是清朝长江溃口不塞所形成的一条分江水入洞庭湖的河流。根据史料记载，清同治九年（1870 年）黄家铺溃后，堵口修筑不牢，同治十二年（1873 年）大水，黄家铺（今沙道观）复溃，同时冲开庞家湾（今新江口），以后再未堵塞，形成今日的松滋河。当时，松滋溃口后，夺取虎渡河敞道，迫使虎渡河东迁。松滋入口后分为两支，东支经沙道观，西支经新江口，历年实测流量 1954 年新江口最大流量为 6400m³/s，沙道观为 3730m³/s，共为 10130m³/s，1981 年新江口最大流量为 7910m³/s，沙道观有 3120m³/s，共为 11030m³/s，按流量新江口（西支）为主流。

松滋东支从松滋口进入后往东经沙道观、米积台、浦田咀、至中河口，往东有一支经黑狗垱入虎渡河，东支主流仍循南坪、沙窝、黄金堤、至甘家厂后进入湖南境内，在瓦窑与松滋西支相汇合（从许家湾至王守寺，全长 87.35km）。

松滋西支从松滋口起经新江口、新垱、狮子口、甘家咀、郑公渡至杨家垱进入湖南境内经马公湖，至瓦窑河后，因永泰垸废弃，此处已形成一个小湖，从松滋口至瓦窑河（全长 83.36km）逐与东支相汇后又分为三支：东支（大湖口河）、中支（自治局河）、西支（官垸河）。

大湖口河（东支）从余家岗经王守寺、青石碑、马坡湖、香炉脚、大湖口、金龟堡、到小望角，全长 42km（按湖南省水电设计院测量从甘家厂算起至朱家洲全长 43.85km）。其左岸为安乡县安造大垸，右岸为安乡县安澧大垸。

自治局河（中支），由喻家岗，经青龙窖、三汊脑、夹夹，至张九台与五里河交汇，全长 28.93km。其左岸为安乡县安澧大垸，右岸为澧县西洲垸、官垸。

官垸河（西支）自青龙窖，经余家台、官垸码头、乐府拐、濠口、汇口入五里河，全长 35.5km。汇口至张九台一段称五里河，流向不定。官垸河左岸为澧县西洲垸、官垸，右岸为澧县澧松大垸和七里湖农场。

东支、中支、西支均向南流，在五里河先后相汇，流经安乡、白蚌口、武圣宫、肖家湾入湖。因肖家湾以下往南则入目平湖，往东则形成松澧、虎渡河、藕池河合流入赤磊洪道和黄土包河，入南洞庭湖。从张九台、安乡，至肖家湾全长 50km。

1.3.2　虎渡河

虎渡河全长 133.3km，自太平口分泄长江水，经弥陀寺、黄金口，至黑狗垱，松滋东支河口汇入（中河口一段流向不定），再经黄山头南闸进入湖南境内，经大杨树、董家垱、陆家渡，至小河口与松滋河汇合。在湖南省境内从南闸至小河口全长 42.7km。在湖北省境内从太平口至黄山头南闸全长 90.6km。弥陀寺站历年最大流量为 3210m³/s（1962 年 7 月 10 日）。荆江分洪工程建成后，南闸建成，根据设计南闸下泄控制流量为 3800m³/s。南闸以下又称陆家渡河，左岸为安乡县安昌大垸，右岸为安乡县安造大垸。

1.3.3　藕池河

藕池口位于长江右岸新厂下 10km 处，在湖北省石首县和公安县交界的天心洲附近。此处原无口，清咸丰二年（1852 年）马林堤段溃口，当时借口"民力拮据"，未加修复，至咸丰十年（1860 年）长江大水，溃口以下逐渐冲成大河，即称藕池河系。藕池河支流较多，从入口分为康家岗及管家铺二口，其下又分为若干支流。从其分合关系，习惯分东支、中支、西支 3 条支流。按流量大小区分，管家铺为主流，历年实测最大流量为 12800m³/s（1948 年 7 月 21 日），（1954 年藕池口进口最大流量为 14790m³/s，其中管家铺分流 11900m³/s）从藕池口进口后经康家岗、管家铺、老山咀，黄金咀（即湖北省久合垸北端），江波渡、梅田湖、扇子拐、南县城、九斤麻、罗文窖、北景港、文家铺、明山头、胡子口、复兴港、注滋口、刘家铺、新洲注入东洞庭湖，全长 91km、称藕池东支，其中从黄金咀往西有一支流南下，称藕池中支。在湖南境内称荷花咀河，从黄金咀经团山寺至陈家岭（南县南鼎垸头上）分为东西两支，西支称陈家岭小河，东支称施家渡小河，过南鼎垸之后，在华美垸尾上两支流相汇南下，经荷花咀、下游港、至下柴市与藕池西支相汇后，经三岔河，至茅草街与松、澧、虎合流入湖。

藕池西支，又称安乡河、官垱河，从康家岗，沿荆江分洪区南堤再经官垱、曹家铺、麻河口、鸿宝局、下柴市、厂窖、三岔河，至下狗头洲，全长 86km，历年实测最大流量为 6810m³/s（1987 年 7 月 24 日）。另外藕池河东支至华容集成大垸北端殷家洲一支往西，经鲇鱼须、宋家嘴、沙口、县河口，至九斤麻又与主流汇合，这段小河全长 26km，习惯称鲇鱼须河。藕池河东支到九斤麻后，一支往南、一支往东，形成 X 形，往南的称沱江（2003 年，沱江上下游建闸形成三仙湖平原水库），经乌咀、小北洲、中鱼口、沙港市、三仙湖、八百弓，至茅草街，与松澧虎及藕池中、西支汇入湖，沱江全长 39km。往东自九斤麻以下称注滋口河，其交叉一段长约 1km 多，系民国二十四年（1935 年）开挖，称扁担河。

藕池河东支进入湖南之后，左岸为华容县集成垸、安合垸、禹磐垸，新生垸、钱粮湖农场、华容县团洲垸，右岸为华容县永固垸、南县育乐垸、大通湖大圈、华容县隆庆西垸、团山垸及新洲垸，其中鲇鱼须小河左岸为华容县护城大垸、禹磐垸，右岸有华容县集成大垸、安合垸。沱江左岸有大通湖大圈，右岸有南县育乐大垸。藕池中支进入湖南境内左岸有华容县永固垸、南县育乐大垸，右岸有南县南鼎垸和康大垸，（陈家岭小河右岸为安乡县安化垸）。藕池河西支进入湖南境内后左岸为安乡县安文、安化垸、南县和康大垸，右岸为安乡县安昌大垸和南县南鸿垸。

1.3.4　华容河

华容河流域内总人口 100 万。华容河自湖北省调关镇附近调弦口分流，江水进入后在湖北段称为调弦河，在湖南境内习惯称为华容河，经焦山镇，至大王山进入湖南境内，经万庾、石山矶，至华容县城，分南、北两支（其中间为华容县新华垸），至罐头尖汇合，经旗杆咀入湖，1958 年冬，上游建调弦口闸控制，下游在旗杆咀建六门闸，河道两岸堤防不再直接临洪。从调弦口至旗杆咀全长 60.5km（其中：湖北省石首段长 12km，湖南省华容县段长 35.5km，君山段长 13km），流域面积 1679.8km²，进入湖南境内后，左岸为华容县人民垸、新泰垸及钱粮湖农场，右岸为华容县护城垸、双德垸及钱粮湖农场。

1.3.5　四口河系的临近水系

与四口河系直接相邻的是长江荆江河段、城陵矶河段和洞庭湖水系（见图 1-2）。

长江约 100 万 km² 的水沙出宜昌经沙市进入荆江河段，流向广袤的中下游平原区，并经过南岸四口分流入洞庭湖，再在城陵矶附近与洞庭湖出流汇合，进入城螺河段，螺山水文站控制集水面积约 130 万 km²。荆江与城螺河段河道安全泄量大致为 50000m³/s 和

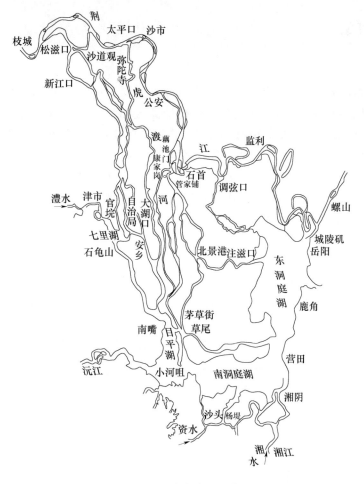

图 1-2　洞庭湖水系示意图

60000m³/s，但由于长江上游洪水与洞庭湖的湘、资、沅、澧洪水遭遇机会多，超过河道安全泄量的洪水经常发生，洪水在洞庭湖调蓄的时间特别长，使得这一河段的防洪问题特别突出。三峡工程启用后，因江湖关系的历史变迁导致洪水在城陵矶附近集中，仍有巨大的超额洪量需要分蓄洪，而这一问题并没有良好的对策。

　　洞庭湖为我国第二大淡水湖。洞庭湖汇集湘、资、沅、澧四水及湖周边中小河流，承接经松滋、太平、藕池、调弦（1958 年冬封堵）四口分泄的长江洪水，其分流与调蓄功能，对长江中游地区防洪起着十分重要的作用。湖区包括荆江河段以南，湘、资、沅、澧四水尾间控制站以下，高程在 50m 以下跨湘、鄂两省的广大平原、湖泊水网区，湖区总面积 18780km²，其中天然湖泊面积约 2625km²，洪道面积 1418km²，受堤防保护面积 14641km²。洞庭湖分西、南、东三片，洪水时河湖连成一片。三峡投入运行前，湖区每年平均入湖泥沙量为 1.46 亿 t，出湖泥沙为 0.47 亿 t，每年有近 1 亿 t 的泥沙沉积在洞庭湖内，平均每年淤高 0.03m。洞庭湖泥沙淤积主要来自长江，每年约 1.2 亿 t；其次是来自四水流域，每年约 0.26 亿 t。三峡投入运行以来，四口分流分沙发生了新的变化，但分泄洪水仍占荆江洪水的 1/3～1/4，洞庭湖调蓄了四口和四水入湖洪水的 28%。

1.4 水文气象

1.4.1 气象

四口河系地区有南县、华容、安乡3个气象站。据对该3站1956~2008年气象资料的统计，本地区多年平均气温16.8℃，极端最高气温40.0℃（华容站1971年7月21日），极端最低气温－13.1℃（南县站1972年2月9日）。多年平均年降雨量1241.2~1265.6mm，降雨量在年内和年际间分配不均匀，汛期4~9月降雨量844.4mm，占全年降雨量的67.4%以上，最大年降雨量为1933.8mm（南县站2002年），最小年降雨量为750.9mm（华容站1968年），最大值为最小值的2.58倍。多年平均年蒸发量1174.5~1251.0mm。极端全年最大风速24.0m/s，极端汛期最大风速20.0m/s，多年平均汛期最大风速11.6m/s。

1.4.2 水文

洞庭湖区水文站网密布，四水控制站有湘潭（湘江）、桃江（资水）、桃源（沅水）、石门（澧水），四口控制站有新江口、沙道观、弥陀寺、管家铺、康家岗。洞庭湖出口控制站为城陵矶（七里山）水文站；在湖区水系中还有几十个水文（水位）站。长江干流有关的水文（水位）站有宜昌、枝城、沙市、监利、莲花塘、螺山等（见表1-2）。

表1-2　　　　　　　　　　洞庭湖水系主要水文站网情况表

河　流	站　名	面积（km²）	设立日期	主要测验项目
湘江	湘潭	81638	1936年1月	水位、流量、含沙量
资水	桃江	26704	1941年6月	水位、流量、含沙量
沅江	桃源	85223	1948年1月	水位、流量、含沙量
澧水	石门（三江口）	15307	1950年1月	水位、流量、含沙量
松滋河	新江口		1955年1月	水位、流量、含沙量
松滋河	沙道观		1951年2月	水位、流量、含沙量
松滋河	瓦窑河		1956年1月	水位
松滋河	官垸		1955年1月	水位、流量
松滋河	自治局		1955年1月	水位、流量
松滋河	大湖口		1955年1月	水位、流量
松滋河	安乡		1950年3月	水位、流量、含沙量
松滋河	肖家湾		1956年6月	水位
虎渡河	弥砣寺		1952年6月	水位、流量、含沙量
藕池河	管家铺		1952年6月	水位、流量、含沙量
藕池河	康家岗		1952年6月	水位、流量、含沙量
藕池河	厂窖（三岔河）		1951年6月	水位、流量、含沙量
藕池河	南县（北景港）		1951年6月	水位、流量、含沙量
洞庭湖	南嘴		1950年2月	水位、流量、含沙量

河 流	站 名	面积（km²）	设立日期	主要测验项目
洞庭湖	小河嘴		1951 年 7 月	水位、流量
洞庭湖	城陵矶		1904 年 1 月	水位、流量、含沙量
长江	宜昌	1005501	1877 年 4 月	水位、流量、含沙量
长江	枝城	1024131	1925 年 6 月	水位、流量、含沙量
长江	沙市		1933 年 1 月	水位、流量、含沙量
长江	监利		1950 年 8 月	水位、流量、含沙量
长江	莲花塘		1936 年 5 月	水位
长江	螺山		1953 年 5 月	水位、流量、含沙量

注　表中部分水文站的控制流域面积缺值是因为该水文站在河网地区，没有明确的流域面积。

1.4.2.1　水沙特征

四口河系连通关系复杂，各区域水力特性有较大的差异。洞庭湖河网区河道纵横、汊点密布，受长江干流水位起伏、四口分流变化和洞庭湖水位顶托的综合影响，在大、中、小水的不同时期，河道流向不定。洞庭湖接纳长江和四水洪水后，回吐长江，24 个蓄洪垸在破垸后吐纳洪水，形成了河道往复流、倒流及其环流等复杂河网水沙运动特点。

根据 1955～2008 年资料统计，四口河系多年平均年入湖径流量为 872.4 亿 m³，其中，松滋口多年平均年径流量为 406 亿 m³，太平口多年平均年径流量为 155 亿 m³，藕池口多年平均年径流量为 311.4 亿 m³。四口河系径流年内分配不均匀，汛期 6～8 月来水占全年 59.3%（见表 1-3）。

表 1-3　　　　　　四口河系控制站 1955～2008 年平均逐月流量

站点 项目 月份	新江口		沙道观		弥陀寺（二）		藕池（康）		藕池（管）		四口合计	
	流量 (m³/s)	占全年的百分比(%)	流量 (m³/s)	占全年的百分比(%)	流量 (m³/s)	占全年的百分比(%)	流量 (m³/s)	占全年的百分比(%)	流量 (m³/s)	占全年的百分比(%)	流量 (m³/s)	占全年的百分比(%)
1	28.8	0.3	3.32	0.1	9.47	0.2	0	0	5.45	0	47.04	0.1
2	16.9	0.1	1.87	0	4.25	0.1	0	0	1.33	0	24.35	0.1
3	41.9	0.4	4.15	0.1	14.6	0.2	0	0	10.4	0.1	71.05	0.2
4	203	1.8	27.9	0.7	84.2	1.4	0.22	0	73.5	0.7	388.82	1.2
5	672	5.9	156	3.9	340	5.8	10.3	1.3	450	4.1	1628.3	4.9
6	1380	12.2	446	11.3	746	12.7	57.7	7.5	1180	10.7	3809.7	11.6
7	2630	23.2	1080	27.3	1390	23.7	279	36.3	3060	27.9	8439	25.6
8	2310	20.3	915	23.1	1240	21.2	220	28.6	2590	23.6	7275	22.1
9	2120	18.7	804	20.3	1110	18.9	159	20.7	2210	20.1	6403	19.4
10	1320	11.6	406	10.3	662	11.3	41.2	5.4	1090	9.9	3519.2	10.7
11	515	4.5	98.5	2.5	216	3.7	1.84	0.2	272	2.5	1103.3	3.4
12	117	1.0	12.6	0.3	42.3	0.7	0	0	43.7	0.4	215.6	0.7

20 世纪 60～70 年代，下荆江共实施了 3 处裁弯，缩短了下荆江河道里程 78km。裁弯工程使得下荆江对上荆江河段的顶托减小，上荆江河段泄流能力增加，同流量水位降低，导致四口河系分流急剧减少。四口河系实测分流水量最大为 1954 年的 2330 亿 m^3，1951～1958 年平均分流量为 1491 亿 m^3，而当前，四口河系最小径流量出现在 2006 年，仅剩 183 亿 m^3，还不足 1954 年 2330 亿 m^3 的 7.8%，2003～2008 年平均分流量为 498.2 亿 m^3，也只占 1951～1958 年平均的 33.4%，四口河系河道萎缩、河流特征消失势成必然。同时，由于径流减少幅度巨大，四口河系断流时间逐渐延长，松滋东支 2002 年以前平均断流 150 天，2003～2008 年为 199 天，增加了 49 天；虎渡河南闸以上由中河口分流入松滋东支，三峡工程蓄水后平均断流由 125 天增至 156 天，增加了 31 天，受南闸底板高于河床 5.0m 的影响，下游断流一般在 280 天以上；藕池河西支则相应由断流 241 天增至 257 天，东支由 138 天增至 186 天，分别延长 16 天与 48 天，2006 年藕池河西支断流时间长达 336 天。由于四口河系断流情况日益加剧，水资源问题日益突显。

　　松滋口、太平口、藕池口多年平均年输沙量分别为 0.42 亿 t、0.17 亿 t、0.49 亿 t，三口多年平均年输沙量为 1.08 亿 t。三口输沙量呈逐渐减少趋势，三峡工程蓄水运用前，三口多年（1955～2002 年）平均年输沙量为 1.2 亿 t，三峡工程蓄水运用后，拦蓄长江洪水和泥沙作用明显，长江经这三口河系进入洞庭湖的泥沙由平均每年 1 亿多 t 减少到目前的不足 0.2 亿 t，2003～2008 年，三口多年平均年输沙量为 0.14 亿 t，同时长江上游水利工程的修建及水土保持工程的实施还将减少进入三峡水库的泥沙，经这三口河系进入洞庭湖的泥沙将更为减少。

　　在自然演变和人类活动的共同影响下，荆江河段的水沙变化引起河床的冲刷，相应荆江下泄水量的增加，加大对洞庭湖出口水位的顶托，出口水量沙量相应减少，与之相应的四口洪道萎缩，四口河系分流分沙减少，形成洞庭湖区来水来沙量多进多出少进少出的局面。荆江河段下泄泥沙在水面比降较缓的城陵矶至汉口河段落淤，河床相应抬高，影响城螺河段的泄流能力，进而对荆江河段下泄流量和洞庭湖出口出流能力产生作用。这三大区域的水沙变化互为因果，是长江中下游江湖关系变化的具体体现，也是四口河系水沙模拟的重点和难点。

1.4.2.2　洪水

　　四口河系洪水主要来源于长江，其特点与长江上游来水一致，也与澧水洪水遭遇和洞庭湖高洪水位顶托直接相关。四口河系洪峰主要出现在 5～10 月，最多为 7 月，其次为 8 月。多年平均合成洪峰流量为 8680 m^3/s。受四口河系分流的长江洪水、湘、资、沅、澧四水洪水及长江干流洪水在城陵矶附近形成顶托导致湖区水位全面抬升的影响，四口河系地区洪涝灾害频繁，尤其是当长江洪水与澧水洪水遭遇时灾害损失惨重。1949 年新中国成立以来造成较大洪灾损失的以 1954 年、1996 年和 1998 年洪水为主，最大洪峰流量为 1954 年 8 月 7 日的 24900 m^3/s，最大 30 天分流入湖洪量为 580×$10^8 m^3$（见表 1-4）。总体而言，四口河系防洪问题是江湖关系演变的结果。

　　新中国成立后，四口河系地区经多年建设，防洪治涝条件有了根本改善，但由于这一平原河网区洪水来源众多，且受荆江和城陵矶河段泄流能力控制，遇大水年份洪涝灾害仍然非常严重。超额洪水问题是长江中游的主要矛盾，为了分流长江洪水入洞庭湖，四口河系承担着巨大的防洪压力。

表 1-4 　　　　　　　　　　　　四口河系洪水流量特征表

项目		典型洪水年	1954 年	1996 年	1998 年
最大日均流量 （m³/s）		入洞庭湖总流量	61380	51527	47583
		长江四口分流入洞庭湖流量	24884	7894	12917
最大洪量 （亿 m³）	最大 1 天 洪量	入洞庭湖总洪量	53.03	44.50	41.15
		四水分洪量	31.53	37.70	29.95
		长江四口分洪量	21.50	6.80	11.20
		四口分洪量占总入湖 洪量的百分比（%）	40.54	15.28	27.22
	最大 3 天 洪量	入洞庭湖总洪量	148.60	131.73	110.01
		四水分洪量	85.90	111.63	77.71
		长江四口分洪量	62.70	20.10	32.30
		四口分洪量占总入湖 洪量的百分比（%）	42.19	15.26	29.36
	最大 15 天 洪量	入洞庭湖总洪量	606.60	466.80	391.60
		四水分洪量	295.80	358.30	291.50
		长江四口分洪量	310.80	108.50	100.10
		四口分洪量占总入湖 洪量的百分比（%）	51.24	23.24	25.56
	最大 30 天 洪量	入洞庭湖总洪量	1078.60	729.90	677.60
		四水分洪量	498.90	505.80	313.00
		长江四口分洪量	579.70	224.10	364.60
		四口分洪量占总入湖 洪量的百分比（%）	53.75	30.70	53.81

　　松滋、虎渡、藕池、华容河四河，河道总长 965km，两岸堤防长 2074.20km，保护 458.8 万人，其中松滋河水网区一线防洪大堤长 429.30km，总人口 64.67 万人，人均堤长 0.66m，比湖区人均 0.39m 长 0.27m。藕池河中、西支大堤 411.90km，总人口 55.72 万人，人均堤长 0.74m，高于湖区人均值 90%。四口河系河道交叉干扰、堤垸条块分割，一般洪水持续时间长达 2～3 个月，防洪负担重。现有堤防工程设计水位东、南洞庭湖按 1954 年实际洪水位控制，西洞庭湖以 1991 年实际洪水位控制，受泥沙淤积影响和通江湖泊围垦，堤防标准大多不足十年一遇，四口河系地区是洞庭湖区防洪负担最重的地区。

1.5　水生态环境

　　洞庭湖呈典型的河湖交叉型景观，湿地资源十分丰富，在亚热带内陆湿地中具有典型的代表性。由于长江四口河系的洪道切割和相互顶托，河道泥沙运动十分复杂，泥沙呈不规则形堆积，在四口河网地区形成了形状各异的洲滩。受长江水量的周期性变化影响，该地区形成了水域、沼泽、浅滩等复杂的湿地自然景观。每年丰水期为6～9月，枯水期为12月至次年3月，夏季以明水地貌为主，冬季可分为明水、潮泥滩、泥炭沼泽和芦苇沼泽等湿地类型。四口河系是连接长江与洞庭湖的主要通道，也是鱼类和其他水生生物的主要栖息地和通道，对维持洞庭湖完整的生态系统具有十分重要的意义。

随着国民经济的迅速发展、人口的增长、泥沙的淤积和大量污染物排入湖内等自然和人为因素的影响，洞庭湖的过水量逐渐减少，水位逐渐降低，加剧了湖泊富营养化趋势，湖区水域的污染程度也日渐严重。据相关调查分析结果，一方面，洞庭湖水质现已属轻度污染，富营养化程度已达到中等以上级别，农业面源污染和城市生活污染继续上升，导致有机污染负荷逐年升高；另一方面，洞庭湖湖区由于泥沙淤积，河床抬高，田面高程相对下降，形成垸老田低，使地下水位升高，稻田土壤次生潜育化，整个湖区的农业生态受到严重的威胁，影响了洞庭湖生态结构的平衡发展。

根据现场水质调查和有关资料分析，洞庭湖四口河系的水体环境质量堪忧，综合评价监测显示断面水质大都为Ⅲ类和Ⅳ类水，水质已属轻度污染，部分断面总氮浓度甚至超过Ⅴ类水标准。松滋河水质不同时期变化明显，其丰水期水质明显优于枯水期和平水期，丰水期和平水期能达到《地表水环境质量标准》Ⅱ级标准，枯水期由于水量较小，且沿岸有酿酒、造纸、生物化工废水和生活污水排入，水质较差，主要污染物是悬浮物、氨氮等。2008年3月松滋河较长河段出现"水华"现象，经检测，系多甲藻类暴发，其浓度高达8.56亿个/L。根据荆江市《2005年环境质量公报》，虎渡河水质保持在《地表水环境质量标准》Ⅱ类水限值范围，达到水功能区划要求。藕池河的水质相对较差，2006年藕池河官垱断面为Ⅵ类水质，湖北和湖南交界处水质为劣Ⅴ类，均不满足Ⅲ类水的水功能区划要求。由于调弦口闸的完全淤塞，华容河难有过境水流，接纳着汛期径流和生活及企业排污水，因此其河道水质十分恶劣。

洞庭湖四口河系部分地区如湖南安乡、南县、华容，湖北石首、公安的城镇乃至农村，因地下水含氟、铁过高无法取用，地表水污染日趋严重，饮用水安全受到严重威胁；水环境恶化还导致血吸虫、鼠患等次生灾害增加。例如，藕池河东支的殷家洲河段、藕池河中支团山河虎山头河段，原属于非血吸虫疫区，但2002年发生血吸虫急感病251例，其中晚期29人。洞庭湖区2006年爆发鼠患与洪道和湖泊洲滩长时期没有高洪水位淹没直接相关。

第 2 章　洞庭湖区间洪水及
四口河系水沙数值模拟

洞庭湖河网区河道纵横、汊点密布，受长江干流水位起伏、三口分流变化和洞庭湖水位顶托的综合影响，在大、中、小水的不同时期，河道流向不定，河道水沙冲淤变化复杂。洞庭湖泊接纳长江和洞庭湖四水洪水后，回吐长江，起调蓄和输水的作用，洞庭湖24个蓄洪垸在破垸后吐纳洪水，起调蓄滞流洪水作用。根据上述各区域水力特性，综合水力学、水文学和河流泥沙工程学等理论和数值计算方法，建立一维河网水沙算法和二维湖泊水沙算法相结合，水力计算与水文调蓄演算相结合，数值计算和经验处理相结合的系统模型算法，形成模型模块结构化和模型算法层次化的数学模拟模型。

洞庭湖四口河系是长江中下游防洪系统的一部分，水沙数值模拟需要纳入长江中下游水沙整体模拟来考虑。在长江中下游水沙模拟模型的基础上，研制洞庭湖四口河系的水沙数值模拟模型是本项目研究主要任务之一，洞庭湖区间洪水模拟是其中的重要组成部分。建模思路如下。

（1）根据研究区域水力特性，综合水力学、水文学和河流泥沙工程学等理论和数值计算方法，建立四口河系一维河网水沙算法和二维湖泊水沙算法相结合，水力计算与水文调蓄演算相结合，数值计算和经验处理相结合的系统模型算法，形成模型模块结构化和模型算法层次化的数学模拟模型。

（2）三峡工程运用后，荆江河段的水沙变化引起河床的冲刷，四口洪道萎缩，四口分流分沙减少；洞庭湖在入湖沙量减小情况下，荆江下泄水量的增加，加大对洞庭湖出口水位的顶托，使得洞庭湖出口水量沙量相应减少；城陵矶至汉口的长江干流河段水面比降较缓，河床相应抬高，影响城螺河段的泄流能力，对洞庭湖出口的出流能力产生作用。拟建立的四口河系水沙模型必须具有模拟上述三个关键环节的水沙变化。

（3）山丘区在汛期和非汛期的产流具有蓄满产流和超渗产流的不同机制，且山丘流域的地形地貌和河网特征；堤垸区地势低洼，地下水位常年较高，产流机制多为蓄满产流，但不同土地利用类型的径流系数不同，垸内河网发达，降雨径流很快进入垸内河网及内湖。根据山丘区和堤垸区不同的水文特征，宜采用不同的水文模型来模拟山丘区和堤垸区的洪水过程。

2.1　洞庭湖区间洪水模型

2.1.1　区间洪水模型计算范围及模型结构

洞庭湖区间洪水模拟范围（见图2-1），包括四水最下游的水文控制站以北及长江四口以南的区域，产流面积为50632km²。考虑到山丘区在汛期和非汛期的产流具有蓄满产流和超渗产流的不同机制，以及山丘流域的地形地貌和河网特征，研究中采用了基于地貌特征的分布式模型结构，基于Richards方程的产流模拟和基于运动波方程的汇流模拟方法，分别建立了浏阳河流域、沩水流域、汨罗江流域和新墙河流域的分布式水文模型。堤垸区地势低洼，地下水位常年较高，产流机制多为蓄满产流，但不同土地利用类型的径流系数不同；垸内河网发达，降雨径流很快进入垸内河网及内湖。研究中将洞庭湖堤垸区划分为1km×1km网格，并将土地利用划分为水面、稻田、旱地及城镇用地四种类型，基于新安江模型原理建立了堤垸区的分布式水文模拟模型。

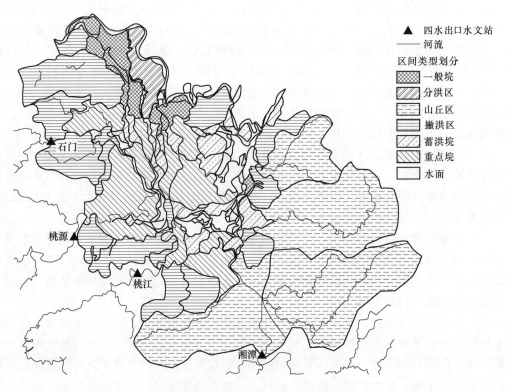

图 2-1　洞庭湖区间洪水模拟范围

2.1.2　山丘区的分布水文模拟算法

以流域空间信息库为支撑，首先利用数字高程模型（DEM）生成河网水系并进行子流域划分，并提取描述流域地形地貌的参数；然后将流域在空间上离散为由河网项连接的一系列山坡单元，并根据下垫面的地理信息附给每个单元的地形、土地利用、植被和土壤类型等参数。在山坡单元建立基于Richards方程的产流模拟算法，在河网建立基于运动波方程的汇流模拟算法，从而实现流域的产汇流计算。

2.1.2.1　山坡单元水文过程描述

将山坡单元在垂直方向划分为3层：植被层、非饱和带、潜水层（见图2-2）。在植被层，考虑降水截留和截留蒸发；在非饱和土壤层，沿深度方向进一步划分为若干亚层，每层厚度约0.1~0.5m，降雨入渗是该层上边界条件，而蒸发和蒸腾是其中的源汇项；在潜水层，考虑其与河流之间的水量交换。

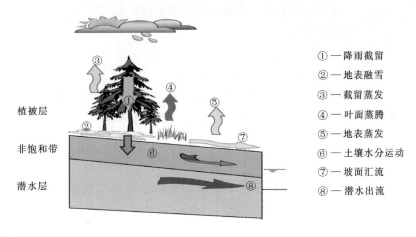

图 2-2 山坡单元水文过程描述

① ——降雨截留
② ——地表融雪
③ ——截留蒸发
④ ——叶面蒸腾
⑤ ——地表蒸发
⑥ ——土壤水分运动
⑦ ——坡面汇流
⑧ ——潜水出流

1. 冠层降雨截留

植被冠层对降雨截留能力一般随植被种类和季节而变化，可视为叶面积指数 LAI 的函数

$$S_{co}(t) = I_0 \cdot K_v \cdot LAI(t) \tag{2-1}$$

式中　$S_{co}(t)$ ——t 时刻的植被冠层的最大截留能力，mm；

　　　I_0 ——植被截留系数，与植被类型有关，一般为 0.10～0.20；

　　　K_v ——植被覆盖率；

　　$LAI(t)$ ——t 时刻的植被叶面积指数，该指数可依据遥感获得的 NDVI 值估算。

某一时刻的实际降雨截留量由该时刻的降雨量和冠层潜在截留能力共同决定的，t 时刻的冠层潜在截留能力为

$$S_{cd}(t) = S_{co}(t) - S_c(t) \tag{2-2}$$

式中　$S_{cd}(t)$ ——t 时刻的冠层潜在截留能力，mm；

　　　$S_c(t)$ ——t 时刻冠层的蓄水量，mm。

考虑到降雨强度 $R(t)$（mm/h），则在该 Δt 时段内冠层的实际截留量为

$$I_{actual}(t) = \begin{cases} R(t) \cdot \Delta t, R(t) \cdot \Delta t \leqslant S_{cd}(t) \\ S_{cd}(t), R(t) \cdot \Delta t > S_{cd}(t) \end{cases} \tag{2-3}$$

2. 实际蒸散发量估算

蒸散发包括植被冠层截留水量、水面和裸土蒸发，以及植被蒸腾，计算中考虑植被覆盖率、冠层叶面积指数、土壤含水量及根系分布，由潜在蒸发能力计算得到。

植被冠层截留蓄水的蒸发率计算的表达式为

$$E_{canopy}(t) = \begin{cases} K_v K_c E_p, S_c(t) \geqslant K_v K_c E_p \cdot \Delta t \\ S_c(t)/\Delta t, S_c(t) < K_v K_c E_p \cdot \Delta t \end{cases} \tag{2-4}$$

15

式中　$E_{canopy}(t)$ ——t 时刻的冠层截留蓄水的蒸发率，mm/h；

　　　　K_v——植被覆盖率；

　　　　K_c——参考作物系数；

　　　　E_p——潜在蒸发率，mm/h。

植被蒸腾率除与植被的叶面积指数有关以外，还与根系分布和土壤含水量相关。植被蒸腾率估算的数学表达式为

$$E_{tr}(t,j) = K_v K_c E_p f_1(z_j) f_2(\theta_j) \frac{LAI(t)}{LAI_0} \tag{2-5}$$

式中　$E_{tr}(t,j)$ ——t 时刻植被根系所在 j 层土壤水分经根系至植被叶面的实际蒸腾率，mm/h；

　　　　$f_1(z_j)$——植物根系沿深度方向的分布函数，概化为一个底部在地表的倒三角分布；

　　　　θ_j——j 层土壤的含水量；

　　　　$f_2(\theta_j)$——土壤含水量的函数，当土壤饱和或土壤含水量大于等于田间持水量时 $f_2(\theta_j) = 1.0$，当土壤含水量小于等于凋萎系数时 $f_2(\theta_j) = 0.0$，其间为线形变化；

　　　　LAI_0——植物在一年中的最大叶面指数。

当没有植被覆盖时，如果地表有积水，实际蒸发的计算表达式为

$$E_{surface}(t) = \begin{cases} (1-K_v)E_p, S_s(t) \geqslant E_p(1-K_v) \cdot \Delta t \\ S_s(t)/\Delta t, S_s(t) < E_p(1-K_v) \cdot \Delta t \end{cases} \tag{2-6}$$

式中　$E_{surface}(t)$ ——t 时刻的裸露地表实际蒸发率，mm/h；

　　　　$S_s(t)$ ——t 时刻的地表积水深，mm。

当地表没有积水或地表积水小于潜在蒸发能力时，蒸发率计算如下

$$E_s(t) = [(1-K_v)E_p - E_{surface}(t)]f_2(\theta) \tag{2-7}$$

式中　$E_s(t)$ ——t 时刻的土壤表面的实际蒸发率，mm/h；

　　　　$f_2(\theta)$ ——土壤含水量的函数，当地表积水时 $f_2(\theta) = 1.0$，当土壤含水量小于等于凋萎系数时 $f_2(\theta) = 0.0$，其间为线形变化。

3. 非饱和带土壤水分运动

地表以下、潜水面以上的土壤通常称为非饱和带，非饱和带铅直方向的土壤水分运动用一维 Richards 方程来描述

$$\begin{cases} \dfrac{\partial \theta(z,t)}{\partial t} = -\dfrac{\partial q_v}{\partial z} + s(z,t) \\ q_v = -K(\theta,z)\left[\dfrac{\partial \Psi(\theta)}{\partial z} - 1\right] \end{cases} \tag{2-8}$$

式中　z——土壤深度，m，坐标向下为正方向；

　　　$\theta(z,t)$——t 时刻距地表深度为 z 处的土壤体积含水量；

s——源汇项，在此为土壤的蒸发蒸腾量；

q_v——土壤水通量；

$K(\theta, z)$——非饱和土壤导水率，m/h；

$\Psi(\theta)$——土壤吸力，均是土壤含水量的函数。

其中土壤含水量与土壤吸力 $\Psi(\theta)$ 之间的关系，采用 Van Genuchten 公式来表示

$$\begin{cases} S_e = \left[\dfrac{1}{1 + (a\Psi)^n} \right]^m \\ S_e = \dfrac{(\theta - \theta_r)}{(\theta_s - \theta_r)} \end{cases} \tag{2-9}$$

式中　　θ_r——土壤残余含水量；

θ_s——土壤饱和含水量；

a、n 和 m——常数，$m = 1/n$，这些参数与土壤类型相关，需要试验确定。

非饱和土壤导水率 $K(\theta, z)$ 的计算如下

$$K(\theta, z) = K_s(z) S_e^{1/2} \left[1 - (1 - S_e^{1/m})^m \right]^2 \tag{2-10}$$

式中　$K_s(z)$——距地表深度为 z 处的饱和导水率，m/h。

进入土壤的入渗过程受上述的一维 Richards 方程控制。土壤表面的边界条件取决于降雨强度，当降雨强度小于或等于地表饱和土壤导水率，所有降雨将渗入土壤，不产生任何地表径流。对于较大的雨强，在初期，所有降雨渗入土壤，直到土壤表面变成饱和。此后，入渗小于雨强时，地表开始积水。该过程可以用下式表示

$$\begin{cases} -K(h) \dfrac{\partial h}{\partial z} + 1 = R, \theta(0, t) \leqslant \theta_s, t \leqslant t_p \\ h = h_0, \theta(0, t) = \theta_s, t > t_p \end{cases} \tag{2-11}$$

式中　R——降雨强度，mm/h；

h_0——土壤表面积水深，mm；

$\theta(0, t)$——土壤表面含水量；

t_p——积水开始时刻。

4. 山坡汇流计算

当坡面地表积水超过坡面的洼蓄后，开始在山坡坡面产生汇流，采用一维的运动波方程来描述

$$\begin{cases} \dfrac{\partial h}{\partial t} + \dfrac{\partial q_s}{\partial x} = i \\ q_s = \dfrac{1}{n_s} S_0^{1/2} h^{5/3} \end{cases} \tag{2-12}$$

式中　q_s——坡面单宽流量，m³/(s·m)；

h——扣除坡面洼蓄后的净水深，mm；

i——净雨量，mm；

S_0——坡面坡度；

n_s——坡面曼宁糙率系数。

在较短的时间间隔内，坡面流可直接用曼宁公式按恒定流来计算。

5. 潜水层与河道之间流量交换

模型假设每个山坡单元都与河道相接，其中潜水层内的地下水运动可以简化为平行于坡面的一维流动。山坡单元潜水层与河道之间的流量交换，采用下列的质量守恒方程和达西定律来描述

$$
\begin{cases}
\dfrac{\partial S_G(t)}{\partial t} = rech(t) - L(t) - q_G(t)\dfrac{1000}{A} \\
q_G(t) = K_G \dfrac{H_1 - H_2}{l/2} \times \dfrac{h_1 + h_2}{2}
\end{cases}
\tag{2-13}
$$

式中　$\partial S_G(t) / \partial t$——饱和含水层地下水储量随时间的变化，mm/h；

　　　$rech(t)$——饱和含水层与上部非饱和带之间的相互补给速率，mm/h；

　　　$L(t)$——向下深部岩层的渗漏量，mm/h；

　　　A——单位宽度的山坡单元的坡面面积，m^2/m；

　　　$q_G(t)$——地下水与河道之间地下水交换的单宽流量，$m^3/(h \cdot m)$；

　　　K_G——潜水层的饱和导水率，m/h；

　　　l——山坡长度，m；

　　　H_1、H_2——交换前、后潜水层地下水位；

　　　h_1、h_2——交换前、后河道水位，m。

2.1.2.2　河网汇流计算

模型将子流域河网简化为一条主河道，并假定汇流区间内所有山坡单元的坡面汇流和地下水出流都直接排入主河道，在此河道中按照汇流区间距河口距离，进行汇流演进，采用一维运动波模型来描述

$$
\begin{cases}
\dfrac{\partial A}{\partial t} + \dfrac{\partial Q}{\partial x} = q \\
Q = \dfrac{S_0^{1/2}}{n_r p^{2/3}} A^{5/3}
\end{cases}
\tag{2-14}
$$

式中　q——侧向入流，$m^3/(s \cdot m)$，包括坡面入流 q_s 和地下水入流 q_G；

　　　x——沿河道方向的距离，m；

　　　A——河道断面面积，m^2；

　　　S_0——河道坡度；

　　　n_r——河道曼宁糙率系数；

　　　p——湿周长度，m。

模拟过程中，首先演算得到每个子流域出口处的流量，然后依据河网的汇流次序，演算得到整个流域出口处的流量。

2.1.2.3　模型参数

分布式水文模型参数包括三类：植被和地表参数、土壤水分参数以及河道参数（见表2-1）。从上述用来描述水文过程的数学物理方程来看，这些参数都具有明确的物理意义，因此一般都可以通过实测和试验确定。为了减少参数率定工作量，对于需要率定的参数，一般是按照计算单元所在的子流域归类调试，或者是按照参数的属性类别，并不是对每个计算单元的参数都率定。

表 2 - 1　　　　　　　　　　　　山丘区分布式水文模型参数表

分　类	参　数	获　取　方　法
植被和地表参数	叶面积指数 LAI	根据卫星遥感的植被指数 NDVI 估算
	参考作物蒸发系数 K_c	参考国际粮农组织"作物需水计算指南"（FAO，1998）
	地表洼蓄截流能力 S_n	取决于土地利用类型
	地表的曼宁系数 n_s	
	表层土壤的各项异性指数 r_a	
土壤水分参数	饱和含水率 θ_s	一般源于实测，本文参考 IGBP - DIS 全球土壤数据库
	残余含水率 θ_r	
	饱和导水率 K_0	
	土壤水分特征曲线和非饱和土壤导水率的经验关系式中的系数，例如 Van Genuchten 关系式中的常数：a 和 n	
河道参数	河道断面形状	可通过实测获得，本文将河道简化为矩形断面
	河道的曼宁系数 n_r	依据有关手册估算
其他参数	融雪指数 M_f	可根据实测获得，本文需进一步率定
	地下潜水层传导系数 K_g	
	地下潜水层给水度 S_g	

2.1.3　堤垸区的分布式水文模拟算法

2.1.3.1　堤垸产流计算

研究中将洞庭湖堤垸区划分为 1km×1km 的计算网格，将下垫面类型划分为水面、稻田、旱地及城镇用地四种类型，每个网格的产流计算方法依据其下垫面类型确定，然后按面积进行加权平均计算得出每个堤垸的径流深。

1. 水面产流计算模型

水面的产水量为计算时段内的降雨量与蒸发量之差为

$$R_1 = P - k_{pan}E_{pan} \tag{2-15}$$

式中　R_1——时段内的产流量，mm；

　　　P——时段内的降雨量，mm；

　　E_{pan}——时段内的蒸发皿蒸发量，mm；

　　k_{pan}——蒸发皿折算系数。

2. 旱地产流计算模型

旱地产流由三水源新安江模型进行计算，模型结构如图 2-3 所示。

3. 稻田产流计算模型

水稻生长期以前或收割以后，将稻田等同于旱地，采用三水源新安江模型计算产流。在水稻生长期内，根据水稻生长期特点及适宜水深计算产水量。水稻田的水量平衡方程为

$$H_2 = H_1 + P - \alpha E - f \tag{2-16}$$

式中　H_1、H_2——时段初、末水田水深，mm；

　　　P——降雨量，mm；

　　　α——水稻生长期的蒸发系数；

　　　E——蒸发量，mm；

　　　f——水稻田日渗漏量，mm。

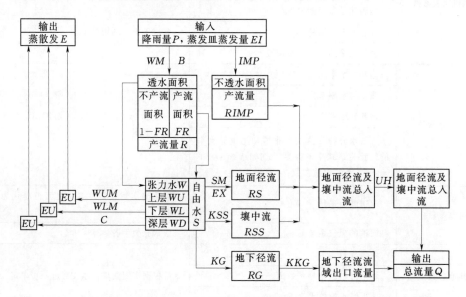

图 2-3　三水源新安江模型结构图

稻田产流量按下式计算

$$R_3 = \begin{cases} H_2 - H_u & , \quad H_2 \geqslant H_u \\ 0 & , \quad H_u > H_2 > H_d \\ H_2 - H_d & , \quad H_2 \leqslant H_d \end{cases} \tag{2-17}$$

式中　R_3——稻田产水量，mm；

　　　H_u——生长期水稻适宜水深上限，mm；

　　　H_d——生长期水稻适宜水深下限，mm；

　　　H_2——时段末水田水深，mm。

4. 城镇产流计算模型

城镇按不透水面处理，城镇产流采用径流系数法计算

$$R_4 = \begin{cases} \beta(P - k_{pan}E_{pan}) & , \quad P > k_{pan}E_{pan} \\ 0 & , \quad P \leqslant k_{pan}E_{pan} \end{cases} \tag{2-18}$$

式中　R_4——城镇产流量，mm；

　　　P——时段内的降雨量，mm；

　　　E_{pan}——时段内的蒸发皿蒸发量，mm；

　　　k_{pan}——蒸发系数；

　　　β——径流系数。

5. 总产流计算

将每个堤垸范围内各种下垫面类型的产流量按面积进行加权平均，即得到该堤垸的径流深

$$R = \frac{A_1 \cdot R_1 + A_2 \cdot R_2 + A_3 \cdot R_3 + A_4 \cdot R_4}{A}$$ （2-19）

式中　A_1、A_2、A_3、A_4——水面、旱地、稻田、城镇面积，km^2；

　　　　R_1、R_2、R_3、R_4——水面、旱地、稻田、城镇产流量，mm；

　　　　R——堤垸产流量，mm。

2.1.3.2　堤垸汇流计算

堤垸内地势平坦，河网复杂，难以精确计算其汇流过程，根据当地经验，认为当日产流量在相继三天内汇入河网，时程分配系数分别为 0.4、0.4 和 0.2。

2.1.3.3　泵站排水计算

堤垸区的产流通过垸内河网在内湖中汇集后，一般采用电排泵站将垸内涝渍水抽入外河（湖）。抽水泵站多选择在排水区下游的低洼地点或排水渠末端、地质条件较好的地方。当堤垸内集中的涝渍水水位高于启排水位时，泵站启动抽水，堤垸内涝渍水被排入外河（湖），垸内水位下降。当堤垸内集中的涝渍水水位低于启排水位时，泵站停止抽水。为了模拟堤垸排水，模型对堤垸排水过程进行了概化（见图 2-4）。假设每个堤垸的产流都集中到最低洼的内湖，并将大小电排集中到一处做集中排水处理。

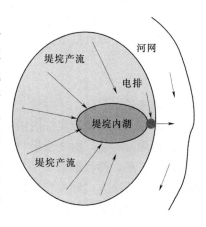

图 2-4　堤垸排水模型概化图

当内湖水位高于启排水位，泵站启动抽水；当内湖水位低于启排水位时，泵站停止抽水。内湖的水位库容关系，由堤垸高程确定，具体计算公式如下

$$H_{j-1} = f(V_{j-1})$$ （2-20）

$$H_j = H_{j-1} + P_j + R_j - E_j$$ （2-21）

当 $H_j > H_0$ 时

$$Q_泵 = Q_{泵\max}$$

当 $H_j < H_0$ 时

$$Q_泵 = 0$$

$$V_j = V_{j-1} + W_{R_j} + W_{P_j} - W_{E_j} - Q_泵 \cdot t$$ （2-22）

式中　　　　j——天数；

　　　　　H_j——内湖水位，m；

　　　　　V_j——内湖库容，m^3；

　　　R_j、P_j、E_j——逐日径流深、降雨深和蒸发量，m；

　　　　　H_0——启排水位，m；

　　　　$Q_{泵\max}$——电排泵站排放流量，m^3/s；

t——电排泵站启用时间，s；

W_{R_j}、W_{P_j}、W_{E_j}——逐日来流量、降雨量和潜在蒸发量，m^3。

2.1.4 分洪口门的计算及区间洪水耦合

蓄洪堤垸吐纳洪水过程是河道水位与堤垸内水位交替变化的过程。外河道水位高于堤垸内水位，堤垸纳洪；当外河道洪水回落，即堤垸内水位高于外河道水位时，堤垸吐洪。

堤垸洪水吐纳计算采用水文学调蓄方法，即由出入堤垸流量转换为水量，再由堤垸容积曲线确定堤垸内水位。堤垸自溃或人工爆破口门的流量采用堰闸自由或淹没出流公式计算。

当水流条件为自由出流时，堤垸与河道交换流量 Q 为

$$Q = mB\sqrt{2g}H_0^{3/2} \tag{2-23}$$

式中　m——流量系数；

　　　B——口门宽度；

　　　H_0——有效水头。

当水流条件为淹没出流时，堤垸与河道交换流量 Q 为

$$Q = \sigma mB\sqrt{2g}H_0^{3/2} \tag{2-24}$$

式中　σ——淹没系数；

其余符号同上。

水流方向由河道与堤垸内的水位差确定。

值得注意的是，由于溃堤口门扩展是一个动态过程，对此过程作某种假设，如瞬时溃决或线性扩展，都将影响到溃口流量的计算。因此需特别重视溃决方式和决口参数的选择。若由于溃决方式和决口参数选择不当，使溃口流量计算偏大，就可能造成计算失稳；反之，若溃口流量计算过小，则分洪量会偏小，难以达到预期的分洪效果。

2.2 四口河系水沙模型

在长江中游洪水演进数学模型结构的基础上，将螺山至湖口（八里江）模块扩大为螺山至大通模块，增加汉江中下游水力学计算模块和鄱阳湖区模块。形成以长江干流宜昌至螺山、螺山至大通、松虎河系、藕池河系、洞庭湖湖泊、洞庭湖四水尾闾、汉江中下游和鄱阳湖区八大模块。模块之间采用显式连接形成整体模型。这种模型构架基于如下考虑：①方便对不同子模块采用不同的数值计算方法，有助于提高整体模型模拟精度，并使模型更符合实际水流特征；②针对荆江三口可单独建立分流分沙模式，精确控制分流分沙量，保证区域乃至全局水量沙量平衡；③模型分块，使之相对独立，便于规划方案修改及组织数据；④经过划分，可形成阶数较小的求解矩阵；⑤模型结构清晰，层次分明，提高模型运算效率；⑥增强适应不同空间尺度和各种复杂边界条件的模拟能力。该模型包括以下主要模块。

（1）长江干流宜昌至螺山模块。以宜昌为入流进沙为上边界，螺山水位或水位流量关系为下边界，沿程有松滋、太平、藕池三口分流和城陵矶（七里山）汇流；以螺山为入流进沙边界的螺山至大通模块主要考虑汉江、江北十水水量和沙量的加入，以及鄱阳湖吞吐水量和沙量对长江干流的影响。

（2）河网水沙计算模块。以松滋口、太平口和澧水津市为入流进沙条件，目平湖水位为下边界的松虎模块和以藕池口为入流进沙条件，东、南洞庭湖水位为下边界的藕池模块。

（3）东、南、西洞庭湖作为二维模拟计算模块。以三口分流洪道和湘、资、沅三水的水沙资料为湖泊的进水进沙条件，城陵矶（七里山）水位为下边界的二维湖泊泥沙冲淤平衡计算模块。

（4）洞庭湖区间洪水计算模块。以湘、资、沅、澧四水最下游水文控制站以北及长江四口以南区域为对象的分布式洪水模拟模块。

（5）汉江模块。以沙洋入流为上边界，汉口水位为下边界的一维非恒定流水沙计算模块。

（6）鄱阳湖模块。以临近鄱阳湖的五河监测断面和鄱阳湖出口处为控制断面的鄱阳湖水沙计算模块。

水沙模型的求解算法包括一维显隐结合的分块三级河网水沙算法和二维有限控制体积高性能水沙算法。对于一维显隐结合的分块三级河网水沙算法包括一维隐式三级河网算法、一维泥沙隐式逆风算法和河床冲淤平衡计算。河网水流算法采用一维非恒定流四点隐格式差分求解，其特点在于隐式差分稳定性好，求解速度快，能准确实现汊点流量按各分汊河道的过流能力自动分流，且能适应双向流特征的复杂河网计算；一维泥沙隐式逆风算法能较好适应这种在双向流作用下泥沙双向输运特征，而且能捕捉双向流之间滞流点的位置和获取内边界条件。二维湖泊有限控制体积高性能水沙算法包括二维湖泊有限控制体积高性能水流差分算法，二维泥沙显式逆风算法和湖盆冲淤平衡计算。此外考虑到长江中下游（包括河网区）含沙量不高，在计算时步内，水中含沙量不会对水流结构产生较大的影响，因此采用水流控制方程与泥沙输运方程非耦合联解。

2.2.1 水沙模型计算范围

长江中下游水沙模型模拟计算范围（见图 2-5），上始宜昌下至大通，包括整个洞庭湖区、汉江中下游、鄱阳湖区和注入长江干流的重要支流。模型周边控制断面选取如下。

（1）长江干流段。上控制断面为宜昌，下断面为大通，汇入长江的主要支流有清江、沮漳河、陆水、汉江、江北十水等，以有水文站的断面为控制断面。

（2）洞庭湖区。以荆江四口及洞庭湖四水尾闾监测断面为控制断面。湘水以湘潭为入流断面，资水取桃江断面，沅水为桃源断面，澧水用津市断面。

（3）汉江中下游。汉水取沙洋以下，含杜家台和汉南分蓄洪区。

（4）鄱阳湖区。以临近鄱阳湖的五河监测断面和鄱阳湖出口处为控制断面。

（5）考虑主要的分蓄洪区（荆江分蓄洪区、人民大垸、洪湖分蓄洪区、洞庭湖 24 垸、武汉附近分蓄洪区、鄱阳湖分蓄洪区和华阳分蓄洪区等）。

2.2.2 河网水沙及其河床变形计算原理

河网水沙计算采用在同一时步内先计算水流后计算泥沙的非耦合联解，其中水流控制方程是圣维南方程组，泥沙控制方程采用泥沙连续方程和河床变形方程。水流河网算法采用四点 Preissmann 隐格式，将圣维南方程在相邻断面间离散成微段方程（断面之间的局部河段为微段），对微段方程通过变量替换方法，可以形成只包含河段首断面的水位、流

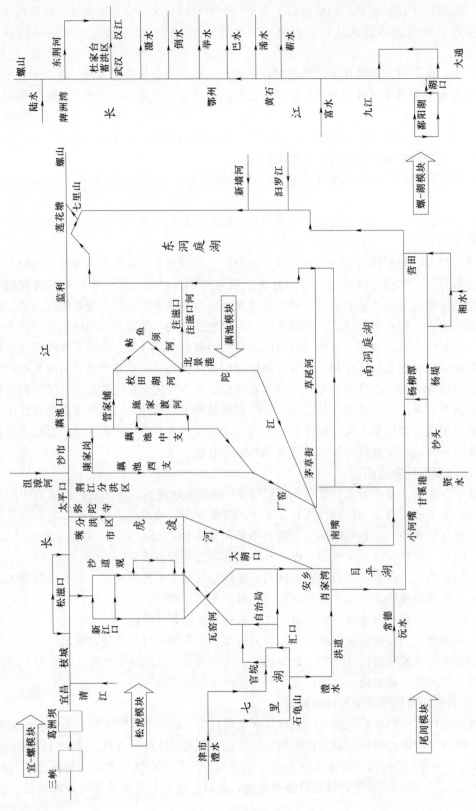

图 2-5 长江中下游水沙模型概化图

量和未断面水位、流量的关系式，称为河段方程（相邻两节点之间的单一河道定义为河段）。将河段方程组进行一次自相消元，就可以得到一对以水位或流量为隐函数的方程组，再将此方程组代入相应的汊点连接方程和边界方程，消去其中的水位或者流量，形成汊点矩阵方程，此法被称为河网三级算法。河网泥沙及河床变形计算是采用隐式迎风格式将泥沙连续方程和河床变形方程在相邻断面间离散成微段方程，结合汊点处沙量平衡方程，进行逐微段计算，得到河段各断面上的含沙量解。然后利用河床变形方程，即根据河段内泥沙冲淤量与该河段河底高程的变化量的关系，计算河床冲淤变化量。

水流连续方程

$$B \frac{\partial Z}{\partial t} + \frac{\partial Q}{\partial x} = q \qquad (2-25)$$

水流运动方程

$$\frac{\partial Q}{\partial t} + \frac{\partial}{\partial x}\left(\beta \frac{Q^2}{A}\right) + gA\left(\frac{\partial Z}{\partial x} + S_f\right) = 0 \qquad (2-26)$$

泥沙连续方程

$$\frac{\partial(AS_i)}{\partial t} + \frac{\partial(QS_i)}{\partial x} = -\alpha B\omega(S_i - S_{i*}) \qquad (2-27)$$

河床变形方程

$$\rho_s \frac{\partial \eta_i}{\partial t} = -\alpha\omega(S_{i*} - S_i) \qquad (2-28)$$

式中　Z、Q、A、B、S_i、S_{i*}——水位、流量、断面过水面积、水面宽度、含沙量、水流挟沙力；

　　　　β——动量修正系数；

　　　　S_f——摩阻坡降，采用曼宁公式计算；

　　　　q——旁侧入流。

上述方程中，水位、流速是断面平均值，当水流漫滩时，平均流速与实况有差异，为了使水流漫滩后，计算断面过水能力逼近实际过水能力，需引进动量修正系数 β，β 的数值由下式给出

$$\beta = \frac{A}{K^2}\sum_i \frac{K_i^2}{A_i}$$

$$K_i = \frac{1}{n}A_i R_i^{2/3}$$

式中　A_i——断面第 i 部分面积；

　　　　A——断面过水面积，$A = A_1 + A_2 + \cdots + A_n$；

　　　　K_i——第 i 部分的流量模数；

　　　　n——曼宁系数；$K_j = K_1 + K_2 + \cdots + K_n$；

　　　　S_i——第 i 组粒径含沙量；

　　　　S_{i*}——第 i 组粒径的挟沙力；

　　　　ρ_s——泥沙干容重；

　　　　η_i——第 i 组粒径泥沙引起的河道变形；

α——恢复饱和系数；

ω——沉降速度。

2.2.3 湖泊水沙及湖盆地形冲淤计算

考虑到洞庭湖泥沙冲淤平衡计算是系统模型水沙计算的重要组成部分，为了确保洞庭湖水量沙量总量平衡，采用任意三角形、四边形单元划分计算水域，用有限体积法求解积分形式的二维浅水方程组和二维泥沙连续方程，即对计算时段 $\Delta t = t_{n+1} - t_n$ 和单元面积显式积分，再把时段初空间导数项的面积分用格林公式化作沿单元周边的围线积分，面积分和围线积分中被积函数设为常值分布，取单元形心处的值，建立每一单元 FVM 方程组，进行逐单元水量、动量及沙量平衡计算。其中单元间界面流量通量、动量通量采用具有特征逆风性的高性能 Osher 格式计算，沙量通量为单元含沙量乘以单元间界面流量。湖泊水沙计算仍采用水沙非耦合联解，即在同一时步内计算湖泊流速场，再计算湖泊含沙量。得出单元含沙量后，将单元含沙量与单元水流挟沙力比较，当单元含沙量大于单元水流挟沙力时，该单元淤积，反之单元冲刷。进而得到湖泊泥沙冲淤变化的分布和进出湖泊含沙量过程的变化。

（1）为了保证格式的守恒性，以及适用于含间断或陡梯度的流动，采用二维不恒定浅水方程组的守恒形式

$$\frac{\partial W}{\partial t} + \frac{\partial F(W)}{\partial x} + \frac{\partial G(W)}{\partial y} = D(W) \qquad (2-29)$$

其中守恒物理量 W，x 向和 y 向通量向量 F 和 G，以及源项向量 D 分别为

$$W = \begin{bmatrix} h \\ hu \\ hv \end{bmatrix}, \quad F = \begin{bmatrix} hu \\ hu^2 + \dfrac{gh^2}{2} \\ huv \end{bmatrix}, \quad G = \begin{bmatrix} hu \\ huv \\ hv^2 + \dfrac{gh^2}{2} \end{bmatrix}, \quad D = \begin{bmatrix} q \\ gh(S_0^x - S_f^x) \\ gh(S_0^y - S_f^y) \end{bmatrix}$$

式中　h——水深；

u、v——x 和 y 方向垂线平均的水平流速分量；

g——重力加速度；

S_0^x、S_0^y——x 和 y 方向的水底底坡，定义为

$$(S_0^x, S_0^y) = \left(-\frac{\partial Z_b}{\partial x}, -\frac{\partial Z_b}{\partial y} \right) \qquad (2-30)$$

Z_b 为水底高程；摩阻坡度定义为

$$(S_f^x, S_f^y) = \frac{n^2 \sqrt{u^2 + v^2}}{h^{4/3}} (u, v) \qquad (2-31)$$

式中　n——曼宁糙率系数；

q——湖泊单元旁侧入流，先确定湖泊总的逐日旁侧入流过程，再按单元面积平均分配。

（2）非均匀悬沙非平衡输沙方程。

对流扩散方程的守恒形式

$$\frac{\partial(hS_i)}{\partial t} + \frac{\partial(huS_i)}{\partial x} + \frac{\partial(hvS_i)}{\partial y} = \frac{\partial}{\partial x}\left(K_x h \frac{\partial S_i}{\partial x} \right) + \frac{\partial}{\partial y}\left(K_y h \frac{\partial S_i}{\partial y} \right) + \alpha\omega(S_{i*} - S_i)$$

$$(2-32)$$

河床变形方程

$$\rho_s \frac{\partial \eta_i}{\partial t} = -\alpha\omega(S_{i*} - S_i) \qquad (2-33)$$

式中　K_x、K_y——x 和 y 向扩散系数；

其余系数同上。

2.2.4　离散格式

采用有限体积法进行水沙的数值模拟，其实质是逐单元进行水量、动量和沙量平衡，物理意义清晰，准确满足积分形式的守恒律，成果无守恒性误差，能处理含间断或陡梯度的流动。

1. 水流控制方程的离散格式

对单元 i，以单元平均的守恒物理量构成状态向量 $W_i = (h_i, h_iu_i, h_iv_i)^T$。在时间 t_n，通过其第 k 边沿法向输出的通量记为 $F_{Nij}(W_i, W_j)$，F_{Nij} 的三个分量分别表示沿该边外法向 N 输出的流量、N 方向动量和 T 方向动量，N 与 T 构成右手坐标系。

采用网元中心格式，控制体与单元本身重合，即将流动变量定义在单元形心，在每一单元内水位、水深和流速均为常数分布，水底高程也采用单元内的平均底高。记 Ω_i 为单元的域，$\partial\Omega_i$ 为其边界。利用格林公式，可得方程组（2-28）的有限体积近似

$$A_i \frac{\mathrm{d}W_i}{\mathrm{d}t} + \int_{\partial\Omega_i} (F \cdot \cos\varphi + G \cdot \sin\varphi)\mathrm{d}l = A_i \cdot \overline{D}_i \qquad (2-34)$$

式中　A_i——单元 Ω_i 的面积；

$\cos\varphi$、$\sin\varphi$——$\partial\Omega_i$ 的外法向单位向量；

$\mathrm{d}l$——线积分微元；

$\overline{D}_i$——非齐次项在单元 Ω_i 上的某种平均。

如上所述，记 $F_N = F \cdot \cos\varphi + G \cdot \sin\varphi$ 为跨单元界面的法向数值通量，时间积分采用显式前向差分格式，那么，式（2-29）可以离散化为

$$A_i \frac{W_i^{n+1} - W_i^n}{\Delta t} + \sum_j F_{Nij} \cdot l_{ij} = A_i \cdot \overline{D}_i \qquad (2-35)$$

式中求和号下的指标 j 表示单元 i 的相邻单元的编号，l_{ij} 为单元 i 和 j 界面边长。算法的核心是如何计算法向数值通量 F_N。

2. 泥沙对流扩散方程的离散格式

含沙量是标量，它的运动方向取决于水流方向。假定每一单元内含沙量为常数分布且取单元形心含沙量值，进出单元 i 的沙量通量为动量通量 F_{Nij} 乘以含沙量 S。因此对于单元 i 的沙量平衡方程的离散形式为

$$A_i \frac{hS_i^{n+1} - hS_i^n}{\Delta t} + \sum_j F_{Nij} \cdot S \cdot l_{ij} = A_i \cdot \overline{E} \qquad (2-36)$$

其中

$$\overline{E} = \sum_j \left(K_n h \frac{\partial S_i}{\partial n} \right) \cdot l_j + \alpha\omega(S_{i*} - S_i) \qquad (2-37)$$

式中　n——沿垂直于单元网格边的法向；

K_n——沿各边法向方向上的扩散系数；

$\partial S/\partial n$——法向方向上的含沙量梯度。

2.2.5 水沙模型若干问题的计算模式

由于长江中下游防洪系统水沙特征的描述具有理论和经验两重性，仅有上述水流泥沙连续方程，水流运动方程、河床变形方程和较好的计算算法，不足以保证建模成功，还需要对若干环节进行深入研究，建立相应的计算模式。

2.2.5.1 河网内动边界的计算模式

荆江三口洪道以及洞庭湖河网区的某些河道，在枯水期河道河底高程或河道中的沙坎高程高于水面，河道不过流；洪水期水位高于河底高程或沙坎，河道过流。当计算域内存在随水位起落的河床动边界时，要求模型算法具有良好的模拟河床边界变动时空变化的功能。对于一维河道而言，若要通过调整河网布置和改变河网河段类型来模拟动边界，则计算逻辑十分复杂，且模拟效果欠佳。为了解决这一问题，我们在维持河网结构不变的前提下，通过模型数值算法来自动模拟河网区内的动边界。具体算法实现概述如下：即当水位低于河道某断面河底高程时河道不过流，假设在干河床存在一个极薄的水层（一般可取0.01m），再在河网方程组中增加一组流量为零的河段方程，将该组河段方程嵌入到河网节点方程组中参与河网联解计算，这样就可将一个动边界问题转化为固定边界问题来处理。当河道水位高于河底高程时，河段过流量不为零，自动回复到河道过流的正常算法，模型就能模拟河网内动边界问题。

基于圣维南方程组的河网河道流量方程如下所述。

（1）首断面流量表示的首、末断面水位关系式

$$Q_i = \alpha_i + \beta_i Z_i + \xi_i Z_n \tag{2-38}$$

$$\alpha_i = \frac{Y_1(\Psi_i - G_i\alpha_{i+1}) - Y_2(D_i - \alpha_{i+1})}{Y_1 E_i + Y_2}$$

$$\beta_i = \frac{Y_2 C_i + Y_1 F_i}{Y_1 E_i + Y_2}$$

$$\xi_i = \frac{\xi_{i+1}(Y_2 - Y_1 G_i)}{Y_1 E_i + Y_2}$$

$$Y_1 = C_i + \beta_{i+1}$$

$$Y_2 = F_i + G_i\beta_{i+1} \quad (i = n-1, n-2, \cdots, 1)$$

（2）末断面流量表示的首、末断面的水位关系式

$$Q_i = \theta_{i-1} + \eta_{i-1} Z_i + \gamma_{i-1} Z_1 \tag{2-39}$$

$$\theta_i = \frac{Y_2(D_i + \theta_{i-1}) - Y_1(\Psi_i - E_i\theta_{i-1})}{Y_2 - Y_1 G_i}$$

$$\eta_i = \frac{Y_1 F_i - Y_2 C_i}{Y_2 - Y_1 G_i}$$

$$\gamma_i = \frac{(Y_2 + Y_1 E_i)\gamma_{i-1}}{Y_2 - Y_1 G_i}$$

$$Y_1 = C_i - \eta_{i-1}$$

$$Y_2 = E_i\eta_{i-1} - F_i \quad (i = 2, 3, \cdots, n)$$

（3）流量为零的河段方程为

$$\left.\begin{array}{l} \alpha_i + \beta_i Z_i + \xi_i Z_n = 0 \\ \theta_{i-1} + \eta_{i-1} Z_i + \gamma_{i-1} Z_1 = 0 \end{array}\right\} \qquad (2-40)$$

得到：$\qquad \alpha_i = 0, \ \beta_i = 0, \ \xi_i = 0, \ \theta_i = 0, \ \eta_i = 0, \ \gamma_i = 0$

零流量的河段方程与河网河段方程的集成：当河底高程或河道中的沙坎高程高于水面，河道不过流，则该河段选择零流量方程组即方程组（2-40）；当洪水期水位高于河底高程或沙坎，河道过流，则河段方程选用河网河段方程即式（2-38）和式（2-39）方程组。

由此可以看出，河网动边界计算模式的核心是在圣维南方程组中增加形式与圣维南动量方程形式相同的零流量方程，且采用与河网水流一致的计算格式。在模型中只需增加一个判别河道过流与否的开关，若河道过流时采用非零的河段方程，若河道断流时采用零流量的河段方程。该模式的主要功能：①增强了原河网水沙模拟能力，扩大了河网水沙模拟应用范围，适应感潮河网区、北方干湿河床等水沙数值模拟；②减少数学建模的工作量，大大减少了模型重复形成数据集的工作量，从方程出发解决了水沙数学模拟的长历时模拟的连续性和模拟精度的提高；③实现了工程控制条件下水沙数学模拟的完整性，即克服了工程控制条件下，因某河段断流而不能进行数值模拟问题。

2.2.5.2 分流分沙计算

荆江三口分流分沙量计算是荆江河段与洞庭湖区水沙分配，以及洞庭湖区水量、沙量总量平衡的关键环节。为了提高荆江三口分流分沙的模拟能力和模拟精度，将三种技术途径嵌入模型中进行比较，以便选取较好的技术途径。这三种技术途径分别是：①将汊点水量、沙量平衡方程式嵌入模型中联解；②根据三口河段过流能力，结合含沙量沿垂线分布形式，建立荆江三口分流分沙计算模式；③引用荆江三口分流分沙经验关系，根据计算比较三种模式，推荐方式②。具体计算模式如下。

根据含沙量的垂线分布公式，计算主支汊河道首断面的泥沙分布，再由各断面泥沙分布计算断面的平均含沙量，即根据公式

$$\frac{S_v}{S_{va}} = e^{-\omega(y-a)/\varepsilon_y}, \ \varepsilon_y = 0.067 U_* h \qquad (2-41)$$

式中 $\quad S_{va}$——悬移质在距床面 a 处的含沙量；

$\quad S_v$——悬移质在距床面 y 处的含沙量；

$\quad U_*$——摩阻流速；

$\quad \omega$——泥沙沉降速度；

$\quad h$——水深。

选择汊点的含沙量为 S_{va}，a 为汊点处的高程，根据式（2-41）按照各汊的首断面水深分成 10 层，计算各层的含沙量，即得到主支汊首断面的含沙量分布，再根据各首断面的含沙量分布进行数值平均得到断面平均含沙量。此外，还需通过汊点处的沙量平衡来校正主支汊断面的含沙量，具体模式如下。

（1）统计汇入节点处的计算时步内总沙量 $Q_入 S_入$。

（2）统计节点处各河段汇入和分出的流量 $Q_出 S_出$。

（3）汊点处沙量平衡方程。

$$\sum Q_入 S_入 = \sum Q_出 S_出 \qquad (2-42)$$

按照式（2-42）计算进出汊点输沙量，若忽略汊点水体沙量 Ω 随时间的变化，且沙量增减率为零，则进出每一汊点的沙量是相等的。若计算的进出汊点的沙量不能满足式（2-42），则其差值按照各主支汊的分沙比，校正计算各首断面的含沙量，则可得到各主支汊首断面的含沙量。

2.2.5.3 闸坝控制计算模式

闸坝调度过程的实质是根据闸上水位或流量确定闸门的开启度或开启闸门的个数，随着闸门的开启度的增加，闸坝的过流量增加，闸上水位降低，相反闸坝的过流量减小，闸上水位抬高。该物理过程看似简单，但数值模拟极其困难。困难主要集中在两个方面：①若闸坝的过流能力模拟计算与上下游河道过流能力不一致，易造成模拟计算不稳定；②闸坝过流计算格式与上下游河道水流计算格式不一致，也是造成计算震荡的主要原因。因此，水库（闸坝）调度计算模式的研究须解决上述两个难题，研究的关键是准确描述闸坝过流能力和闸坝方程的计算格式。

闸坝调度计算模式由调度规则和河段控制方程组成，将闸上和闸下分别设置上下两个节点，使节点之间成为闸坝调度计算河段，构建调度计算河段的河段方程是闸坝调度计算模式的关键。因此，本文采用 bernouli 能量方程和堰闸经验公式两种途径构建调度计算河段方程。

以 bernouli 能量方程构建调度计算河段方程

$$E = H_1 + \frac{U_1^2}{2g} = H_2 + \frac{U_2^2}{2g} \qquad (2-43)$$

式中 E——总水头；

       H_1、H_2——势能；

       U_1、U_2——流速。

将 $U_i = Q_i / A_i$，Q_i 为流量，A_i 为过水面积，代入式（2-43），水头 H 用水位 Z 表示，若以下标 1 表示坝上断面，下标 2 表示坝下断面，按照 bernouli 能量守恒则得到

$$E_1 = Z_1 + \frac{Q_1^2}{2A_1^2 g} = Z_2 + \frac{Q_2^2}{2A_2^2 g} = E_2 \qquad (2-44)$$

令 $E_1 = \alpha_1 Z_1$，$\alpha_1 = 1 + \dfrac{Q_1^2}{2gA_1^2 Z_1}$；$E_2 = \alpha_2 Z_2$，$\alpha_2 = 1 + \dfrac{Q_2^2}{2gA_2^2 Z_2}$，$E_1 E_2$ 为总水头，则将上式转换为如下以首断面流量为变量和以末断面流量为变量表示的河道方程形式

$$Q_1 = -\frac{2gA_1^2}{|Q_1|} Z_1 + \frac{2gA_1^2 \alpha_2}{|Q_1|} Z_2 \qquad (2-45)$$

$$Q_2 = -\frac{2gA_2^2}{|Q_2|} Z_2 + \frac{2gA_2^2 \alpha_1}{|Q_2|} Z_1 \qquad (2-46)$$

令：$\beta = -\dfrac{2gA_1^2}{|Q_1|}$，$\xi = \dfrac{2gA_1^2}{|Q_1|} \alpha_2$，$\eta = -\dfrac{2gA_2^2}{|Q_2|}$，$\gamma = \dfrac{2gA_2^2}{|Q_2|} \alpha_1$ 则，以首断面流量表示的首、末断面水位的调度河段方程为

$$Q_1 = \beta Z_1 + \xi Z_2 \qquad (2-47)$$

以末断面流量表示的首、末断面的水位的调度河段方程为

$$Q_2 = \eta Z_2 + \gamma Z_1 \tag{2-48}$$

其中，坝上水位 Z_1，坝下水位 Z_2，闸过流量为 Q_1 和 Q_2，得到与河网河段方程形式一致的闸河段方程组，根据闸开度流量计算公式确定闸控流量，联合河道河网方程组，就可以隐式联解包含闸控的河网方程组。能够较好模拟水库或闸坝的调度控泄过程。

以堰闸经验公式构建调度计算河段方程。

首先将堰闸经验公式改写成以首断面流量表示的首、末断面水位的河段方程，而后再改写后堰闸过流方程组纳入河网河段方程组隐式连解，具体计算模式如下。

带胸墙的实用堰经验公式

$$Q = \mu \omega \sqrt{2gH_s} \tag{2-49}$$
$$H_s = Z_1 - Z_2$$

式中　μ——流量系数；

　　　w——出口处面积；

　Z_1、Z_2——闸上下水位。

将式（2-49）改写成如下形式

$$Q^2 = 2g\mu^2 w^2(Z_1 - Z_2)$$

由于闸上下流量相等，则

$$Q_1 = \frac{2g\mu^2 w^2}{|Q_1|}(Z_1 - Z_2); \quad Q_2 = \frac{2g\mu^2 w^2}{|Q_2|}(Z_1 - Z_2)$$

令　　　$\beta_1 = \frac{2g\mu^2 w^2}{|Q_1|}, \quad \xi_1 = -\frac{2g\mu^2 w^2}{|Q_1|}, \quad \eta_1 = -\frac{2g\mu^2 w^2}{|Q_2|}, \quad \gamma_1 = \frac{2g\mu^2 w^2}{|Q_2|}$

以首断面流量表示的首、末断面水位关系式

$$Q_1 = \beta_1 Z_1 + \xi_1 Z_2 \tag{2-50}$$

以末断面流量表示的首、末断面的水位关系式

$$Q_2 = \eta_1 Z_{2i} + \gamma_1 Z_1 \tag{2-51}$$

Q_1 由堰闸经验公式计算。将式（2-50）、式（2-51）联入河网方程组隐式求解即可。

比较上述两种模式，计算稳定性和模拟精度相当，前者模式较适合闸坝几何参数已知的情况、后者模式适合仅仅知道闸的过流能力情况。

2.2.5.4　河网水沙运动数值模拟

河网水沙运动及其河床变形的算法包括一维非恒定流三级河网隐式算法、一维泥沙隐式逆风算法和河床冲淤平衡计算。与上述一维非恒定流河网算法相同，不同的是河网特有的水沙特性及其算法。在干流与四水洪水共同作用下，河网水流呈往复运动，而泥沙输运也表现出往复输运特征，且需要自动捕捉涨落之间的滞流点位置和确定内边界含沙量条件。

1. 内边界点含沙量计算模式

内边界点含沙量计算模式是河网区水沙模拟特有的问题。在双向流河段中，存在两种流速停滞点状态：一种是在流速停滞点的上下断面流速均不等于零且流向停滞点的断面（见图2-6）；另一种是在流速停滞点的上下断面流速均不等于零且均背向停滞点的断面

（见图2-7）。前一种情况停滞点的含沙量可以由其上下断面的含沙量计算得到，不作为内边界。后一种停滞点处的含沙量是其上下游河段含沙量计算的首断面，必须事先确定，因而称其为内边界值，该停滞点为内边界点。内边界点的位置和数目随洪水组合变化而变化，因此，在计算内边界含沙量时必须首先捕捉内边界点位置，确定其数目，然后分别确定内边界点的含沙量。由于内边界点含沙量计算目前尚无现成的方法，但考虑到潮流计算中的时间步长较短，可取上一时步该点含沙量作为内边界值。

图2-6　流向停滞点流态示意图　　　图2-7　背向停滞点流态示意图

2. 河网挟沙力公式的选用

水流挟沙力是泥沙运动和河床演变分析的重要环节，其计算精度直接影响河段泥沙冲淤的计算结果。目前常用的水流挟沙力公式具有半经验特征和较强的区域特性，对于冲积型河道来说，水流挟沙能力计算采用根据实测资料得到的可靠经验关系。目前关于挟沙力公式的形式较多，拟采用张瑞瑾通过长江洪水实测资料分析得到的水流挟沙能力公式

$$S_* = K\left[\frac{U^3}{gH\omega}\right]^m \tag{2-52}$$

式中　S_*——挟沙力；

　　　U——断面平均流速；

　　　H——水深；

　　　ω——泥沙沉降速度；

　　　K、m——经验系数。

2.2.5.5　河道断面的冲淤计算模式

河道断面变形计算是水沙输运及其河床演变模拟的重要环节之一。实际断面冲淤变化非常复杂，迄今尚未完全掌握准确的冲淤变化定量规律。但是，河道断面的冲淤变化涉及河道过流断面面积的变化，并且对河道的行洪能力变化具有重要影响。目前，一般采用冲淤量沿横断面湿周内等厚度淤积，冲刷时则限制在稳定河宽的范围内等概化方法。类似于这种概化计算模式只能给出断面冲淤变化的宏观效果，不能分辨冲槽淤滩的物理过程。

河道断面的冲淤变化实质上是三维挟沙水流与河床相互作用的产物，但对于大型复杂防洪系统，重点应考察冲槽淤滩的断面变化对系统水沙变化的宏观效应，而不必苛求断面冲淤微观结构的三维数值模拟，且三维挟沙水流的数值模拟的可靠性、成熟性、实用性目前都远未达到应用阶段。此外，广泛使用的PC机性能也不可能实现大范围的三维水沙数值模拟。因此，还必须在一维水沙数值模拟的框架下，研究尽可能反映河道断面冲淤现象和机理的冲淤近似计算模式。对于顺直河段将断面平均流速转化为断面垂线平均的二维流速分布，对于弯道将断面平均流速转化成准三维流速分布，再按照垂线位置的水流挟沙能

力并结合河床冲淤计算模式，形成可达到一定模拟精度、反映特征河道泥沙冲淤物理过程和计算效率较高的断面泥沙冲淤分布模式。

根据河道断面二次曲线流速分布公式

$$u = v + \left[8 - 24\left(\frac{y}{h}\right)^2\right]\sqrt{hI} \tag{2-53}$$

式中　u——距水面深度为 y 处的流速，m/sec；

　　　v——断面垂线平均流速，m/sec；

　　　h——断面垂线水深，m；

　　　I——水面坡度。

对于二元均匀稳定水流，可以假定涡动黏性系数 ε 为定值，能够从理论上导出二次曲线的垂线流速分布。实际上在全断面上并非定值，它随泥沙的运动状态而不同，因而二次曲线形式的流速分布公式在水力学上尚不够严密。但这种形式的流速分布公式是作为经验公式发展出来的，因实用简便直到目前仍广泛应用。

由模型计算得到的断面平均流速 v，根据式（2-53）计算断面各起点距上垂线各分层处的流速，则由垂线上各层流速得到垂线上的平均流速，进而得到断面流速分布。当河段断面泥沙冲淤变化时，按照断面上各垂线的流速计算水流挟沙能力，并结合河床冲淤计算模式计算断面上不同起点距的冲淤变化。这种断面泥沙冲淤分布计算模式在长江中下游水沙计算中不仅能反映长江枯季泥沙冲刷、洪季泥沙淤积的物理过程，而且较好反映了冲槽淤滩的实际状况。

2.2.5.6　动床阻力计算方法

表征河床边界对水流阻力大小的度量，称为"糙率"。对于定床明渠水流来说，糙率一般可以看成是一个常数，在阻力平方区内，通常采用曼宁公式来表达水流阻力。对于冲积河流特别是沙质河流来说，情况就要复杂得多。在决定阻力的组成单元中，很多因数都与水流条件有密切关系，特别是沙波的发展消长，对糙率的影响很大，河底有沙波时，糙率可以成倍地改变，这时继续把糙率看成常数就不适当了。钱宁在总结范诺尼及布鲁克斯的水槽试验结果后指出，只有掌握糙率与水流条件的内在联系后，才有可能正确理解冲积河流的阻力问题。并提出了解决这一问题的合理途径，应该是首先弄清每一个阻力单元在不同水情下是如何起作用的。然后再进一步推敲这些阻力单元是如何联合在一起的表现为冲积河流的综合糙率。

国内外科学家们通过深入研究提出了沙粒沙波阻力、河岸阻力、河漫滩阻力及其综合阻力的计算方法，但是这些方法多属于理论性的，在实用中由于受到资料条件的限制，因而难以推广。在长期的建模实践中总结出处理冲积河流阻力计算的经验方法，不分别考虑各个阻力单元的阻力大小，而是采取考虑综合阻力计算的思路，建立综合阻力与水流条件之间的关系，来估算冲击河流动床阻力。

河床在冲淤变化过程中，水流阻力系数也将发生变化。长江中下游干流和河网区影响河道阻力的因素众多，其规律难以确定。河道阻力不仅与冲积性河流所涉及的河道断面形态、断面沿程变化、河床泥沙粒径大小和分布以及河床冲淤变化等因素密切相关，而且还受洪水涨落率、河道流量大小和下游河道的水位顶托等因素的影响，呈现出复杂的时空变化。在水沙数模实践中，由于具有物理背景的阻力预测方法还不够成熟，目前主要仍采用曼宁公式来计算阻力项，通过实测水文资料来推算曼宁糙率 n 值。为了恰当地反映上述因素对水流阻力的影响，首先基于某一洪水典型的实测资料，以主要影响因素如上游来流量和下游水位为自变量，建立它们与 n 值的相关关系

$$n = f(q, \Delta q, z, \Delta Z) \tag{2-54}$$

（1）根据河道特征，由有关糙率的基值确定河道的基础糙率。

（2） n 与上游流量的关系，随着流量的增加，n 值减小。

（3） n 与上游流量增加值 ΔQ 的关系，随着流量增加值 ΔQ 的增加，n 值减小。

（4） n 与下游水位的关系，随着水位的抬升，n 值增加。

（5）对于感潮河网区，n 与下游潮位的关系，在河口强潮区随着潮位的抬升，n 值减少，随着潮位的降低，n 值增加；在河口弱潮区 n 值的变化趋势与径流河段相同。

（6）对于山区性河道 n 值主要由河道形态和河床组成及其上游流量大小确定，而与下游水位关系不大。

（7）河床冲刷时高程增量 ΔZ 为负值，n 值增加，河床淤积时高程增量 ΔZ 为正值，n 值减小。

然后将上述 n 值的关系，建立 n 值与上述各种因数的综合关系的矩阵形式，并纳入到模型中，再通过若干年不同量级洪水和下游水位的组合对所建的 n 值矩阵关系加以检验和修正。将上述 n 值得关系式在模型中实现的步骤如下。

（1）首先将上述建立的 n 值与上游的 Q、ΔQ 和下游的 Z、ΔZ 的列表关系，即 $n = f(Q, \Delta Q, Z, \Delta Z)$，其中与 Q、ΔQ、Z、ΔZ 的关系系数分别为 $\alpha_1(i)$、$\alpha_2(i)$、$\alpha_3(i)$、$\alpha_4(i)$，i 为河段号 $(i = 1, 2, \cdots, n)$。

（2）通过 if then 条件判断语句将上述列表关系式转化为计算机语言。

（3）根据 n 值的用户手册，估计 $\alpha_1(i)$、$\alpha_2(i)$、$\alpha_3(i)$、$\alpha_4(i)$。

（4）通过实测水文资料率定 $\alpha_1(i)$、$\alpha_2(i)$、$\alpha_3(i)$、$\alpha_4(i)$ 系数，率定后的系数就可以用来进行水沙输运模拟计算，模拟实践表明，该计算模式较好反映了动床阻力的变化和河道蓄泄关系。

2.2.5.7 河湖水沙交换处理模式

一维河网模块与二维湖泊模块之间，采用河道断面与湖泊单元的共用边的状态量交换衔接，包括水量和动量守恒连接，对于一维模块需要的控制节点水位值取用与节点断面相邻二维湖泊单元水位值，边界处的流量和动量由圣维南方程组计算得到；二维湖泊的入流边界流量、含沙量和泥沙级配值取用与此单元相邻的一维河网断面流量、含沙量值和泥沙级配。具体模式如下。

（1）在二维网格剖分时，使二维单元的边界单元的边与相邻河道断面的流向垂直。

（2）与二维网格单元相邻的一维河道断面的流量作为入流条件。

（3）当给定单元 R 的水位 Z_R 时，即水深 h_R 已知，可用公式 $U_R = \varphi_L - 2\sqrt{gh_R}$ 直接求得 U_R；式中，φ_L 为黎曼变量，U_R 为单元 R 的法向流速，若要考虑底坡 S_0 和摩阻项 S_{fL}、S_{fR} 的影响。

则有

$$U_R + 2\sqrt{gh_R} = \varphi_L + g \cdot \Delta t \left(S_0 - \frac{S_{fL} + S_{fR}}{2} \right)$$

式中 S_0，φ_L，S_{fL}，h_R——均为已知，唯一的未知量 U_R 可用预测改正法求解。

当给定单宽流量 q_R 时，h_R 和 U_R 由联解 $q_R = h_R U_R$ 及特征关系 $\varphi_L = U_R + 2\sqrt{gh_R}$。此外，还有跨单元 L 和 R 的切向流速，$V_R = V_L$。

（4）边界单元的输沙率。由边界法向流量 Q 与以相邻河段断面的含沙量的乘积确定边界输沙率，边界的泥沙级配取与其相邻河道断面处的泥沙级配。

这样的边界条件处理具有以下特点：符合特征理论，保证边界条件个数正确，无需引入冗余的数值边界条件；内部单元与边界单元所用格式一致，且能保证跨边界的数值通量等于该处的物理通量，自然保证了边界处的水量、动量的守恒性。

2.2.5.8 河床可动层厚度选取

关于河床可动层厚度的确定目前尚无定论，处理的办法也很多，有的是在实际冲淤厚度基础上增加一定厚度，有的取沙波高度的一半，也有的是根据经验取一活动层等。综合上述分析，对于有资料的河段通过模型率定确定河床可动层厚度；对于无资料河段采用多种确定河床可动层厚度办法对比，选取能较好反映河床冲淤速率的可动层厚度。

2.3 模型的率定与验证

首先在对洞庭湖区间洪水模型检验的基础上，检验长江中下游防洪系统模型，为了验证模型算法的健全性、准确性和若干环节技术处理的合理性，采用 1981 年 1 月 1 日至 1990 年 12 月 31 日主要站的水沙实测资料和 1984 年宜昌至城陵矶河道地形资料，对模型参数进行率定，1991 年 1 月 1 日至 2008 年 12 月 31 日主要站的水沙资料、1995 年湖盆地形资料和 2006 年实测地形资料，对干流一维河网和二维湖泊非恒定流非均匀沙非平衡输沙模型算法进行验证计算。

2.3.1 洞庭湖区间洪水模型率定及验证

山丘区的浏阳河流域、沩水流域、汨罗江流域和新墙河流域中设有水文站，可以根据实测逐日流量数据对模型进行率定和验证；但堤垸区没有实测水位和流量资料，不能够直接根据实测数据进行模型率定和验证，本研究采取了基于经验的率定方法和基于洞庭湖区间年水量平衡分析的验证方法。

2.3.1.1 山丘区分布式水文模型的率定及验证

1. 汨罗江流域的率定与验证结果

以 1991～1993 年为模型参数率定期，1998～2000 年为模型验证期，对汨罗江流域出口站（黄旗段站）的逐日流量过程模拟结果如图 2-8 所示，率定期和验证期的相对误差分别为 8.6% 和 7.2%，Nash 系数分别为 0.64 和 0.62。可以看出，实测值和模拟值吻合程度较高。

2. 新墙河流域的率定与验证结果

以 1993～1994 年为模型参数率定期，1995～1996 年为模型验证期，结果表明模型对流域出口站的逐日流量过程模拟效果良好，率定期和验证期的相对误差分别为 4.6% 和

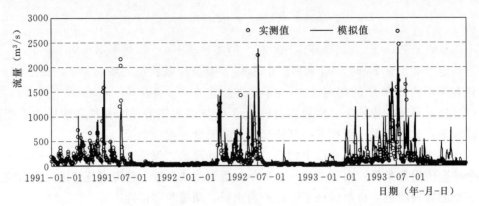

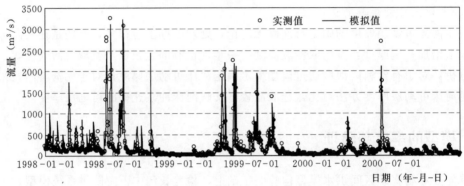

图 2-8　汨罗江流域黄旗段水文站逐日流量过程

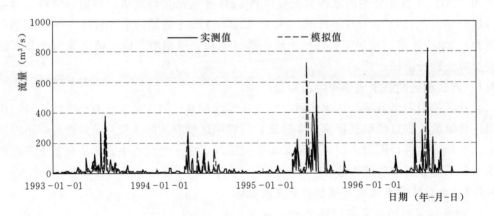

图 2-9　新墙河流域桃林站逐日流量过程

3.2%，Nash 系数分别为 0.69 和 0.60（见图 2-9）。

　　3. 浏阳河流域的率定与验证结果

　　以 1995～1996 年为模型参数率定期，1997～1998 年为模型验证期，对浏阳河流域郎梨站的逐日流量过程模拟结果如图 2-10 所示，率定期和验证期的相对误差分别为9.2% 和 8.3%，Nash 系数分别为 0.62 和 0.60。可以看出，实测值和模拟值吻合程度较高。

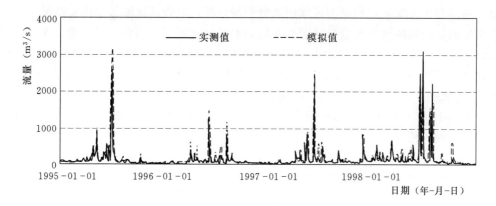

图 2-10 浏阳河流域郎梨站逐日流量过程

4. 沩水河流域的率定与验证结果

以 1954~1955 年为模型参数率定期，2000 年为模型验证期，对沩水流域宁乡站的逐日流量过程模拟结果如图 2-11 所示，率定期和验证期的相对误差分别为 8.7％和 4.2％，Nash 系数分别为 0.65 和 0.71。可以看出，实测值和模拟值吻合程度较高。

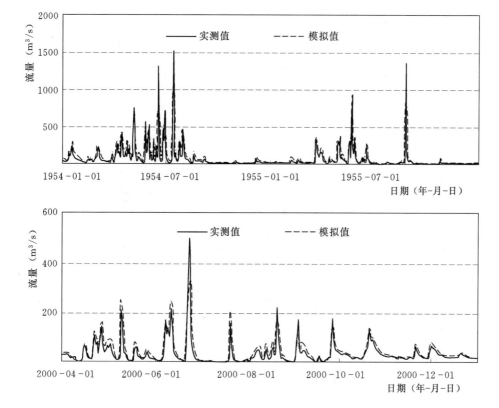

图 2-11 沩水流域宁乡站率定逐日流量过程

2.3.1.2 基于洞庭湖区间年水量平衡分析的区间洪水验证

采用区间分布式水文模型对 1991~2008 年的各山丘区和堤垸的逐日径流过程进行了

计算，通过在年尺度上对洞庭湖区间的水量平衡分析，以验证区间洪水模拟结果。

洞庭湖湖区间的输入水量包括四水流域来水量和长江三口的分流量，输出水量为经城陵矶流入长江的水量，输入与输出水量之差为区间产生的径流量。根据这一水量平衡关系，计算了1991～2008年逐年的区间水量，并与区间径流模型的模拟结果进行了比较，如表2-2所示。按水量平衡法计算得到的18年平均区间年径流量为348.20亿 m³，水文模型模拟的18年平均区间年径流量为336.60亿 m³，两者十分接近，说明区间径流模型具有较好的模拟精度。

表 2-2　　　　　　基于年水量平衡分析的洞庭湖区间洪水验证结果

年份	年入流量（亿 m³）		年出流量（亿 m³）	由水位推算的蓄水量变化（亿 m³）	区间年径流量（亿 m³）	
	四水	三口	城陵矶		水量平衡法	水文模拟法
1991	1675.2	673.1	2679.2	−0.8	330.0	352.1
1992	1677.9	511.1	2400.3	0.5	211.7	234.1
1993	1843.1	736.6	2918.0	2.3	340.5	374.8
1994	2176.4	343.7	2736.3	3.0	219.2	235.6
1995	1873.4	607.3	2861.2	−5.9	374.7	373.4
1996	1811.0	628.4	2825.6	−0.1	386.2	379.0
1997	1848.5	420.9	2574.5	8.0	313.1	298.0
1998	2199.8	1046.0	4008.0	−8.0	754.1	678.8
1999	1721.2	801.1	2990.6	0.0	468.3	424.0
2000	1670.2	684.7	2594.9	1.3	241.2	248.0
2001	1486.8	527.9	2130.3	−1.2	114.3	126.8
2002	2234.3	487.3	3349.9	7.6	635.7	593.2
2003	1712.3	568.7	2720.4	−7.8	431.5	479.3
2004	1467.1	524.3	2328.9	0.7	338.1	301.6
2005	1489.4	643.4	2411.3	−0.7	277.7	268.2
2006	1463.7	176.4	1968.6	−0.3	328.2	235.2
2007	1349.7	544.3	2048.4	0.3	154.7	120.3
平均	1747.1	583.8	2679.2	−0.1	348.2	336.6

2.3.2　四口河系水沙模型率定及验证

2.3.2.1　干流一维河网水沙模型率定及验证

采用1981年1月1日至1990年12月31日共10年水沙资料率定干流一维河网和二维湖泊非恒定流非均匀沙非平衡输沙模型。从水位流量率定结果可以看出，模型算法基本适应长江干流丰、平、枯不同时期的流动特征和水面比降，与主要控制站枝城、沙市、新厂和监利的实测水位流量过程相比，水位流量的计算结果较好反映了各站点的水位流量关系，峰谷对应、涨落一致、洪峰水位较好吻合。1981～1990年，10年计算含沙量与实测过程比较结果，该结果包含了冲泻质随水流下泄，悬沙质与床沙不断交换、输运和河床冲刷淤积的全过程，与主要控制站新厂和监利的实测含沙量过程相比，表现出较好的峰谷对应关系和泥沙的冲淤特征。水位率定误差范围在 0.3m 以内，并且计算水位误差在 0.20m 以内的站点数占测验站总数的 61%，流量相对误差在 15% 以内，其中有约占总数 98% 的站点流量相对误差在 10% 以内，长江干流和洞庭湖河网区含沙量计算绝对误差在 −1.22 ~0.22kg/m³ 以内，相对误差在 −16.8%~6% 之间，约有 81% 站点含沙量相对误差在 10% 以内，洪峰值模拟较好，具有较高的计算精度。

采用 1991 年 1 月 1 日至 2008 年 12 月 31 日主要站的水沙资料，对干流及四口河系一维河网和二维湖泊非恒定流非均匀沙非平衡输沙模型算法进行验证计算。从验证结果也可以看出，模型算法基本适应长江干流丰、平、枯不同时期的流动特征和水面比降，与主要控制站的实测水位流量过程相比，水位流量的计算结果较好反映了各站点的水位流量关系、峰谷对应、涨落一致、洪峰水位较好吻合。1991~2008 年 18 年计算含沙量与实测过程比较图，与主要控制站的实测含沙量过程相比，表现出较好的峰谷对应关系和泥沙的冲淤特征，水位计算误差范围在 0.3m 以内，并且计算水位误差在 0.20m 以内的站点数占测验站总数的 64%，流量相对误差在 15% 以内，其中有约占总数 96% 的站点流量相对误差在 10% 以内，长江干流和洞庭湖河网区泥沙计算绝对误差在 −1.21~0.20kg/m³ 以内，相对误差在 −16.5%~6% 之间，约有 85% 站点泥沙相对误差在 10% 以内，模型验证结果得到类似模型率定的精度，说明所建模型和所选参数较好地模拟了长江中下游水沙运动情况，若干环节技术处理合理，具有较高的准确性。

2.3.2.2　湖泊二维水沙模型率定及验证

与一维计算同步，采用 1981 年 1 月 1 日至 1990 年 12 月 31 日主要站的水文实测资料对二维湖泊非恒定流非均匀沙非平衡输沙模型参数进行率定。

与主要控制站七里山、南嘴、小河嘴、杨柳潭、营田、鹿角的实测水位流量过程相比，模拟结果较好反映了各站点的水位变化过程，峰谷对应、涨落一致、洪峰水位较好吻合。七里山含沙量计算与实测过程对比结果可以看出，计算含沙量过程表现出较好的峰谷对应关系和泥沙的冲淤特征，反映了各年含沙量变化过程。湖泊各站水位率定误差范围在 0.2m 以内，1981 年七里山泥沙率定误差的绝对误差为 0.02kg/m³，相对误差为 3.03%，1982~1989 年，七里山最大含沙量检验的绝对误差在 0.1kg/m³ 以内，相对误差在 15% 以内，具有较好的计算精度。这说明模型二维水沙算法基本适应洞庭湖的水沙流动特征和水面比降情况。

采用 1991 年 1 月 1 日至 2008 年 12 月 31 日主要站的水沙资料以及 1995 年湖盆地形资料，对二维湖泊非恒定流非均匀沙非平衡输沙模型算法进行验证计算。

从验证结果看，模型算法较好反映了湖泊流动特性和湖泊泥沙输运和分布特征，各单元的含沙量的计算值与实测资料的量级相当，得到与二维模型率定精度相当的验证精度，满足进一步分析计算要求。

2.3.2.3　荆江河道地形率定及验证

以 1981 年长江中下游实测河道地形为初始地形，采用 1981~1984 年实测水文资料，通过所建模型进行河道地形模拟计算，得到 1984 年模拟计算河道地形，并与 1984 年荆江实测河道地形相比较（见图 2-12），从图中可以看出，模拟的荆江河段河底高程与实测的河底高程沿程趋势一致，计算与实测高程平均误差为总体上小于 0.36m，个别弯道处误差偏大一些。

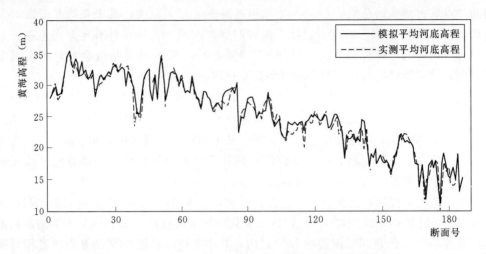

图 2-12　1984 年荆江河段模拟与实测平均河底高程对比

以 1981 年长江中下游实测河道地形为初始地形，采用 1981～1991 年实测水文资料，通过所建模型进行 11 年河道地形模拟计算，得到 1991 年模拟计算河道地形，并与 20 世纪 90 年代初实测河道地形相比较，荆江河段：模拟的荆江河段河底高程与实测的河底高程沿程趋势一致，计算与实测高程平均误差在 0.54m 以内。模拟的松虎水系河段河底高程与实测的河底高程沿程趋势一致，计算与实测高程平均误差为 0.36m。模拟的藕池河系河段河底高程与实测的河底高程沿程趋势一致，计算与实测高程平均误差为 0.28m。模拟的螺山至大通河段河底高程与实测的河底高程沿程趋势一致，计算与实测高程平均误差小于 0.45m。

2.3.2.4 坝下及四口河系河道冲淤验证

为了验证模型泥沙算法的健全性、准确性和若干环节技术处理的合理性，利用实测水沙入流资料对坝下及四口河道冲淤变化进行计算，验证河道泥沙冲淤量变化。

1. 坝下河道冲淤变化验证

运用长江中下游水沙整体数学模型，采用 2001～2008 年实测水沙过程，进行 2000 年以后坝下河道冲淤计算。计算出的 2002～2008 年宜昌至大通河床冲淤变化计算结果如表 2-3 所示。由表中各河段计算泥沙冲淤量与实测结果比较可以看出，各河段计算结果与实测值冲淤性质一致，冲淤量数量级相同，模拟出了坝下河道冲淤变化情况。

表 2-3　　　　　　　　宜昌至大通河段泥沙冲淤量

项　目	宜昌至枝城	枝城至藕池口	藕池口至城陵矶	城陵矶至武汉	汉口至湖口
河段长度（km）	76	61	170	230	272
2002～2008 年实测值（亿 t）	−1.344	−2.009	−3.289	−1.196	−1.495
2002～2008 年计算值（亿 t）	−1.026	−2.580	−3.692	−0.758	−0.526

2. 四口河系河道冲淤变化验证

运用长江中下游水沙整体数学模型，在1991年实测地形资料的基础上，采用1991～2008年实测水沙过程，进行1995～2003年四口河系分洪河道冲淤变化计算。计算出的1995～2003年四口河系河床冲淤变化计算结果如表2-4～表2-6所示。由表中各河段计算泥沙冲淤量与实测结果比较可以看出，各河段计算结果与实测值冲淤性质一致，冲淤量数量级相同，较好模拟出了四口河系分洪河道冲淤变化情况。

表2-4 　　　　　　　　　　　1995～2003年松滋河系冲淤变化 　　　　　　　　　单位：万t

河　段	计算值	实测值
2河段（新江口河）	205	213
3河段（陈家台至狮子口镇）	120	143
4河段（狮子口镇至跑马滩）	312	332
5河段（跑马滩至三合村）	−314	−344
7河段（沙道观河）	162	189
8河段（莲支河）	32	20
9、10、12河段（龚家湾至张家湖村）	109	150
11河段（黄家轭至军台村）	224	203
14河段（苏支河）	40	42
15河段（南平镇至金桥村）	−109	−183
17河段（大湖口河）	−259	−287
18河段（自治局河）	308	316

表2-5 　　　　　　　　　　　1995～2003年虎渡河冲淤变化 　　　　　　　　　单位：万t

河　段	计算值	实测值
22河段（太平口至双潭村）	274	312
24河段（双潭村至南闸）	517	679
21、25河段（沙湖口村至肖家湾）	−112	−95
32河段（南闸至安乡）	288	326

表2-6 　　　　　　　　　　　1995～2003年藕池河系冲淤变化 　　　　　　　　　单位：万t

河　段	计算值	实测值
1河段（藕池口）	−55	−54
2河段［藕池西支（藕池镇至下柴市乡）］	493	484
3、9河段（藕池镇至久合垸乡）	486	436
4河段（袁家垱村至虎山头村）	209	208
5河段（施家渡河）	326	357
6河段（陈家岭河）	354	365
7河段（青茅岗村至下柴市乡）	308	259
8河段（下柴市乡至茅草街村）	378	371
10河段（梅田湖河）	520	514
11河段（鲇鱼须河）	273	214
13河段（北景港至注滋口）	239	287

2.4 小结

本章在长江中下游水沙模拟模型的基础上，建立了洞庭湖四口河系的水沙数值模拟模型；针对洞庭湖区域中没有水文控制站的区间洪水大而且估算不准的难点问题，建立了考虑山丘区和堤垸区不同产汇流机制的分布式水文模型；分别对四口河系水沙模型和区间洪水模型进行了率定和验证。

（1）研究了洞庭湖区间中山丘区和堤垸区的不同产汇流机制，针对山丘区的浏阳河、沩水、汨罗江和新墙河流域，提出了基于地貌特征的分布式模型结构，以及基于 Richards 方程的产流模拟和基于运动波方程的汇流模拟方法，建立了山丘区的分布式水文模型。针对平原区的 68 个堤垸，建立了考虑不同土地利用类型的 1km×1km 网格分布式产流计算模式，以及各堤垸逐日径流和排水过程计算模式，构建了堤垸区水文模型。

（2）采用历史实测气象、水文数据对山丘区浏阳河流域、沩水流域、汨罗江流域和新墙河流域分布式水文模型的验证结果表明，山丘区的分布式水文模型很好地模拟重现了该各山丘区流域的逐日流量过程。区间洪水模型在 1991～2008 年的模拟结果，与根据区间的年入流量、出流量和由水位推算的洞庭湖蓄水量进行逐年水量平衡分析结果比较，结果显示区间洪水模型具有很高的模拟精度。

（3）重点研究了河网区内汊点水沙分配、非连续性过流河道的动边界处理、控制性闸坝群的调度模式以及洞庭湖未控区间洪水计算等难点问题，提出了河网区内汊点水沙自动分配、非连续性过流河道的动边界计算和控制性闸坝群的水沙调度模式，建立了四口河系水沙模型。

（4）采用 1981～2008 年的 28 场实测洪水，对四口河系水沙模型进行了率定和验证。结果表明，所建模型准确重现了长江中下游的洪水演进过程，成功模拟了荆江分流入洞庭湖，洞庭湖汇三口四水来水调蓄后回吐长江和鄱阳湖吞吐江湖洪水的动态过程，得到了总体趋势合理的水位分布、流速或流量分布和长江干流及四口河系河道泥沙冲淤分布。模拟的控制站水位、流量、含沙量过程与实况相吻合，计算出的河道泥沙冲淤量与实测值量级相当，客观地反映了洞庭湖区复杂河网以及各湖泊的水沙运动特征。

第3章 四口河系河道演变及水沙变化趋势分析

选取 90 系列（1991～2000 年）经三峡水库调蓄后的泄流排沙过程和 90 系列洞庭湖四水来水来沙过程作为方案计算水沙边界条件，并以 10 年为一循环，在 2006 年地形基础上，利用所建模型预测计算三峡水库运用后坝下河道冲刷、四口河系泥沙冲淤变化及其四口分流分沙变化及其测站水位流量关系变化。

3.1 三峡水库运用后长江中下游河道冲淤变化

三峡工程已于 2006 年 10 月蓄水至 156.00m，较初步设计的安排提前了 1 年进入初期运行期。2008 年汛期三峡枢纽全部挡水建筑物已按照设计规模、设计标准全面建成，所有泄洪设施具备运用条件，枢纽泄洪能力达到设计能力。2008 年 7 月，国务院三峡枢纽工程验收组对三峡三期工程进行了检查验收，认为长江三峡水利枢纽已全面具备汛后蓄水至 175.00m 的条件。三峡工程正常运行期，水库正常蓄水位 175.00m，防洪限制水位 145.00m，防洪库容达 221.5 亿 m³。三峡工程按正常规模投入使用后，中游各地区防洪能力将有较大提高，特别是荆江地区防洪形势将发生根本性变化：对荆江地区，遇百年一遇及以下洪水（如 1931 年、1935 年、1954 年洪水，1954 年洪水洪峰流量在荆江地区不到百年一遇），可使沙市水位不超过 44.50m，不启用荆江分洪区；遇千年一遇或类似 1870 年洪水，可使枝城流量不超过 80000m³/s，配合荆江地区的分洪区运用，可使沙市水位不超过 45.00m，从而保证荆江两岸的防洪安全。

三峡水库优化调度方式如下：①汛末蓄水期，9 月 15 日～10 月 31 日，库水位由 145.00m 升高至正常蓄水位 175.00m，蓄水量 221.5 亿 m³；②枯水发电期，11 月～次年 2 月，三峡电站按保证出力流量 5800m³/s 下泄，宜昌以下河道流量较天然情况增加 1000～2000m³/s；③发电消落期，3 月～5 月 24 日，加大发电泄流，库水位缓慢下降，5 月 24 日库水位不高于 155m，增加下泄流量 1500m³/s 左右；④防洪预泄期，5 月 25 日～6 月 10 日，库水位因防洪需要而降至汛限水位，使得长江中下游流量较天然情况增加 3500m³/s 左右；⑤防洪调度期，6 月 10 日～9 月 15 日，库水位按防洪限制水位控制运行，进行防洪削峰调度，最大削减洪峰流量 11000m³/s。

运用长江中下游水沙整体数学模型，在 2006 年实测地形资料的基础上，采用 1991～2000 年的 10 年水文序列循环，经三峡水库调蓄后的泄流泄沙过程，预测三峡水库运用后下游河道的冲淤变化，得出各河段泥沙淤积量结论如下：①水库运行 2006～2016 年，宜昌至枝城泥沙冲刷量为 0.685 亿 t，枝城至藕池口冲刷量为 2.147 亿 t，藕池口至城陵矶冲刷量为 2.999 亿 t，城陵矶至武汉冲刷量为 1.239 亿 t，武汉至九江冲刷量为 0.818 亿 t，九江至大通冲刷量为 0.794 亿 t；②水库运行 2006～2026 年，宜昌至枝城泥沙冲刷量为 0.799 亿 t，枝城至藕池口冲刷量为 4.294 亿 t，藕池口至城陵矶冲刷量为 5.653 亿 t，城陵矶至武汉冲刷量为 3.003 亿 t，武汉至九江冲刷量为 1.626 亿 t，九江至大通冲刷量为 1.539 亿 t；③水库运行 2006～2036 年，宜昌至枝城泥沙冲刷量为 0.802 亿 t，枝城至藕池口冲刷量为 6.576 亿 t，藕池口至城陵矶冲刷量为 8.359 亿 t，城陵矶至武汉冲刷量为 4.889 亿 t，武汉至九江冲刷量为 2.434 亿 t，九江至大通冲刷量为 2.187 亿 t。表 3-1 列出了三峡水库运行后下游各河段的泥沙冲刷量预测结果。

表 3-1 宜昌至大通河段累积泥沙冲淤量

项　　　目	宜昌至枝城	枝城至藕池口	藕池口至城陵矶	城陵矶至武汉	武汉至九江	九江至大通
河段长度（km）	76	61	170	230	251	243
2006～2016 年冲淤量（亿 t）	−0.685	−2.147	−2.999	−1.239	−0.818	−0.794
2006～2026 年冲淤量（亿 t）	−0.799	−4.294	−5.653	−3.003	−1.626	−1.539
2006～2036 年冲淤量（亿 t）	−0.802	−6.576	−8.359	−4.889	−2.434	−2.187

3.2　四口河系河道及泥沙冲淤变化趋势

2003 年三峡工程蓄水运用后，大量泥沙拦蓄于三峡库区，坝下河道冲刷，泄流能力增加四口分流分沙进一步减少，四口河系也相应发生冲淤变化。由于总体上进入洞庭湖的泥沙减少，洞庭湖的淤积得以减缓。

3.2.1　四口分流比现状

以 1956～2008 年松滋口、太平口和藕池口三口五站（新江口、沙道观、弥陀寺、康家岗与管家铺）的日平均径流序列资料为基础，对三口汛期（5～10 月）径流量变化进行分析，各时段三口汛期径流量变化如图 3-1 所示。三口汛期径流量 1956～1966 年为 1230 亿 m³，1967～1972 年为 949 亿 m³，1973～1980 年为 797 亿 m³，1981～1990 年为 736 亿 m³，1991～2002 年为 594 亿 m³，2003～2008 年为 480 亿 m³，三口汛期分流量呈明显减小的趋势。

不同时段三口全年年均分流比变化如图 3-2 所示。1981～1990 年三口年均分流比为 16.54%，1991～2002 年三口分流比为 14.34%，2003～2008 年三口分流比为 12.03%，三口年均分流比也呈现下降趋势。

3.2.2　四口分流分沙比变化趋势

三峡水库运用后，清水下泄，坝下河道冲刷，荆江四口口门水位降低，使得四口分流分沙较三峡水库运用前进一步减少，计算结果表明：①在枝城来流量变化不大的情况下，三口分流量进一步减少，但减少速度有减小的趋势；②随着三峡水库运用时间的增长，三口分沙比变小，但减少速度有减缓的趋势。

1. 分流比变化

表 3-2 列出了三峡水库不同运用时间情况下三口五站分流比，即三口五站全年水量

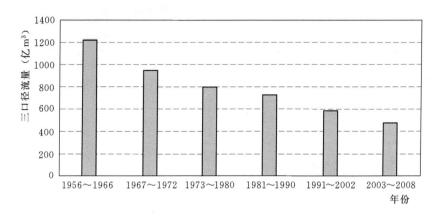

图3-1　汛期三口分流量变化

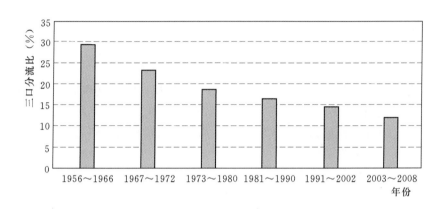

图3-2　三口年均分流比变化

占枝城全年来水量的比例。由表可见，三峡运用10年、20年、30年三口全年分流比分别为12.90％、11.86％、10.70％，三口分流比呈减小的趋势。

表3-2　　　　　　　　三口全年平均分流量及占枝城平均流量百分比

运用年限	枝城年平均流量（m³/s）	松滋口分流比（%）			太平口分流比（%）	藕池口分流比（%）			三口合计分流比（%）	三口合计年均分流量（m³/s）
		新江口	沙道观	合计		康家岗	管家铺	合计		
运用10年	14505	6.59	1.36	7.95	1.61	0.18	3.17	3.35	12.90	1909
运用20年	14505	6.31	1.22	7.52	1.38	0.15	2.81	2.96	11.86	1757
运用30年	14505	5.79	1.07	6.86	1.20	0.14	2.51	2.65	10.70	1590

2. 分沙比变化

表3-3列出了三峡水库不同运用时间情况下三口五站分沙比，即三口五站全年输沙量占枝城全年输沙量的比例。由表可见，随着三峡水库运用时间的增长，三口分沙比变小，三峡运用10年、20年、30年三口全年分沙比分别18.83％、17.52％、16.02％。

表 3 - 3

运用年限	枝城年平均输沙率（kg/s）	松滋口分沙比（%）			太平口分沙比（%）	藕池口分沙比（%）			三口合计分沙比（%）	三口合计输沙率（kg/s）
		新江口	沙道观	合计		康家岗	管家铺	合计		
运用 10 年	3365	8.15	2.22	10.36	2.56	0.31	5.40	5.71	18.63	677
运用 20 年	3276	8.03	2.06	10.08	2.28	0.28	4.88	5.16	17.52	623
运用 30 年	3225	7.55	1.83	9.38	2.02	0.24	4.38	4.62	16.02	567

3.2.3　四口河系泥沙冲淤变化

三峡水库运用后，清水下泄，坝下河道冲刷，荆江四口口门水位降低，四口分流分沙量减少，同时水流含沙量减少，使得四口河系发生冲淤变化。三峡水库运用后四口河系累积淤积量如表 3-4 所示。由表可见，松滋河系湖北境内的松滋口河段、新江口河段、陈家台—狮子口镇河段河道普遍冲刷，10 年冲刷量为 185.50 万 t，20 年冲刷量为 375.20 万 t，狮子口镇—跑马滩河段泥沙淤积，10 年淤积量为 34.70 万 t，20 年淤积量为 63.70 万 t，淤积趋势减缓；湖北境内松滋东支松滋口至中河口普遍淤积，10 年淤积量为 38.10 万 t，20 年淤积量为 69.60 万 t，南平镇—金桥村河段冲刷，10 年冲刷量为 73.50 万 t，20 年冲刷量为 142.00 万 t。湖南境内，官垸河、自治局河泥沙淤积，10 年淤积量分别为 41.00 万 t、76.10 万 t，20 年淤积量分别为 74.80 万 t、128.10 万 t；大湖口河泥沙冲刷，10 年冲刷量为 285.40 万 t，20 年冲刷量为 537.40 万 t，冲刷趋势减缓；安乡河普遍冲刷，10 年冲刷量为 45.30 万 t，20 年冲刷量为 89.10 万 t。虎渡河上中下普遍淤积，10 年淤积量为 43.20 万 t，20 年淤积量为 82.20 万 t，淤积趋势减缓。藕池河系除口门段外，泥沙普遍淤积，10 年淤积量为 249.64 万 t，20 年淤积量为 472.38 万 t；藕池口门河段表现为冲刷。

表 3 - 4　　　　　　　　三峡水库运用后四口河系河道预测冲淤量变化表

水系名称	河段名称	河段编码	累积冲淤量（万 t）	
			预测 10 年	预测 20 年
松虎水系	口门段	1（松滋口）	−39.00	−77.00
	松滋河西支	2（新江口河）	−80.50	−160.20
		3（陈家台至狮子口镇）	−66.00	−138.00
		4（狮子口镇至跑马滩）	34.70	63.70
		5（跑马滩至三合村）	−4.60	−8.40
		小计	−116.40	−242.90
	松滋河东支	7（沙道观河）	12.60	21.50
		9	7.60	14.50
		10	6.70	12.70
		11（黄家轭至军台村）	6.40	11.70
		12	1.10	2.10
		13	3.70	7.10
		15（南平镇至金桥村）	−73.50	−142.00
		小计	−35.40	−72.40

水系名称	河段名称	河段编码	累积冲淤量（万 t）	
			预测 10 年	预测 20 年
松虎水系	官垸河	6	35.80	65.10
		28	5.20	9.70
		小计	41.00	74.80
	自治局河	18	76.10	128.10
	大湖口河	17	−285.40	−537.40
	安乡河	21	−45.30	−89.10
	莲支河	8	3.20	5.70
	苏支河	14	−6.20	−14.00
	中河口	23	1.10	2.00
		松滋河总计	−367.30	−745.20
	虎渡河	22（太平口至双潭村）	12.50	25.10
		24（双潭村至南闸）	22.70	43.00
		32（南闸至安乡）	8.00	14.10
		小计	43.20	82.20
	澧水	26	2.00	4.00
		30	4.00	8.00
		31	−33.00	−57.00
		小计	−27.00	−45.00
藕池水系	口门段	1（藕池口）	−56.00	−99.00
	藕池西支	2（藕池镇至下柴市乡）	58.40	107.20
	藕池中支	3	43.90	83.70
		4（袁家垱村至虎山头村）	43.20	81.20
		5（施家渡河）	27.10	50.90
		6（陈家岭河）	22.34	41.08
		7（青茅岗村至下柴市乡）	23.40	41.30
		小计	159.94	298.18
	藕池东支	9	15.10	29.10
		10（梅田湖河）	29.10	55.50
		11（鲇鱼须河）	25.50	47.60
		13（北景港至注滋口）	17.60	33.80
		小计	87.30	166.00
		藕池河总计	249.64	472.38

3.2.4 洞庭湖泥沙冲淤变化

随着三峡水库运用年份延长，洞庭湖区泥沙不断淤积，但受荆江四口入湖沙量减小等因素影响，洞庭湖区泥沙年淤积量有减小的趋势。长江中下游水沙整体数学模型预测计算的三峡水库运用 30 年，三口分流河道尾闾及四水入湖沙量、城陵矶出湖沙量统计值如表 3-5 所示，从表中可以看出：水库运用 1～10 年，年均入湖沙量 4330 万 t，年均出湖沙量 3437 万 t，年均淤积泥沙 893 万 t；水库运用 11～20 年，年均入湖沙量 4175 万 t，年均出湖沙量 3420 万 t，年均淤积 755 万 t，比 1～10 年淤积量减少 15.45%；水库运用 21～30 年，年均入湖沙量 4028 万 t，年均出湖沙量 3394 万 t，年均淤积 634 万 t，比 11～20 年淤积量减少 121 万 t。三峡水库运用后，四口分流分沙减少，进入湖区泥沙量减小，经湖区调蓄后，湖区仍以淤为主，淤积趋缓，说明三峡水库修建后对减少洞庭湖区泥沙淤积，维持洞庭湖区调蓄能力有利。图 3-3～图 3-5 列出了三峡水库运用 10 年、20 年、30 年洞庭湖区泥沙淤积厚度分布情况，由图可见，三口分流河道尾闾和四水尾闾入湖口附近泥沙淤积较大，目平湖、南洞庭湖、东洞庭湖三大湖中，目平湖淤积范围及淤积量均较大。

表 3-5 三峡水库运用后洞庭湖泥沙淤积变化表 单位：万 t

时间（年）	年均入湖泥沙量	年均出湖泥沙量	年均湖区淤积量
1～10	4330	3437	893
11～20	4175	3420	755
21～30	4028	3394	634

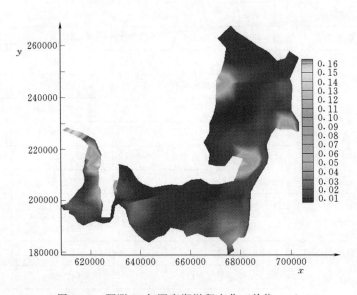

图 3-3 预测 10 年洞庭湖淤积变化（单位：m）

48

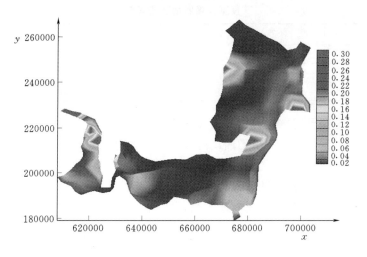

图 3-4　预测 20 年洞庭湖淤积变化（单位：m）

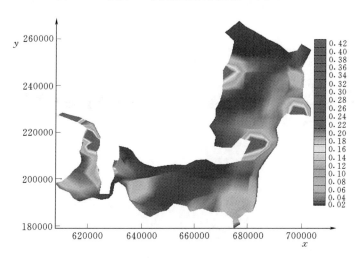

图 3-5　预测 30 年洞庭湖淤积变化（单位：m）

3.3　四口河系河道蓄泄关系变化分析

3.3.1　三口五站断流变化趋势

在 2006 年地形条件下，利用 90 水沙系列循环计算 2006～2016 年、2016～2026 年、2026～2036 年，计算统计出的三口五站断流天数变化情况如表 3-6 所示。由表可见，随着时间的向前推进，沙道观、弥陀寺、康家岗、管家铺断流天数逐渐增加，增加幅度为 7～23 天。2006～2016 年、2016～2026 年、2026～2036 年，沙道观年均断流天数为 195 天、203 天、221 天，弥陀寺年均断流天数为 189 天、207 天、220 天，康家岗年均断流天数为 270 天、279 天、286 天，管家铺年均断流天数为 165 天、188 天、202 天。新江口未断流。

表 3-6　　　　　　　　　　　预测计算四站断流天数　　　　　　　　　　单位：天

年　份	沙道观	弥陀寺	康家岗	管家铺
2006~2016	195	189	270	165
2016~2026	203	207	279	188
2026~2036	221	220	286	202

3.3.2　四口河系三口五站水位流量关系现状分析

利用 1981~2008 年资料分析的四口河系三口五站同流量下的水位变化情况如图 3-6 所示。结合三口五站典型年段的水位流量关系变化分析结果可见：五站中仅新江口站水位流量关系比较稳定、河道过流能力没有明显变化；其余四站总体上均不同程度的表现为相同流量下水位有所抬升，说明河道有所萎缩，特别是康家岗站 1985 年之后相同流量下水位抬升幅度最为明显、高洪水位时河道过流能力明显减小，河道萎缩严重。以 2002~2008 年间水位流量关系的变化来分析三峡水库建成初期运行对三口五站的影响，发现对新江口分洪道的影响比较小，沙道观和弥陀寺分洪道的萎缩有加快的趋势，康家岗和管家铺分洪道的萎缩变缓。

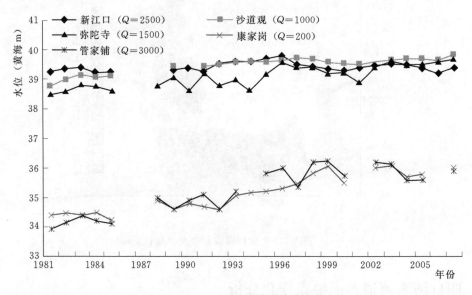

图 3-6　三口五站同流量水位变化

1. 新江口水位流量关系变化分析

以 1981~2008 年的新江口日平均径流序列资料为基础，绘制主要典型年的 $Z—Q$ 关系并进行对比（见图 3-7）。

分析对比图 3-7 中各典型年段不同流量等级下新江口站的水位变化，见表 3-7。从表中可以看到，1995 年之后新江口站 $Z—Q$ 关系基本保持稳定、相同流量下水位变化均不大；1995 之前的 15 年间新江口站 $Z—Q$ 关系的变化主要表现为相同流量下水位有所抬升，但抬升幅度较小。

2. 沙道观水位流量关系变化分析

以 1981~2008 年的沙道观日平均径流序列资料为基础，绘制主要典型年的 $Z—Q$ 关系并进行对比（见图 3-8）。

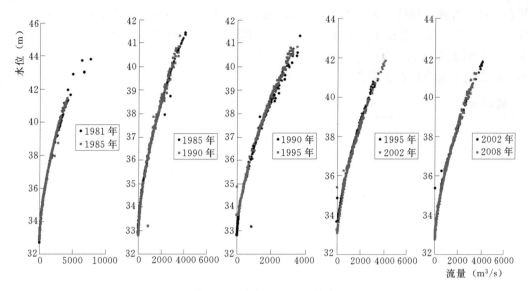

图 3-7 新江口 Z—Q 关系

表 3-7 新江口站 **Z—Q 关系变化分析**

流量等级 （m³/s）	1981～1985 年	1985～1990 年	1990～1995 年	1995～2002 年	2002～2008 年
1000	变化不大	0.1m	略有抬升	变化不大	0.10
2000	变化不大	>0.2m	>0.22m	变化不大	0.15
3000	0.1m	抬升	抬升	变化不大	0.12
4000	略有升高	抬升	抬升	变化不大	0.08

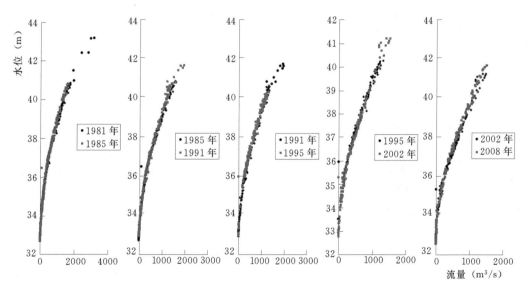

图 3-8 沙道观站 Z—Q 关系

分析对比图 3-8 中各典型年段不同流量等级下沙道观站的水位变化如表 3-8 所示。从表中可以看到，1981~2008 共 28 年间，除 1995~2002 年间 Z—Q 关系基本稳定外其余各年段 Z—Q 关系均存在小幅度变化，表现为同流量下水位有小幅度的抬升、且流量越大水位抬升幅度亦越大。2002~2008 年间的 Z—Q 关系变化表明三峡初期运行后沙道观站的相同流量下水位仍有所抬升。

表 3-8　　　　　　　　　　　沙道观站 Z—Q 关系变化分析

流量等级 (m³/s)	1981~1985 年	1985~1990 年	1990~1995 年	1995~2002 年	2002~2008 年
500	0.10m	0.05m	0.05m	变化不大	0.15m
1000	0.30m	0.20m	0.20m	变化不大	0.20m

3. 弥陀寺水位流量关系变化分析

以 1981~2008 年的弥陀寺日平均径流序列资料为基础，绘制主要典型年的 Z—Q 关系并进行对比（见图 3-9）。

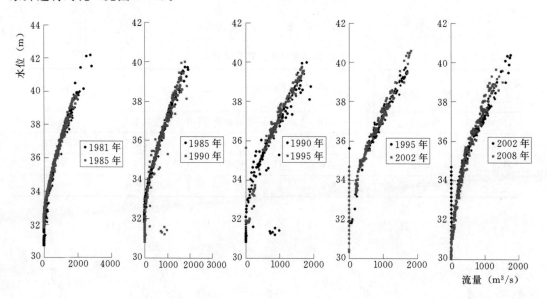

图 3-9　弥陀寺站 Z—Q 关系

分析对比图 3-9 中各典型年段不同流量等级下弥陀寺站的水位变化如表 3-9 所示。从表中可以看到，1981~2008 共 28 年间，低流量下（小于 500m³/s）除 1981~1985 年间 Z—Q 关系表现为同流量下水位有所抬升外、其余各年段基本保持稳定；高流量下（大于 1000m³/s）1990 年之后 Z—Q 关系变化渐趋明显、表现为相同流量下水位有一定幅度的抬升，而 1990 年之前的 10 年间则基本保持稳定。2002~2008 年间的 Z—Q 关系变化表明三峡初期运行后沙道观站的相同流量下水位抬升。

4. 康家岗水位流量关系变化分析

以 1981~2008 年的康家岗日平均径流序列资料为基础，绘制主要典型年的 Z—Q 关系并进行对比（见图 3-10）。

表 3-9　　　　　　　　　　　　弥陀寺站 $Z—Q$ 关系变化分析

流量等级 （m³/s）	1981～1985 年	1985～1990 年	1990～1995 年	1995～2002 年	2002～2008 年
500	有所抬升	变化不大	变化不大	变化不大	0.56m
1000	变化不大	变化不大	有所抬升	0.20m	0.60m

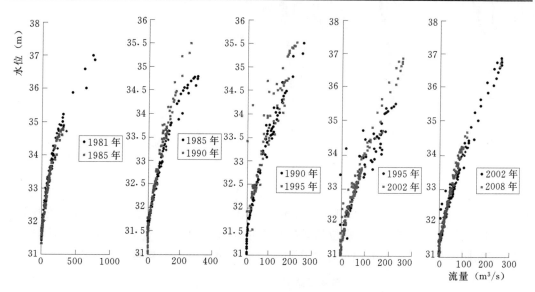

图 3-10　康家岗站 $Z—Q$ 关系

分析对比图 3-10 中各典型年段不同流量等级下康家岗站的水位变化如表 3-10 所示。从表中可以看到，1981～2008 共 28 年间，1985 年以后康家岗站的 $Z—Q$ 关系变化趋势与 1981～1985 年间相反，1981～1985 年间相同流量下 1985 年的水位相比 1981 年有所降低、降幅 0.10m 左右；而 1985 年以后 $Z—Q$ 关系的变化表现为同流量下水位有一定幅度的抬升。2003 年三峡水库的初期运行并没有加剧这一趋势、相反同流量下水位抬升幅度相比水库建成前的 1985～2002 年间有所减小，说明河道萎缩有变缓的趋势。

表 3-10　　　　　　　　　　　　康家岗站 $Z—Q$ 关系变化分析

流量等级 （m³/s）	1981～1985 年	1985～1990 年	1990～1995 年	1995～2002 年	2002～2008 年
100	−0.10m	0.20m	抬升	抬升	0.15m
200	−0.15m	0.60m	抬升	抬升	0.20m

5. 管家铺水位流量关系变化分析

以 1981～2008 年的管家铺日平均径流序列资料为基础，绘制主要典型年的 $Z～Q$ 关系并进行对比（见图 3-11）。

分析对比图 3-11 中各典型年段不同流量等级下管家铺站的水位变化如表 3-11 所示。从表中可以看到，1981～2008 年共 28 年间，1981～1985 年和 2002～2008 年两个年

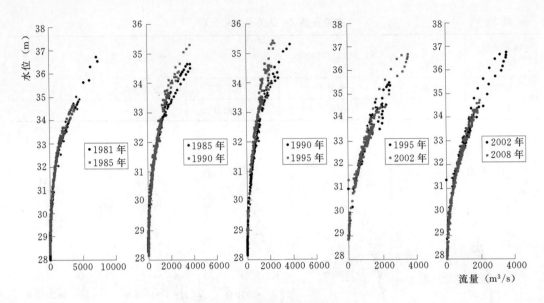

图 3-11 管家铺站 $Z—Q$ 关系

段 $Z—Q$ 关系相对稳定、同流量下水位变化不明显；1985～2002 年间 $Z—Q$ 关系有比较明显的变化，表现为相同流量下水位抬升、且流量越大水位抬升幅度越大，尤其以 1990～1995 年间同流量下水位抬升幅度达到 0.60m，1995 年之后抬升幅度逐渐减小。

表 3-11　　　　　　　　　　　　　管家铺站 $Z—Q$ 关系变化分析

流量等级 （m^3/s）	1981～1985 年	1985～1990 年	1990～1995 年	1995～2002 年	2002～2008 年
1000	变化不大	抬升	抬升	抬升	0.39m
2000	变化不大	0.50m	0.60m	0.30m	0.30m

3.3.3　四口河系主要测站水位流量变化趋势

在 2006 年实测地形上，按照 90 系列水沙过程循环计算，在 90 系列中选取 1998 年的水位流量关系为基础，分析预测三峡水库运用 10 年、20 年和 30 年水位流量关系相对于 1998 年水位流量关系的变化。分析结果表明：①三口五站中水位流量关系变化从大到小依次是虎渡河的弥陀寺站、藕池东支的管家铺站、藕池西支的康家岗站、松滋河东支的沙道观站、松滋河西支的新江口站，总体上与三口的冲淤特征一致；②松滋河系的新江口、沙道观两站的水位流量关系变化较小，其中新江口站同流量下水位升幅在 0.14m 以内，沙道观站同流量水位升幅在 0.20m 以内；③虎渡河弥陀寺站水位流量关系变化较大，同流量下水位升高明显，升幅总体上在 0.50～1.00m；④藕池河康家岗、管家铺两站水位流量关系变化明显，其中康家岗水文站低水部分水位抬升 0.40～0.60m，高水部分水位抬升 0.06～0.30m，管家铺水文站同流量下水位抬升 0.32～0.96m；⑤松滋河官垸、自治局两站水位流量关系变化不大，同流量下水位升幅较小，大湖口站水位流量关系变化明显，同流量下水位下降 0.04～0.61m；⑥藕池河注滋口站水位流量关系变化明显，同流量下水位下降 0.07～0.39m。各站均表现为低水部分水位抬升值大于高水部分水位抬升值。

1. 新江口站水位—流量关系变化预测

新江口站水位—流量关系变化如图 3-12 所示，同流量水位变化如表 3-12 所示。从中可以看到，三峡水库运用后，新江口站同流量下水位略有升高，变幅在 0.14m 以内，并主要体现在低水部分。此外，预测 20 年同流量水位升高幅度比预测 10 年同流量水位升幅小，500m³/s、1000m³/s、2000m³/s、3000m³/s、4000m³/s 流量下水位升幅分别下降 0.02m、0.01m、0.03m、0.05m、0.03m，说明新江口河段三峡蓄水运用后过流能力变化不大。

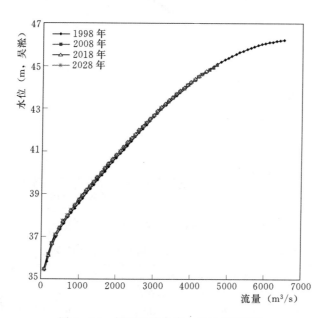

图 3-12　新江口站水位—流量关系变化

表 3-12　　　　　　　预测三峡运行后新江口站在同流量下的水位变化

流量 (m³/s)	1998 年 实测 水位 (m)	预测三峡运行 10 年后的 水位 (m)	预测三峡运行 20 年后的 水位 (m)	预测三峡运行 30 年后的 水位 (m)	预测 10 年后 的水位 变化 (m)	预测 20 年后 的水位 变化 (m)	预测 30 年后 的水位 变化 (m)
500	37.33	37.41	37.43	37.42	0.08	0.11	0.09
1000	38.58	38.66	38.72	38.71	0.09	0.14	0.13
2000	40.69	40.77	40.82	40.79	0.08	0.13	0.10
3000	42.61	42.66	42.71	42.66	0.05	0.10	0.05
4000	44.21	44.21	44.26	44.23	0.00	0.05	0.02

2. 沙道观站水位—流量关系变化预测

沙道观站水位—流量关系变化如图 3-13 所示，同流量水位变化如表 3-13 所示。从中可以看到，三峡水库运用后，沙道观站水位流量关系变化较小，同流量下水位略有升高，变幅在 0.20m 以内。沙道观站 1000m³/s 流量下，预测 10 年、20 年、30 年水位比

1998 年分别升高 0.10m、0.12m、0.16m；2000m³/s 流量下，预测 10、20、30 年水位较
1998 年分别升高 0.04m、0.10m、0.14m。

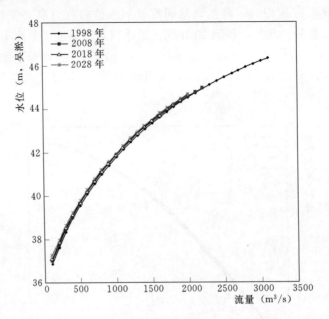

图 3-13　沙道观站水位—流量关系变化

表 3-13　　　　　　　　预测三峡运行后沙道观站在同流量下的水位变化

流量 （m³/s）	1998 年 实测 水位 （m）	预测三峡运行 10 年后的 水位 （m）	预测三峡运行 20 年后的 水位 （m）	预测三峡运行 30 年后的 水位 （m）	预测 10 年后 的水位 变化 （m）	预测 20 年后 的水位 变化 （m）	预测 30 年后 的水位 变化 （m）
500	39.57	39.68	39.73	39.77	0.11	0.17	0.20
1000	41.79	41.89	41.91	41.96	0.10	0.12	0.16
1500	43.36	43.43	43.47	43.51	0.07	0.11	0.15
2000	44.54	44.58	44.64	44.68	0.04	0.10	0.14

3. 弥陀寺站水位—流量关系变化预测

弥陀寺站水位—流量关系变化如图 3-14 所示，同流量水位变化如表 3-14 所示。从图表中可以看到，三峡水库运用后，弥陀寺站水位流量关系变化较大，同流量下水位升高明显，升幅总体上在 0.50～1.00m，这是三峡水库运用后虎渡河泥沙淤积所致。其中，1000m³/s 流量下，预测 10 年、20 年、30 年水位较 1998 年水位升高 0.64m、0.95m、1.18m；1500m³/s 流量下，预测 10 年、20 年、30 年水位升高 0.62m、0.86m、1.00m。

4. 康家岗站水位—流量关系变化预测

康家岗站水位—流量关系变化如图 3-15 所示，同流量水位变化如表 3-15 所示。从中可以看到，三峡水库运用后，康家岗站水位流量关系变化较大，同流量下水位均有所升高，低水部分升幅较大。200m³/s 流量下，预测 10 年、20 年、30 年的水位比 1998 年升高 0.35m、

0.57m、0.68m；600m³/s流量下，预测10年、20年、30年的水位较1998年升高0.08m、0.16m、0.19m。总体上，随着三峡水库运行时间延长，同流量下水位升高幅度减小。

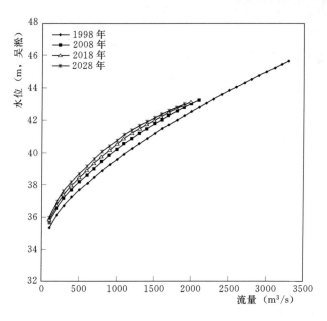

图 3-14　弥陀寺站水位—流量关系变化

表 3-14　　　　　　　预测三峡运行后弥陀寺站在同流量下的水位变化

流量 (m³/s)	1998年实测水位 (m)	预测三峡运行10年后的水位 (m)	预测三峡运行20年后的水位 (m)	预测三峡运行30年后的水位 (m)	预测10年后的水位变化 (m)	预测20年后的水位变化 (m)	预测30年后的水位变化 (m)
500	37.65	38.17	38.47	38.69	0.52	0.81	1.03
1000	39.55	40.20	40.50	40.74	0.64	0.95	1.18
1500	41.13	41.75	41.99	42.13	0.62	0.86	1.00
2000	42.52	43.03	43.14	43.22	0.51	0.62	0.70

表 3-15　　　　　　　预测三峡运行后康家岗站在同流量下的水位变化

流量 (m³/s)	1998年实测水位 (m)	预测三峡运行10年后的水位 (m)	预测三峡运行20年后的水位 (m)	预测三峡运行30年后的水位 (m)	预测10年后的水位变化 (m)	预测20年后的水位变化 (m)	预测30年后的水位变化 (m)
200	36.81	37.16	37.38	37.49	0.35	0.57	0.68
300	37.63	37.94	38.03	38.12	0.31	0.40	0.49
400	38.26	38.50	38.54	38.59	0.24	0.28	0.34
500	38.77	38.92	38.98	39.03	0.15	0.21	0.26
600	39.21	39.29	39.38	39.40	0.08	0.16	0.19
700	39.60	39.66	39.69	39.71	0.06	0.09	0.11

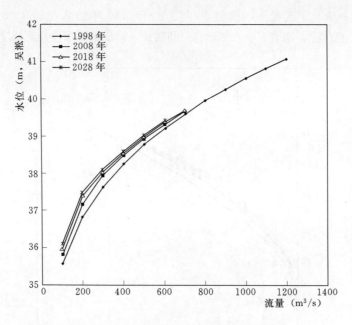

图 3-15 康家岗站水位—流量关系变化

5. 管家铺站水位—流量关系变化预测

管家铺站水位—流量关系变化如图 3-16 所示，同流量水位变化如表 3-16 所示。从中可以看到，三峡水库运用后，管家铺站水位流量关系变化明显，同流量下水位升幅均很明显，升高范围为 0.32～0.96m。预测 10 年、20 年、30 年，同流量下水位升高幅度分别为 0.32～0.55m、0.17～0.31m、0.10～0.22m，升高幅度减小。

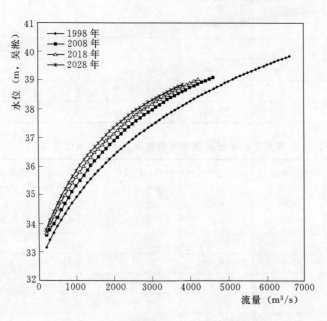

图 3-16 管家铺站水位—流量关系变化

表 3 - 16				预测三峡运行后管家铺站在同流量下的水位变化			
流量 （m³/s）	1998 年 实测 水位 （m）	预测三峡运行 10 年后的 水位 （m）	预测三峡运行 20 年后的 水位 （m）	预测三峡运行 30 年后的 水位 （m）	预测 10 年后 的水位 变化 （m）	预测 20 年后 的水位 变化 （m）	预测 30 年后 的水位 变化 （m）
500	33.90	34.22	34.49	34.69	0.32	0.59	0.78
1000	34.91	35.30	35.61	35.83	0.39	0.70	0.92
1500	35.71	36.18	36.46	36.67	0.47	0.75	0.96
2000	36.37	36.90	37.14	37.33	0.52	0.77	0.96
2500	36.94	37.49	37.70	37.86	0.55	0.76	0.92
3000	37.44	37.98	38.17	38.29	0.54	0.73	0.86
3500	37.88	38.39	38.56	38.66	0.51	0.68	0.78
4000	38.28	38.74	38.89	38.96	0.46	0.61	0.68

6. 官垸站水位—流量关系变化预测

官垸站水位—流量关系变化如图 3 - 17 所示，同流量水位变化如表 3 - 17 所示。从中可以看到，三峡水库运用后，官垸站水位流量关系变化不大，同流量下水位有小幅升高，升高范围为 0.06～0.16m。其中，预测 4 年、10 年和 20 年相对于 2002 年，同流量下水位升高幅度分别为 0.06～0.13m、0.09～0.15m、0.06～0.16m，随着流量加大，水位升高幅度减少。

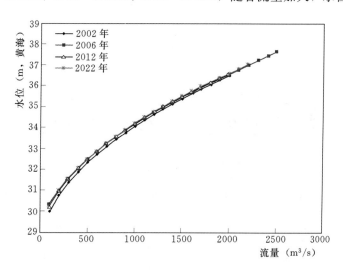

图 3 - 17　官垸站水位—流量关系变化

7. 自治局站水位—流量关系变化预测

自治局站水位—流量关系变化如图 3 - 18 所示，同流量水位变化如表 3 - 18 所示。从中可以看到，三峡水库运用后，自治局站水位流量关系变化不大，同流量下水位升幅较小，升高范围为 0.03～0.14m。其中，预测 4 年、10 年和 20 年相对于 2002 年，同流量下水位升高幅度分别为 0.03～0.09m、0.09～0.12m、0.10～0.14m，随着流量加大，水位升高幅度减少。

表 3-17　　　　　　　　　　　　预测三峡运行后官垸站在同流量下的水位变化

流量 (m³/s)	2002 年实测水位 (m)	预测三峡运行 4 年后的水位 (m)	预测三峡运行 10 年后的水位 (m)	预测三峡运行 20 年后的水位 (m)	预测 4 年后的水位变化 (m)	预测 10 年后的水位变化 (m)	预测 20 年后的水位变化 (m)
500	32.33	32.47	32.48	32.49	0.13	0.15	0.16
1000	34.07	34.17	34.18	34.21	0.10	0.12	0.14
1500	35.40	35.48	35.49	35.50	0.08	0.09	0.11
2000	36.51	36.57	36.58	36.59	0.06	0.07	0.08

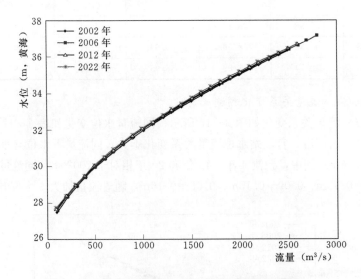

图 3-18　自治局站水位—流量关系变化

表 3-18　　　　　　　　　　　　预测三峡运行后自治局站在同流量下的水位变化

流量 (m³/s)	2002 年实测水位 (m)	预测三峡运行 4 年后的水位 (m)	预测三峡运行 10 年后的水位 (m)	预测三峡运行 20 年后的水位 (m)	预测 4 年后的水位变化 (m)	预测 10 年后的水位变化 (m)	预测 20 年后的水位变化 (m)
500	29.92	29.95	30.01	30.04	0.03	0.09	0.12
1000	31.96	32.01	32.06	32.08	0.05	0.10	0.13
1500	33.60	33.68	33.72	33.74	0.07	0.12	0.14
2000	35.04	35.12	35.13	35.15	0.09	0.09	0.11
2500	36.33	36.39	36.40	36.44	0.06	0.07	0.10

8. 大湖口站水位—流量关系变化预测

大湖口站水位—流量关系变化如图 3-19 所示，同流量水位变化如表 3-19 所示。从中可以看到，三峡水库运用后，大湖口站水位流量关系变化明显，同流量下水位下降较明显，下降范围为 0.04～0.61m。其中，预测 4 年、10 年和 20 年相对于 2002 年，同流量下水位下降幅度分别为 0.04～0.10m、0.14～0.20m、0.48～0.61m。

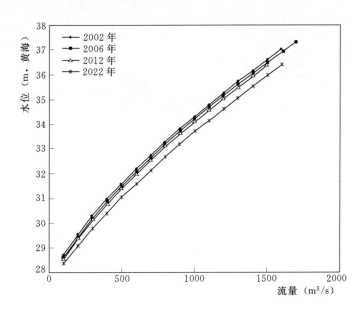

图 3-19 大湖口站水位—流量关系变化

表 3-19　　　　　　　预测三峡运行后大湖口站在同流量下的水位变化

流量 （m³/s）	2002年 实测 水位 （m）	预测三峡运行 4年后的 水位 （m）	预测三峡运行 10年后的 水位 （m）	预测三峡运行 20年后的 水位 （m）	预测4年后 的水位 变化 （m）	预测10年后 的水位 变化 （m）	预测20年后 的水位 变化 （m）
500	31.51	31.47	31.37	31.03	−0.04	−0.14	−0.48
1000	34.26	34.21	34.08	33.70	−0.05	−0.18	−0.56
1500	36.57	36.48	36.37	35.97	−0.10	−0.20	−0.61

9. 注滋口站水位—流量关系变化预测

注滋口站水位—流量关系变化如图 3-20 所示，同流量水位变化如表 3-20 所示。从中可以看到，三峡水库运用后，注滋口站水位流量关系变化明显，同流量下水位下降，下降范围为 0.07～0.39m。其中，2002～2006 年、2002～2012 年、2002～2022 年，同流量下水位下降幅度分别为 0.05～0.14m、0.12～0.26m、0.26～0.39m。

表 3-20　　　　　　　预测三峡运行后注滋口站在同流量下的水位变化

流量 （m³/s）	2002年 实测 水位 （m）	预测三峡运行 4年后的 水位 （m）	预测三峡运行 10年后的 水位 （m）	预测三峡运行 20年后的 水位 （m）	预测4年后 的水位 变化 （m）	预测10年后 的水位 变化 （m）	预测20年后 的水位 变化 （m）
500	28.74	28.67	28.61	28.48	−0.07	−0.12	−0.26
1000	30.00	29.95	29.85	29.67	−0.05	−0.15	−0.33
1500	30.96	30.86	30.75	30.59	−0.10	−0.21	−0.37
2000	31.77	31.64	31.51	31.38	−0.14	−0.26	−0.39

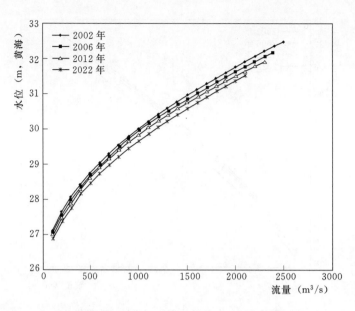

图 3-20 注滋口站水位—流量关系变化

3.4 小结

（1）三峡水库蓄水运行后，坝下河道的冲淤变化如下：①长江干流宜昌至大通同时发生冲刷；②水库运行 10 年，宜昌至枝城泥沙冲刷量为 0.685 亿 t，枝城至藕池口冲刷量为 2.147 亿 t，藕池口至城陵矶冲刷量为 2.999 亿 t，城陵矶至武汉冲刷量为 1.239 亿 t，武汉至九江冲刷量为 0.818 亿 t，九江至大通冲刷量为 0.794 亿 t；③水库运行 20 年，宜昌至枝城泥沙冲刷量为 0.799 亿 t，枝城至藕池口冲刷量为 4.294 亿 t，藕池口至城陵矶冲刷量为 5.653 亿 t，城陵矶至武汉冲刷量为 3.003 亿 t，武汉至九江冲刷量为 1.626 亿 t，九江至大通冲刷量为 1.539 亿 t。可以看出，坝下河段冲刷强度有逐步向下发展的趋势。

（2）三峡蓄水运行后四口河系分流分沙逐渐减少。四口河系各河段有冲有淤，淤积呈减缓趋势。其中，松滋河东支 15 河段（南平镇至林家厂）和大湖口河为冲刷河段，且冲刷有进一步发展趋势。以 1998 年的水位流量关系为基础，分析预测未来 10 年、20 年和 30 年水位流量关系相对于 1998 年水位流量关系的变化，结果表明：新江口、沙道观、官垸、自治局站同流量下水位分别升幅在 0.14m、0.20m、0.16m、0.14m 以内；弥陀寺、康家岗、管家铺站同流量下水位升高明显，分别为 1.00～0.50m、0.60～0.06m、0.96～0.32m；大湖口、注滋口站同流量下水位下降，分别为 0.61～0.04m、0.39～0.07m。其中，同流量下水位变化低水部分大于高水部分。

（3）三峡水库运用后，四口分流分沙减少，进入湖区泥沙量减小，经湖区调蓄后，湖区仍以淤为主，但年均淤积量有减小的趋势。水库运用 1～10 年，年均入湖沙量 4330 万 t，年均出湖沙量 3437 万 t，年均淤积泥沙 893 万 t；水库运用 11～20 年，年均入湖沙量 4175 万 t，年均出湖沙量 3420 万 t，年均淤积 755 万 t，比 1～10 年淤积量减少 15.45%。

第4章 三峡工程运用后四口河系
防洪形势分析

三峡工程运用后，荆江河段的防洪标准提高到了百年一遇，与此同时也减轻了城陵矶附近区的防洪压力，加之，三峡清水下泄，荆江河段冲刷，城汉河段泥沙淤积减少，荆江三口分洪流量进一步减少，城陵矶附近区超额洪量减少。因此，有必要研究在新的长江中游防洪格局下洞庭湖区的防洪情势，深入开展荆江三口建闸、洞庭湖河网区控支强干等方案对长江中游防洪的影响研究。此外，考虑到长江枯水年份，荆江三口几乎断流，洞庭湖区工农业生活用水紧张、水环境恶化，为此，在主要发育河道上疏挖河槽，降低洪道底高程，实现自引长江水。在松滋河系和藕池河系上建设支流平原水库，优化湖区水资源配置，改善洞庭湖区水生态环境，为洞庭湖区综合治理规划的完善与实施提供科学技术支撑。

4.1 四口河系防洪调控方案

洞庭湖区防洪及其综合调控方案的总体设计原则是在不影响长江中游防洪格局的前提下，尽可能减少湖区防汛战线，利用河道蓄水，改善湖区水环境。针对湖区治理热点、难点问题开展深入研究，在研究荆江四口分流分沙和四口洪道冲淤变化趋势的基础上，分析荆江四口建闸、控支强干以及建设支流水库等方案的可行性，方案汇总见表4－1。

表4-1　　　　　　　　　方 案 汇 总 表

方案代码	方案名称	方 案 条 件
301	松滋口 建闸方案	在松滋中支（松滋口至肖家湾）疏挖1.0m的基础上，松滋口建闸，具体疏挖河段为松滋口门、新江口河段、苏支河段、瓦窑河河段、自治局河段。遭遇百年一遇洪水时，当口门进洪流量小于7100m³/s时，不控制（畅泄），当口门进洪流量大于7100m³/s，通过闸门控制流量不大于7100m³/s。同时，松澧错峰调度原则：松澧总入流不大于16000m³/s，当澧水石门洪峰流量大于等于14000m³/s时，松滋口闸控制过流不大于2000m³/s。当遭遇超百年一遇洪水时，松滋口闸畅泄
302	藕池口 建闸方案	在藕池东支（藕池口至注滋口）疏挖1.0m的基础上，藕池口建闸，具体疏挖河段为藕池口门、管家铺河段、梅田湖河河段、北景港至注滋口河段。遭遇百年一遇洪水时，当口门进洪流量小于6200m³/s时，不控制（畅泄），当口门进洪流量大于6200m³/s时，通过闸门控制流量不大于6200m³/s。当遭遇超百年一遇洪水时，藕池口闸畅泄

方案代码	方案名称	方案条件
303	松滋河系控支强干方案	在松滋中支（王守寺至肖家湾）疏挖1.5m的基础上，松滋河系建平原水库，具体有：松滋东支大湖口河进口王守寺、出口小望角建闸，松滋西支官垸河进口青龙窖、出口毛家渡建闸。当沙市水位超过35.00m（1985年国家高程基准）且松滋口过流量大于1500m³/s时，上闸打开、下闸关闭，两闸间蓄水，蓄水时，控制官垸河下闸毛家渡闸上水位不超过设计水位39.40m，控制大湖口河下闸小望角闸上水位不超过设计水位37.53m，若达到设计水位，则关闭上闸；当沙市水位超过警戒水位40.792m时，下闸打开行洪。其中，大湖口河上闸控制过流量不超过安全泄量1800m³/s，官垸河上闸控制过流量不超过安全泄量2000m³/s
304	藕池河系控支强干方案	在藕池东支（藕池口至注滋口）疏挖1.0m的基础上，藕池河系建平原水库，具体有：藕池西支进口康家岗、出口沈家洲建闸，藕池中支陈家岭河进口陈家岭、出口天心洲建闸，藕池东支鲇鱼须河进口鲇鱼须、出口九斤麻建闸。当监利水位超过29.00m（1985年国家高程基准）且藕池口过流量大于500m³/s时，上闸打开、下闸关闭，两闸间蓄水，蓄水时，控制藕池西支下闸沈家洲闸上水位不超过设计水位34.87m，控制陈家岭河下闸闸上水位不超过设计水位35.57m，控制藕池东支鲇鱼须河下闸九斤麻闸上水位不超过设计水位35.00m，若达到设计水位，则关闭上闸；当监利水位超过警戒水位33.36m时，藕池中支陈家岭河下闸天兴洲闸、藕池东支鲇鱼须河下闸九斤麻闸打开行洪。其中，陈家岭河上闸控制过流量不超过安全泄量100m³/s，藕池东支鲇鱼须河上闸控制过流量不超过1100m³/s
305	虎渡河下支建平原水库方案	虎渡河南闸与出口新开口闸之间形成平原水库。当沙市水位超过35.00m（1985年国家高程基准）时松滋口过流，上闸打开、下闸关闭，两闸间蓄水，当沙市水位超过警戒水位40.792m时，下闸打开行洪，南闸不控制，按天然来流下泄。蓄水时，控制新开口闸上水位不超过设计水位36.45m
306	藕池河系控支强干大包方案	在藕池东支（藕池口至注滋口）疏挖1.0m的基础上，藕池河系建平原水库，具体有：藕池西支进口康家岗、出口沈家洲建闸，藕池中支进口、出口下柴市建闸，藕池东支鲇鱼须河进口鲇鱼须、出口九斤麻建闸。当监利水位超过29.00m（1985年国家高程基准）藕池口过流时，上闸打开、下闸关闭，两闸间蓄水，蓄水时，控制藕池西支下闸沈家洲闸上水位不超过设计水位34.75m，控制藕池中支下柴市闸上水位不超过设计水位34.75m，控制藕池东支鲇鱼须河下闸九斤麻闸上水位不超过设计水位35.00m，若达到设计水位，则关闭上闸；当监利水位超过警戒水位33.36m时，藕池中支下闸下柴市闸、藕池东支鲇鱼须河下闸九斤麻闸打开行洪，藕池中支上闸控制过流量不超过1200m³/s，藕池东支鲇鱼须河上闸控制过流量不超过1100m³/s
307	四口河系控支强干大包方案	303方案＋306方案＋305方案

四口建闸方案早在20世纪50年代初就提出了，1980年长江中下游防洪座谈会的总结报告中，要求对四口建闸问题作进一步研究，当时的研究成果是四口建闸对减少洞庭湖泥沙淤积效果明显，对四口河系的排涝也是有利的。问题是三峡工程投入使用前洞庭湖少进的那部分泥沙如何运行，较难论证清楚，且荆江防洪情势严峻，所以该方案存在较大分歧。三峡工程运行后荆江四口分流分沙进一步减少，为四口建闸创造了有利条件，松滋口建闸与三峡水库配合，进行对西洞庭湖地区洪水补偿调节，将为该地区的防洪，特别是应

64

对 1935 年毁灭性洪灾，提供十分有利的条件。因此松滋口建闸方案围绕该地区的防洪问题展开，主要思路是在目前新的形势下，在四口河系中疏挖主要河道的基础上，分别考虑松滋口、藕池口建闸。从建闸后河道泥沙淤积趋势、长江中游防洪情势、与澧水错峰调度效果等方面开展论证。

松滋口建闸方案（方案 301，见图 4-1）：在松滋中支（松滋口至肖家湾）疏挖 1.0m、同时，沙道观河局部河段疏挖 0.2m 的基础上，松滋口建闸，具体疏挖河段为松滋口门、新江口河段、苏支河、瓦窑河、自治局河段、安乡河。在 2006 年地形条件下，经三峡水库调度后计算出的 1998 年松滋口最大径流量为 7162m^3，则当长江洪水小于百年一遇时以 7100m^3 为松滋口闸门最大控制流量，当口门进洪流量小于 7100m^3/s 时畅泄，当口门进洪流量大于 7100m^3/s，通过闸门控制流量不大于 7100m^3/s；若长江来水超过百年一遇时，松滋口闸畅泄。松澧错峰调度原则为：松澧总入流不大于 16000m^3/s，当澧水石门洪峰流量大于等于 14000m^3/s 时，松滋口闸控制过流不大于 2000m^3/s。

图 4-1　松滋口建闸干方案布置图

藕池口建闸方案（方案 302，见图 4-2）：在藕池东支（藕池口至注滋口）疏挖 1.0m、同时康家岗河段局部断面疏挖 0.2m 的基础上，藕池口建闸，具体疏挖河段为藕池口门、管家铺河段、梅田湖河、北景港至注滋口河段。在 2006 年地形条件下，经三峡水库调度后计算出的 1998 年藕池口最大径流量为 6200m³/s，当长江洪水小于百年一遇时，以 6200m³/s 为藕池口闸门最大控制流量，当口门进洪流量小于 6200m³/s，不控制（畅泄），当口门进洪流量大于 6200m³/s 时，通过闸门控制流量不大于 6200m³/s；当长江洪水超过百年一遇，藕池口闸畅泄。

图 4-2　藕池口建闸干方案布置图

　　松滋河系控支强干方案（方案 303，见图 4-3）：在松滋中支（王守寺至肖家湾）疏挖 1.5m 的基础上，松滋河系建平原水库，具体有：松滋东支大湖口河进口王守寺、出口小望角建闸，松滋西支官垸河进口青龙窖、出口毛家渡建闸。当沙市水位超过 35m（1985 年国家高程基准）且松滋口过流量大于 1500m³/s 时，上闸打开、下闸关闭，两闸间蓄水，蓄水时，控制官垸河下闸毛家渡闸上水位不超过设计水位 39.40m，控制大湖口河下闸小望角闸上水位不超过设计水位 37.53m；当沙市水位超过警戒水位 40.792m 时，上下闸打开行洪，当长江洪水小于百年一遇时，大湖口河上闸控制过流量不超过安全泄量 1800m³/s，官垸河上闸控制过流量不超过安全泄量 2000m³/s，当长江洪水超过百年一遇，各闸门按照最大过流能力畅泄。

　　藕池河系控支强干方案（方案 304，见图 4-4）：在藕池东支（藕池口至注滋口）疏挖

66

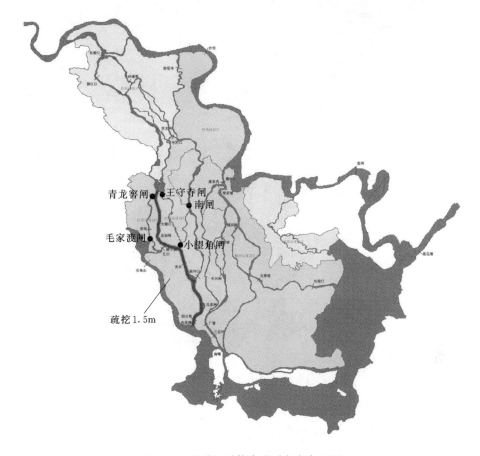

图 4-3 松滋河系控支强干方案布置图

1.0m 的基础上，藕池河系建平原水库，具体有：藕池西支进口康家岗、出口沈家洲建闸，藕池中支陈家岭河进口陈家岭、出口天心洲建闸，藕池东支鲇鱼须河进口鲇鱼须、出口九斤麻建闸。当监利水位超过 29.00m（1985 年国家高程基准）且藕池口过流量大于 500m³/s 时，上闸打开、下闸关闭，两闸间蓄水，蓄水时，控制藕池西支下闸沈家洲闸上水位不超过设计水位 34.87m，控制陈家岭河下闸闸上水位不超过设计水位 35.57m，控制藕池东支鲇鱼须河下闸九斤麻闸上水位不超过设计水位 35.00m；当监利水位超过警戒水位 33.36m 时，藕池中支陈家岭河下闸天兴洲闸、藕池东支鲇鱼须河下闸九斤麻闸打开行洪。其中，陈家岭河上闸控制过流量不超过安全泄量 100m³/s，藕池东支鲇鱼须河上闸控制过流量不超过 1100m³/s。当长江洪水超过百年一遇时，藕池中支、东支各闸门按照最大过流能力畅泄。

在分析上述方案计算结果的基础上，延伸出三个方案，方案如下。

虎渡河下支建平原水库方案（方案 305，见图 4-5）：虎渡河出口新开口建闸，与南闸之间形成平原水库。汛期，上下闸畅泄行洪，汛后，当中河口水位低于南闸上设计水位 38.23m 时，新开口闸关闭蓄水，蓄水时，控制新开口闸上水位不超过设计水位 36.45m，当南闸闸下水位与闸上水位持平时，南闸关闭。

藕池河系控支强干大包方案（方案 306，见图 4-6）：在藕池东支（藕池口至注滋口）

67

图4-4 藕池河系控支强干方案布置图

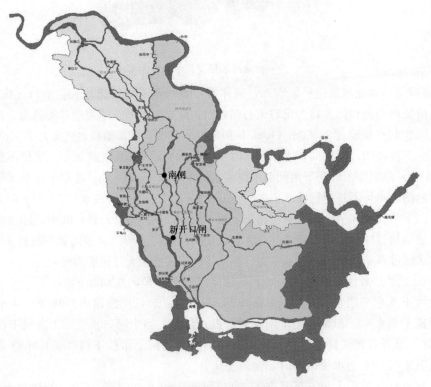

图4-5 虎渡河下支建平原水库方案布置图

图 4-6 藕池河系控支强干大包方案布置图

图 4-7 四口河系控支强干大包方案布置图

疏挖 1.0m 的基础上，藕池河系建平原水库，具体有：藕池西支进口康家岗、出口沈家洲建闸，藕池中支进口、出口下柴市建闸，藕池东支鲇鱼须河进口鲇鱼须、出口九斤麻建闸。当监利水位超过 29.00m（1985 年国家高程基准）时藕池口过流，藕池西支上闸康家岗闸打开、下闸沈家洲闸关闭，两闸间蓄水，蓄水时，控制沈家洲闸上水位不超过设计水位 34.75m（下柴市），控制藕池中支下柴市闸上水位不超过设计水位 34.75m，控制藕池东支鲇鱼须河下闸九斤麻闸上水位不超过设计水位 35.00m；当监利水位超过警戒水位 33.36m 时，藕池中支下闸下柴市闸、藕池东支鲇鱼须河下闸九斤麻闸打开行洪，藕池中支上闸控制过流量不超过 1200m³/s，藕池东支鲇鱼须河上闸控制过流量不超过 1100m³/s。

四口河系控支强干大包方案（方案 307，见图 4-7）：组合藕池河系控支强干大包方案、虎渡河下支建平原水库方案、松滋河系控支强干方案。

防洪方案典型洪水选取：选取 1998 年、1954 年典型洪水过程作为模型计算的边界条件，其中，宜昌站的 1998 年、1954 年水沙过程是经过三峡水库优化调度后的泄水排沙过程。

4.2 松滋口建闸方案的防洪效果分析

在 2006 年实测地形资料的基础上，选取 90 系列经三峡水库调蓄后的宜昌水沙过程和 90 系列洞庭湖四水水沙过程作为方案计算水沙边界条件，并以 10 年为一循环，运用上述所建四口河系水沙数学模型，计算现状条件及方案条件下三峡水库运用后四口河道水沙及冲淤变化情况，并对四口分流分沙及断流变化进行了统计分析。

为分析建闸对荆江及四口河系防洪的影响，利用经过三峡水库调蓄后的 1998 年、1954 年洪水，在 2006 年实测地形条件下，进行方案对比分析。方案条件涉及松滋口建闸方案、松滋中支疏挖方案。其中，松滋中支疏挖方案（简称松滋疏挖）：松滋中支（松滋口至肖家湾）疏挖 1.0m，具体疏挖河段为松滋口门河段、新江口河段、苏支河、瓦窑河、自治局河段。

4.2.1 松滋口建闸方案冲淤变化分析

在 2006 年地形条件下，采用 90 水沙系列循环计算 2006～2016 年（10 年）、2006～2026 年（20 年）、2006～2036 年（30 年）松滋口建闸方案、松滋疏挖方案和现状方案松滋河系各河段冲淤变化情况。

表 4-2 列出了松滋口建闸方案、松滋疏挖方案及现状方案的 30 年冲淤变化结果。由表 4-2 可见，松滋口建闸方案条件下，松滋河系湖北境内的松滋口河段、新江口河段（2河段）、陈家台至狮子口镇河段（3 河段）河道普遍冲刷，2006～2016 年冲刷量为 216.00万 m³，2016～2026 年冲刷量为 221.00 万 m³，2026～2036 年冲刷量为 246.00 万 m³。其中，狮子口镇至跑马滩河段（4 河段）泥沙淤积，但淤积趋势减缓，2006～2016 年淤积量为 23.80 万 m³，2016～2026 年淤积量为 21.60 万 m³，2026～2036 年淤积量为 15.80 万 m³。湖北境内松滋东支松滋口至中河口普遍淤积，淤积趋势减缓，2006～2016 年淤积量为 38.60 万 m³，2016～2026 年淤积量为 33.60 万 m³，2026～2036 年淤积量为 25.50 万 m³。南平镇至金桥村河段（15 河段）冲刷，2006～2016 年冲刷量为 94.70 万 m³，2016

～2026 年冲刷量为 91.70 万 m³，2026～2036 年冲刷量为 88.00 万 m³。湖南境内官垸河、自治局河泥沙淤积趋势减缓，2006～2016 年淤积量分别为 40.10 万 m³、84.70 万 m³，2016～2026 年淤积量分别为 35.40 万 m³、67.10 万 m³，2026～2036 年淤积量分别为 33.20 万 m³、48.80 万 m³。大湖口河泥沙冲刷，2006～2016 年冲刷量为 339.20 万 m³，2016～2026 年冲刷量为 313.20 万 m³，2026～2036 年冲刷量为 283.00 万 m³，可以看出，冲刷趋势减缓。安乡河普遍冲刷，2006～2016 年冲刷量为 57.70 万 m³，2016～2026 年冲刷量为 59.20 万 m³，2026～2036 年冲刷量为 52.30 万 m³。虎渡河上中下普遍淤积，2006～2016 年淤积量为 44.00 万 m³，2016～2026 年淤积量为 40.00 万 m³，2026～2036 年淤积量为 29.10 万 m³，淤积趋势减缓。藕池河系除口门段表现为冲刷外，其他河段泥沙淤积趋势减缓，2006～2016 年淤积量为 254.40 万 m³，2026～2036 年淤积量为 221.03 万 m³，2026～2036 年淤积量为 183.85 万 m³。

表 4－2　　　　三峡水库运用后松滋口建闸方案四口河道冲淤量变化比较

河段名称		河段编码	现状方案冲淤量（万 m³）			松滋疏挖方案冲淤量（万 m³）			松滋口建闸方案冲淤量（万 m³）		
			2006～2016 年	2016～2026 年	2026～2036 年	2006～2016 年	2016～2026 年	2026～2036 年	2006～2016 年	2016～2026 年	2026～2036 年
松虎水系	口门段	1	−40.00	−39.00	−39.00	−43.00	−41.00	−46.00	−42.00	−42.00	−46.00
	松滋河西支	2	−80.50	−80.70	−80.90	−108.00	−109.00	−120.00	−107.00	−109.00	−122.00
		3	−66.00	−67.60	−69.40	−66.00	−71.00	−79.00	−67.00	−70.00	−78.00
		4	34.70	29.00	24.10	23.80	21.60	16.90	23.80	21.60	15.80
		5	−4.60	−3.80	−3.00	−5.10	−3.90	−3.20	−5.10	−3.90	−3.10
		小计	−116.40	−123.10	−129.20	−155.30	−162.30	−185.30	−155.30	−161.30	−187.30
	松滋河东支	7	12.60	8.90	5.80	13.40	10.40	7.00	13.20	10.40	6.00
		9	7.60	6.90	6.00	7.40	6.60	5.80	7.20	6.80	5.80
		10	6.70	6.00	4.90	7.20	6.10	5.30	6.90	6.30	5.30
		11	6.40	5.30	4.40	6.40	5.20	4.20	6.20	5.20	4.20
		12	1.10	1.00	0.90	1.30	1.20	0.90	1.20	1.30	0.90
		13	3.70	3.40	2.90	4.00	3.60	3.30	3.90	3.60	3.30
		15	−73.50	−70.50	−67.00	−94.80	−91.10	−87.40	−94.70	−91.70	−88.00
		小计	−35.40	−39.00	−42.10	−55.10	−58.00	−60.90	−56.10	−58.10	−62.50
	官垸河	6	35.80	29.30	27.00	34.00	30.10	28.40	34.00	30.10	28.50
		28	6.10	5.40	4.50	6.10	5.20	4.70	6.10	5.30	4.70
		小计	41.90	34.70	31.50	40.10	35.30	33.10	40.10	35.40	33.20
	自治局河	18	76.10	52.00	28.70	84.90	67.90	47.80	84.70	67.10	48.80
	黄沙湾河段	20	−6.00	−5.00	−5.00	−8.00	−7.00	−6.00	−8.00	−7.00	−6.00
	大湖口河	17	−285.40	−252.00	−225.30	−340.50	−312.00	−281.00	−339.20	−313.20	−283.00

河段名称		河段编码	现状方案冲淤量（万 m³）			松滋疏挖方案冲淤量（万 m³）			松滋口建闸方案冲淤量（万 m³）		
			2006～2016年	2016～2026年	2026～2036年	2006～2016年	2016～2026年	2026～2036年	2006～2016年	2016～2026年	2026～2036年
松滋河水系	安乡河	21	−60.30	−56.80	−52.90	−57.80	−59.10	−52.40	−57.70	−59.20	−52.30
	莲支河	8	3.20	2.50	1.90	3.20	2.30	1.80	3.10	2.30	1.60
	苏支河	14	−6.20	−7.80	−7.90	−22.00	−21.50	−18.70	−22.10	−21.30	−19.00
	瓦窑河	16	4.50	4.40	4.10	6.40	6.90	6.20	6.40	6.80	6.30
	五里河	19	−1.70	−1.60	−1.80	−1.30	−1.30	−1.50	−1.20	−1.40	−1.60
	中河口	23	0.60	0.50	0.50	0.60	0.50	0.30	0.60	0.40	0.40
	松滋河总计		−381.90	−389.00	−394.80	−501.90	−506.90	−515.30	−501.90	−507.90	−520.10
	虎渡河	22	12.50	12.60	10.50	15.70	13.80	9.70	15.70	13.90	9.80
		24	22.70	20.30	16.00	22.30	19.20	15.30	22.30	19.30	15.30
		32	8.00	6.10	5.60	6.00	6.90	3.90	6.00	6.80	4.00
	虎渡河总计		43.20	39.00	32.10	44.00	39.90	28.90	44.00	40.00	29.10
	澧水	26	2.00	2.00	2.00	2.00	2.00	3.00	2.00	2.00	3.00
		30	4.00	4.00	3.00	4.00	4.00	3.00	4.00	4.00	3.00
		31	−33.00	−24.00	−25.00	−28.00	−29.00	−27.00	−29.00	−28.00	−27.00
		小计	−27.00	−18.00	−20.00	−22.00	−23.00	−21.00	−23.00	−22.00	−21.00
藕池水系	口门段	1	−56.00	−43.00	−38.00	−49.00	−42.00	−34.00	−50.00	−42.00	−35.00
	藕池西支	2	58.40	48.80	40.10	56.40	46.80	38.80	56.30	46.90	38.60
	藕池中支	3	43.90	39.80	31.60	42.90	38.60	33.50	42.90	38.70	33.40
		4	43.20	38.00	31.10	42.60	37.40	31.50	42.60	37.50	31.30
		5	27.10	23.80	20.30	26.40	22.50	19.00	26.40	22.50	19.00
		6	22.34	18.74	15.45	21.50	18.01	14.34	21.50	18.13	14.45
		7	23.40	17.90	15.00	22.30	17.80	14.70	22.30	17.70	14.80
		小计	159.94	138.24	113.45	155.70	134.31	113.04	155.70	134.53	112.95
	藕池东支	9	15.10	14.00	10.50	14.90	12.90	11.40	14.90	12.90	11.40
		10	29.10	26.40	21.60	29.20	25.70	21.50	29.20	26.20	21.50
		11	25.50	22.10	17.80	31.00	26.30	20.70	31.00	26.40	21.10
		12	0.00	0.00	0.00	0.00	0.00	0.00	0.00	0.00	0.00
		13	17.60	16.20	13.80	17.20	16.10	13.40	17.30	16.10	13.30
		小计	87.30	78.70	63.70	92.30	81.00	67.00	92.40	81.60	67.30
	藕池河总计		249.64	222.74	179.25	255.40	220.11	184.84	254.40	221.03	183.85

由表 4-2 可见，松滋疏挖方案与现状方案相比，总体来说，松滋疏挖方案的冲淤趋

势与松滋河系现状冲淤趋势是一致的，松滋河口门段、新江口河段、苏支河、大湖口河段仍表现为冲刷，瓦窑河、官垸河、自治局河仍表现为淤积，具体冲刷冲淤结果如下：松滋水系口门段冲刷有所增加，2006～2016 年，冲刷量增加 3 万 m³，2016～2026 年，冲刷量增加 2 万 m³，2026～2036 年，冲刷量增加 7 万 m³；新江口河段冲刷加大较多，2006～2016 年，冲刷量增加 27.5 万 m³，2016～2026 年，冲刷量增加 28.3 万 m³，2026～2036 年，冲刷量增加 39.1 万 m³；苏支河冲刷增大，2006～2016 年，冲刷量增加 15.8 万 m³，2016～2026 年，冲刷量增加 13.7 万 m³，2026～2036 年，冲刷量增加 10.8 万 m³；瓦窑河淤积增加，2006～2016 年淤积量增加 1.9 万 m³，2016～2026 年，淤积量增加 2.5 万 m³，2026～2036 年，淤积量增加 2.1 万 m³；官垸河淤积先减后增，2006～2016 年，淤积量减少 1.8 万 m³，2016～2026 年，淤积量增加 0.6 万 m³，2026～2036 年，淤积量增加 1.6 万 m³；自治局河段淤积有所增加，2006～2016 年，淤积量增加 8.8 万 m³，2016～2026 年，淤积量增加 15.9 万 m³，2026～2036 年，淤积量增加 19.1 万 m³；大湖口河段冲刷增加较多，2006～2016 年，冲刷量增加 55.1 万 m³，2016～2026 年，冲刷量增加 60.0 万 m³，2026～2036 年，冲刷量增加 55.7 万 m³。

松滋口建闸方案与松滋疏挖方案相比，泥沙冲淤量变化不大，其中，口门段 2006～2016 年，冲刷量减少 1.0 万 m³，2016～2026 年，冲刷量增加 1.0 万 m³，2026～2036 年，冲刷量不变；新江口河段 2006～2016 年，冲刷量减少 1.0 万 m³，2016～2026 年，冲刷量不变，2026～2036 年，冲刷量增加 2.0 万 m³；苏支河 2006～2016 年，冲刷增加 0.1 万 m³，2016～2026 年，冲刷量减少 0.2 万 m³，2026～2036 年，冲刷量增加 0.3 万 m³；瓦窑河 2006～2016 年淤积量基本不变，2016～2026 年，淤积量减少 0.1 万 m³，2026～2036 年，淤积量增加 0.1 万 m³；自治局河段 2006～2016 年淤积量减少 0.2 万 m³、2016～2026 年淤积量减少 0.8 万 m³、2026～2036 年淤积量增加 1.0 万 m³。大湖口河段 2006～2016 年冲刷量减少 1.3 万 m³，2016～2026 年，冲刷量增加 1.2 万 m³，2026～2036 年，冲刷量增加 2.0 万 m³。

对于整个松滋河系，松滋疏挖方案与现状方案相比，冲刷有所增加，2006～2016 年，冲刷增加 120.0 万 m³，2016～2026 年，冲刷增加 117.9 万 m³，2026～2036 年，冲刷增加 120.5 万 m³；松滋口建闸方案与松滋疏挖方案相比，冲刷量略有增加，2006～2016 年，冲刷量基本不变，2016～2026 年，冲刷量增加 1.0 万 m³，2026～2036 年，冲刷量增加 4.8 万 m³。

4.2.2 松滋口建闸方案分流分沙比变化

表 4-3 和表 4-4 列出了松滋口建闸方案、松滋疏挖方案及现状方案预测三口分流量、分沙量与长江干流枝城站径流量、输沙量的比值变化情况，其中，分流比、分沙比取 10 年年均值。

由表 4-3 中松滋疏挖方案与现状方案四口河系多年平均分流比对比可见，松滋疏挖后，松滋口分流比增加，2006～2016 年、2017～2026 年、2027～2036 年分别增加 2.37%、2.36%、2.24%；太平口分流比略有减少，2006～2016 年、2017～2026 年、2027～2036 年分别减少 0.1%、0.1%、0.09%；藕池口分流比略减少，2006～2016 年、2017～2026 年、2027～2036 年分别减少 0.2%、0.15%、0.13%；疏挖后，三口总分流比 2006～2016 年、2017～2026 年、2027～2036 年分别为 14.98％、13.97％、12.73％，相比现状方案有所增加，2006～2016 年、2017～2026 年、2027～2036 年分别增加 2.08％、2.11％、2.03％。

表 4-3 三峡水库运用后三口多年平均分流比

多年平均分流比		现状方案			松滋疏挖方案			松滋口建闸方案		
		2006～2016 年	2017～2026 年	2027～2036 年	2006～2016 年	2017～2026 年	2027～2036 年	2006～2016 年	2017～2026 年	2027～2036 年
松滋口分流比（％）	新江口	6.59	6.31	5.79	8.96	8.63	8.05	8.93	8.61	8.02
	沙道观	1.36	1.22	1.07	1.36	1.25	1.05	1.34	1.21	1.05
	松滋合计	7.95	7.52	6.86	10.32	9.88	9.10	10.27	9.83	9.08
太平口分流比（％）		1.61	1.38	1.20	1.51	1.28	1.11	1.52	1.30	1.12
藕池口分流比（％）	康家岗	0.18	0.15	0.14	0.18	0.14	0.13	0.16	0.15	0.13
	管家铺	3.17	2.81	2.51	2.97	2.67	2.39	3.00	2.67	2.39
	藕池合计	3.35	2.96	2.65	3.15	2.81	2.52	3.16	2.82	2.52
三口分流比（％）		12.90	11.86	10.70	14.98	13.97	12.73	14.96	13.94	12.72

表 4-4 三峡水库运用后三口多年平均分沙比

多年平均分沙比		现状方案			松滋疏挖方案			松滋口建闸方案		
		2006～2016 年	2017～2026 年	2027～2036 年	2006～2016 年	2017～2026 年	2027～2036 年	2006～2016 年	2017～2026 年	2027～2036 年
松滋口分沙比（％）	新江口	8.15	8.03	7.55	10.32	10.24	9.69	10.27	10.20	9.66
	沙道观	2.22	2.06	1.83	2.21	2.07	1.82	2.18	2.03	1.80
	松滋合计	10.36	10.08	9.38	12.52	12.31	11.50	12.45	12.23	11.46
太平口分沙比（％）		2.56	2.28	2.02	2.41	2.14	1.88	2.43	2.15	1.89
藕池口分沙比（％）	康家岗	0.31	0.28	0.24	0.30	0.26	0.23	0.29	0.26	0.23
	管家铺	5.40	4.88	4.38	5.13	4.65	4.17	5.12	4.66	4.17
	藕池合计	5.71	5.16	4.62	5.43	4.91	4.40	5.42	4.92	4.40
三口分沙比（％）		18.63	17.52	16.02	20.36	19.36	17.78	20.30	19.31	17.75

由表 4-4 中松滋口建闸方案与松滋疏挖方案四口河系多年平均分流比对比可见，松滋口建闸后，松滋口分流比略有减少，2006～2016 年、2017～2026 年、2027～2036 年分别减少 0.05％、0.05％、0.02％；太平口分流比变化在 0.02％以内；藕池口分流比略有增加；三口总分流比也略有减少，2006～2016 年、2017～2026 年、2027～2036 年分别减少 0.02％、0.03％、0.01％。

由表 4-4 中松滋疏挖方案与现状方案四口河系多年平均分沙比对比可见，松滋疏挖后，松滋口分沙比有所增加，2006～2016 年、2017～2026 年、2027～2036 年分别增加 2.16％、2.23％、2.12％；太平口分沙比略有减少，2006～2016 年、2017～2026 年、2027～2036 年分别减少 0.15％、0.14％、0.14％；藕池口分沙比有所减少，2006～2016

年、2017～2026 年、2027～2036 年分别减少 0.28％、0.25％、0.22％；三口总分沙比有所增加，2006～2016 年、2017～2026 年、2027～2036 年分别增加 1.73％、1.84％、1.76％。

由表 4-4 中松滋口建闸方案与松滋疏挖方案四口河系多年平均分沙比对比可见，松滋口建闸后，松滋口分沙比略有减少，2006～2016 年、2017～2026 年、2027～2036 年分别减少 0.07％、0.08％、0.04％；太平口、藕池口分沙比略有增加，但范围在 0.02％以内；三口总分沙比略有减少，2006～2016 年、2017～2026 年、2027～2036 年分别减少 0.06％、0.05％、0.03％。

4.2.3 松滋口建闸方案对断流天数的影响

现状方案、松滋疏挖方案、松滋口建闸方案三口五站多年平均断流天数见表 4-5。由表可见，各个方案下，新江口都没有断流。松滋疏挖方案相比现状方案，沙道观 10 年平均断流天数减少 0～1 天，弥陀寺年平均断流天数变化不大；由于松滋疏挖方案中松滋中支（松滋口至肖家湾）疏挖 1.0m，使得枯季松滋口过流量增大，相应荆江河段流量减少、水位略有下降，并使得藕池口分流量减少、过流时间变短，康家岗平均断流天数增加 1～3 天，管家铺平均断流天数增加 4～11 天。由于松滋口建闸方案中包括了松滋疏挖方案，且闸门控制时段为汛期，松滋口建闸方案相比松滋疏挖方案，各站平均断流天数变化不大。

表 4-5　　　　　　三峡水库运用后三口五站年平均断流天数变化　　　　　单位：天

断流天数	现状方案			松滋疏挖方案			松滋口建闸方案		
	2006～2016 年	2017～2026 年	2027～2036 年	2006～2016 年	2017～2026 年	2027～2036 年	2006～2016 年	2017～2026 年	2027～2036 年
新江口	0	0	0	0	0	0	0	0	0
沙道观	195	203	221	194	203	221	195	203	221
弥陀寺	189	207	220	187	206	222	187	205	223
康家岗	270	279	286	271	282	289	273	282	289
管家铺	165	188	202	176	193	206	177	193	205

松滋疏挖方案相比现状方案，枯季 10 月至次年 5 月，2006～2016 年松滋口平均流量增加 237m³/s，2017～2026 年松滋口平均流量增加 229m³/s，2027～2036 年松滋口平均流量增加 215m³/s，相应松滋河系枯季水量增大，2006～2016 年水量增加 50 亿 m³，2017～2026 年水量增加 48 亿 m³，2027～2036 年水量增加 45 亿 m³。松滋口建闸方案对比松滋疏挖方案，闸门控制时段为汛期，枯季闸门畅泄、过流量一致。

4.2.4 松滋口建闸方案防洪分析

在 2006 年、2016 年和 2026 年地形条件下，利用 1998 年、1954 年经过三峡水库调蓄后的宜昌来水来沙及四水来水来沙条件，对现状方案、松滋疏挖方案、松滋口建闸方案进行了计算。考虑到松滋河系曾发生 1935 年毁灭性洪灾，故又利用 1935 年洪水计算了 2006 年地形条件下洪水演进情况，计算结果如下。

4.2.4.1 1998 年典型洪水

1998 年长江枝城站最大洪峰流量 68800m³/s，出现于 8 月 17 日，澧水石门站最大洪峰流量 19900m³/s，出现于 7 月 23 日，澧水出现洪峰流量早于长江 25 天。松澧地区组合最大洪峰流量 23130m³/s（日均值），出现于 7 月 23 日，与澧水出现洪峰的时间相同，其中来自长江的流量为 5830m³/s（相应枝城日均流量为 49400m³/s，比当年长江枝城站最大日均洪峰流量 65800m³/s 小 16400m³/s），来自澧水的流量为 17300m³/s，组合流量维持 14000m³/s 以上时间为 3 天（7 月 22～24 日）。

1998 年虽然没有出现长江和澧水洪峰遭遇，但当年松澧地区出现有实测水文资料以来最大组合流量，加上松澧地区出口南咀和洞庭湖出口城陵矶高洪水位对本区域的顶托作用，导致松澧地区在出现最大组合流量时全面出现超历史最高洪水位。松澧地区 1998 年共溃决大小堤垸 15 处，各堤垸溃决时间大多和组合最大流量出现时间相同。

从上述松澧地区组合洪水及洪灾出现时间分析可以看出，如采用松滋口闸控制长江来流以达到减小松澧地区防洪压力的目的，松滋闸的最佳启用时间为 7 月 22～24 日。

利用 1998 年经过三峡水库调蓄后的宜昌来水来沙过程及四水水沙过程，其中澧水按照安全泄量 14000m³/s 汇入澧水洪道，计算分析在 2006 年、2016 年和 2026 年地形条件下，松滋口建闸方案与松滋疏挖方案、现状方案的水情变化。其中，松滋口建闸方案是指在松滋疏挖方案的基础上，按照 2006 年地形条件下 1998 年三峡调度后洪水松滋口最大下泄流量 7100m³/s 控制（详细方案设置见 4.1 节）。

1. 2006 年地形条件

（1）澧水洪峰时刻。

表 4-6～表 4-8 列出了在 2006 年地形条件上、按照 1998 年洪水经三峡水库调蓄后的泄流过程，7 月 23 日澧水洪峰时刻松滋口建闸方案与松滋疏挖方案、现状方案的水位、流量对比结果。松滋疏挖方案与现状方案对比结果见表 4-6，松滋口建闸方案与松滋疏挖方案对比结果见表 4-7，松滋口建闸方案与现状方案对比结果见表 4-8，各方案松滋口水位流量变化过程见图 4-8。值得注意的是：由于建闸方案与现状方案相比包含疏挖和建闸两个条件，因此，这两个方案的比较仅仅考察建闸后各主要站的水位较现状变化情况。

由表 4-6 中 7 月 23 日澧水洪峰时松滋疏挖方案与现状方案对比结果可见，由于松滋河系从松滋口河段至肖家湾河段疏挖 1m，使得松滋口过流量增大 1104m³/s，水位下降 0.13m；由于松滋口过流增加，又使得新江口流量增加 1083m³/s，水位抬高 0.08m，沙道观流量增加 28m³/s，水位抬高 0.15m；官垸河倒流，流量减少 212m³/s，水位抬高 0.11m；自治局流量增加 613m³/s，水位抬高 0.10m；大湖口流量增加 44m³/s，水位抬高 0.10m；安乡流量增加 739m³/s，水位抬高 0.11m。

由图 4-8 各方案松滋口水位流量过程线可见，7 月 13～21 日，松滋口闸按照最大泄量 7100m³/s 进行了控制，7 月 22～24 日，松滋口闸按照松澧安全泄量 16000m³/s 进行了松澧错峰调度，7 月 23 日，当澧水津市站流量达到 14000m³/s 时，松滋口闸按照 2000m³/s 控制，相应松滋口流量削减了 5454m³/s。由表 4-7 中 7 月 23 日澧水洪峰时松滋口建闸方案与松滋疏挖方案对比结果可见，澧水洪峰松滋口闸错峰调度时，松滋河系各

表4-6 现状条件下（2006年地形）1998年典型洪水澧水洪峰（7月23日）
松滋疏挖方案与现状方案比较（基面：1985年国家高程基准）

河系	站　名	设计水位（m）	1998年实测洪峰水位（m）	水位（m）			流量（m³/s）		
				松滋疏挖	现状方案	差值	松滋疏挖	现状方案	差值
长江	沙市	42.88	43.10	41.07	41.23	−0.16	43511	44403	−892
	松滋口	46.00	—	44.17	44.30	−0.13	7454	6350	1104
	新江口	43.69	44.10	42.77	42.69	0.08	5444	4361	1083
	沙道观	43.21	43.52	42.06	41.91	0.15	1785	1757	28
	弥陀寺	42.21	42.96	41.08	41.16	−0.08	1605	1824	−219
	津市	41.92	42.92	41.55	41.49	0.06	14000	14000	0
	石龟山	38.78	39.85	39.49	39.40	0.09	10898	10652	246
	官垸	39.55	40.68	40.20	40.09	0.11	−45	−257	212
	汇口	38.81	39.87	39.45	39.35	0.10	1670	1630	40
	自治局	38.36	39.40	38.47	38.37	0.10	3200	2587	613
	大湖口	38.12	39.14	38.37	38.27	0.10	1825	1781	44
松虎水系	安乡	37.19	38.25	36.71	36.60	0.11	6809	6070	739
	肖家湾	34.87	36.49	34.15	34.02	0.13	8887	7968	919
	南闸上	38.23	38.91	38.05	37.87	0.18	2990	2882	108
	南闸下	38.23	38.91	38.05	37.87	0.18	2990	2882	108
	中河口	41.10	—	40.40	40.26	0.14	1719	1430	289
	苏支河	41.90	—	41.10	40.83	0.27	2607	1871	736
	官垸青龙窖	39.58	40.69	40.20	40.08	0.12	44	−165	209
	官垸毛家渡	39.40	—	40.21	40.10	0.11	−86	−301	215
	大湖口王守寺	39.75	—	40.30	40.18	0.12	1944	1909	35
	大湖口小望角	37.53	—	37.48	37.41	0.07	1755	1702	53
	五里河跛子渡	38.31	—	38.89	38.79	0.10	1053	1029	24
	虎渡河新开口	36.45	—	36.15	36.02	0.13	2720	2581	139
	安乡河四分局	35.06	—	34.17	34.04	0.13	8892	7973	919

站水位下降0.09~1.85m，具体变化为：松滋口闸流量减少5454m³/s，闸上水位升高1.91m，水位达46.08m，但仍小于堤防设计水位；新江口流量减少4073m³/s，水位下降1.85m；沙道观流量减少886m³/s，水位下降1.62m；官垸河倒流，流量增大954m³/s，水位下降0.39m；自治局流量减少328m³/s，水位下降0.35m；大湖口流量减少180m³/s，水位下降0.38m；安乡流量减少477m³/s，水位下降0.26m。

为了进一步分析松滋口建闸控制后松滋河系水情与现状条件下水情的变化情况，表4-8给出了松滋口建闸方案与现状方案对比结果，由此表可见，松滋口闸流量减少4350m³/s，水位抬高1.78m，相应沙市河段过流量增加2257m³/s，沙市水位抬高0.31m

达到41.54m（1985年国家高程基准，以下表中数据均为1985年国家高程基准水位值），但比沙市1998年实测洪峰水位43.10m低了1.56m，比沙市分洪控制水位42.79m低1.28m，除安乡河四分局站和肖家湾站水位基本不变外，松滋河系其他各站水位下降0.09～1.77m。

（2）长江来水洪峰时刻。

表4-9列出了2006年地形、1998年洪水经三峡水库调蓄后的泄流过程条件下，松滋疏挖方案与现状方案在长江来水洪峰时刻对应松虎河系各站水位、流量洪峰值。由表可见，松滋疏挖后，长江沙市河段水位下降0.16m，松滋口、太平口洪峰水位有所下降，下降幅度为0.08～0.13m。由于松滋河系疏挖以后，松滋口过流量增加1158m³/s，导致松

表4-7　　　现状条件下（2006年地形）1998年典型洪水澧水洪峰（7月23日）
松滋口建闸方案与松滋疏挖方案比较（基面：1985年国家高程基准）

河系	站名	设计水位（m）	1998年实测洪峰水位（m）	水位（m）			流量（m³/s）		
				松滋口建闸	松滋疏挖	差值	松滋口建闸	松滋疏挖	差值
长江	沙市	42.88	43.10	41.54	41.07	0.47	46660	43511	3149
松虎水系	松滋口闸上	46.00	—	46.08	44.17	1.91	2000	7454	−5454
	新江口	43.69	44.10	40.92	42.77	−1.85	1371	5444	−4073
	沙道观	43.21	43.52	40.44	42.06	−1.62	899	1785	−886
	弥陀寺	42.21	42.96	41.31	41.08	0.23	2285	1605	680
	津市	41.92	42.92	41.40	41.55	−0.15	14000	14000	0
	石龟山	38.78	39.85	39.27	39.49	−0.22	10093	10898	−805
	官垸	39.55	40.68	39.81	40.20	−0.39	−999	−45	−954
	汇口	38.81	39.87	39.14	39.45	−0.31	2472	1670	802
	自治局	38.36	39.40	38.12	38.47	−0.35	2872	3200	−328
	大湖口	38.12	39.14	37.99	38.37	−0.38	1645	1825	−180
	安乡	37.19	38.25	36.45	36.71	−0.26	6332	6809	−477
	肖家湾	34.87	36.49	34.06	34.15	−0.09	8275	8887	−612
	南闸上	38.23	38.91	37.70	38.05	−0.35	2641	2990	−349
	南闸下	38.23	38.91	37.70	38.05	−0.35	2641	2990	−349
	中河口	41.10	—	39.77	40.40	−0.63	409	1719	−1310
	苏支河	41.90	—	39.94	41.10	−1.16	1124	2607	−1483
	官垸青龙窖	39.58	40.69	39.66	40.20	−0.54	−967	44	−1011
	官垸毛家渡	39.40	—	39.92	40.21	−0.29	−1027	−86	−941
	大湖口王守寺	39.75	—	39.70	40.30	−0.60	1680	1944	−264
	大湖口小望角	37.53	—	37.18	37.48	−0.30	1607	1755	−148
	五里河跛子渡	38.31	—	38.35	38.89	−0.54	3060	1053	2007
	虎渡河新开口	36.45	—	35.93	36.15	−0.22	2487	2720	−233
	安乡河四分局	35.06	—	34.07	34.17	−0.10	8279	8892	−613

表 4-8　　现状条件下（2006 年地形）1998 年典型洪水澧水洪峰（7 月 23 日）
松滋口建闸方案与现状方案比较（基面：1985 年国家高程基准）

河系	站　名	设计水位（m）	1998年实测洪峰水位（m）	水位（m）			流量（m³/s）		
				松滋口建闸	现状方案	差值	松滋口建闸	现状方案	差值
长江	沙市	42.88	43.10	41.54	41.23	0.31	46660	44403	2257
松虎水系	松滋口闸上	46.00	—	46.08	44.30	1.78	2000	6350	−4350
	新江口	43.69	44.10	40.92	42.69	−1.77	1371	4361	−2990
	沙道观	43.21	43.52	40.44	41.91	−1.47	899	1757	−858
	弥陀寺	42.21	42.96	41.31	41.16	0.15	2285	1824	461
	津市	41.92	42.92	41.40	41.49	−0.09	14000	14000	0
	石龟山	38.78	39.85	39.27	39.40	−0.13	10093	10652	−559
	官垸	39.55	40.68	39.81	40.09	−0.28	−999	−257	−742
	汇口	38.81	39.87	39.14	39.35	−0.21	2472	1630	842
	自治局	38.36	39.40	38.12	38.37	−0.25	2872	2587	285
	大湖口	38.12	39.14	37.99	38.27	−0.28	1645	1781	−136
	安乡	37.19	38.25	36.45	36.60	−0.15	6332	6070	262
	肖家湾	34.87	36.49	34.06	34.02	0.04	8275	7968	307
	南闸上	38.23	38.91	37.70	37.87	−0.17	2641	2882	−241
	南闸下	38.23	38.91	37.70	37.87	−0.17	2641	2882	−241
	中河口	41.10	—	39.77	40.26	−0.49	409	1430	−1021
	苏支河	41.90	—	39.94	40.83	−0.89	1124	1871	−747
	官垸青龙窖	39.58	40.69	39.66	40.08	−0.42	−967	−165	−802
	官垸毛家渡	39.40	—	39.92	40.10	−0.18	−1027	−301	−726
	大湖口王守寺	39.75	—	39.70	40.18	−0.48	1680	1909	−229
	大湖口小望角	37.53	—	37.18	37.41	−0.23	1607	1702	−95
	五里河跛子渡	38.31	—	38.35	38.79	−0.44	3060	1029	2031
	虎渡河新开口	36.45	—	35.93	36.02	−0.09	2487	2581	−94
	安乡河四分局	35.06	—	34.07	34.04	0.03	8279	7973	306

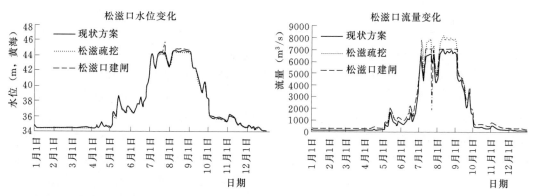

图 4-8　在 1998 年典型洪水及 2006 年地形条件下松滋河系各方案松滋口水位流量变化对比图

表 4-9　　　　现状条件下（2006 年地形）1998 年典型洪水长江洪峰时
松滋疏挖方案与现状方案比较（基面：1985 年国家高程基准）

河系	站　名	设计水位（m）	1998 年实测洪峰水位（m）	水位（m）			流量（m³/s）		
				松滋疏挖	现状方案	差值	松滋疏挖	现状方案	差值
长江	沙市	42.88	43.10	41.59	41.75	−0.16	46162	47113	−951
松虎水系	松滋口闸上	46.00	—	44.54	44.71	−0.17	8266	7108	1158
	新江口	43.69	44.10	43.07	43.05	0.02	6168	5001	1167
	沙道观	43.21	43.52	42.35	42.27	0.08	2093	2103	−10
	弥陀寺	42.21	42.96	41.40	41.48	−0.08	2242	2423	−181
	津市	41.92	42.92	38.65	38.53	0.12	6100	6100	0
	石龟山	38.78	39.85	37.50	37.34	0.16	5850	5764	86
	官垸	39.55	40.68	38.68	38.45	0.23	2491	2368	123
	汇口	38.81	39.87	37.48	37.31	0.17	847	900	−53
	自治局	38.36	39.40	37.57	37.32	0.25	3198	2490	708
	大湖口	38.12	39.14	37.72	37.49	0.23	1902	1849	53
	安乡	37.19	38.25	36.06	35.88	0.18	5219	4705	514
	肖家湾	34.87	36.49	34.21	34.11	0.10	7922	7134	788
	南闸上	38.23	38.91	37.73	37.53	0.20	2960	2834	126
	南闸下	38.23	38.91	37.73	37.53	0.20	2960	2834	126
	中河口	41.10	—	40.15	39.97	0.18	1034	701	333
	苏支河	41.90	—	41.02	40.67	0.35	3028	2206	822
	官垸青龙窖	39.58	40.69	39.38	39.08	0.30	2487	2364	123
	官垸毛家渡	39.40	—	38.09	37.92	0.17	2494	2371	123
	大湖口王守寺	39.75	—	39.75	39.47	0.28	1898	1846	52
	大湖口小望角	37.53	—	36.68	36.48	0.20	1905	1852	53
	五里河跛子渡	38.31	—	37.28	37.07	0.21	844	899	−55
	虎渡河新开口	36.45	—	35.66	35.58	0.08	2979	2842	137
	安乡河四分局	35.06	—	34.22	34.12	0.10	7922	7134	788

虎河系的水位普遍抬高。四口河系各站具体变化如下：松滋口洪峰流量增大 1158m³/s，
洪峰水位降低 0.17m，相应沙市水位降低 0.16m；新江口洪峰流量增加 1167m³/s，洪峰
水位升高 0.02m，沙道观洪峰流量减少 10m³/s，洪峰水位升高 0.08m，弥陀寺洪峰流量
减少 181m³/s，洪峰水位下降 0.08m；苏支河洪峰流量增加 822m³/s，洪峰水位升高
0.35m，中河口洪峰流量增加 333m³/s，洪峰水位升高 0.18m，即松滋河入虎渡河洪峰流
量增加 333m³/s，对应南闸上洪峰流量增加 126m³/s，洪峰水位升高 0.20m；官垸洪峰流
量增加 123m³/s、洪峰水位升高 0.23m，自治局洪峰流量增加 708m³/s，洪峰水位升高
0.25m，大湖口洪峰流量增加 53m³/s，洪峰水位升高 0.23m；安乡洪峰流量增加 514m³/s，

洪峰水位升高 0.18m，肖家湾洪峰流量增加 788m³/s、洪峰水位升高 0.10m。

表 4-10 列出了松滋口建闸方案与松滋疏挖方案在长江来水洪峰时松虎河各站水位、流量洪峰值对比。松滋口建闸控制后，由于松滋口建闸按照最大过流量 7100m³/s 控制，使得松滋口减少过流 1166m³/s，相应增加了沙市河段流量 724m³/s，抬高沙市水位 0.14m，相应弥陀寺流量增加 230m³/s，抬高水位 0.03m，松虎河系其他各站水位下降 0.06~0.45m。松虎河系各站具体变化如下：在松滋口建闸方案设置中，松滋口闸按照天然情况（1998 年三峡调蓄后洪水及 2006 年地形条件现状方案）松滋口最大过流量 7100m³/s 控制，相比松滋疏挖方案，削减洪峰流量 1166m³/s，使得松滋口洪峰水位升高 0.53m，达到 45.07m，长江沙市洪峰水位升高 0.14m，达到 41.73m，但比现状方案对应洪峰水位 41.75m 低 0.02m；新江口洪峰流量减少 789m³/s，洪峰水位降低 0.53m，沙道观洪峰流量减少 352m³/s，洪峰水位降低 0.60m；弥陀寺洪峰流量增加 230m³/s，洪峰水位升高 0.03m；苏支河洪峰流量减少 415m³/s，洪峰水位降低 0.47m，中河口洪峰流量减少 376m³/s，洪峰水位降低 0.22m，即松滋河入虎渡河洪峰流量减少 376m³/s，对应南闸上洪峰流量减少 263m³/s，洪峰水位降低 0.32m；官垸洪峰流量减少 222m³/s，洪峰水位降低 0.28m，自治局洪峰流量减少 214m³/s，洪峰水位降低 0.30m，大湖口洪峰流量减少 106m³/s，洪峰水位降低 0.32m；安乡洪峰流量减少 98m³/s，洪峰水位降低 0.23m，肖家湾洪峰流量减少 425m³/s，洪峰水位降低 0.06m。

表 4-10　　　　现状条件下（2006 年地形）1998 年典型洪水长江洪峰时
松滋口建闸方案与松滋疏挖方案比较（基面：1985 年国家高程基准）

河系	站　名	设计水位（m）	1998 年实测洪峰水位（m）	水位（m）			流量（m³/s）		
				松滋口建闸	松滋疏挖	差值	松滋口建闸	松滋疏挖	差值
长江	沙市	42.88	43.10	41.73	41.59	0.14	46886	46162	724
松虎水系	松滋口闸上	46.00	—	45.07	44.54	0.53	7100	8266	−1166
	新江口	43.69	44.10	42.54	43.07	−0.53	5379	6168	−789
	沙道观	43.21	43.52	41.75	42.35	−0.60	1741	2093	−352
	弥陀寺	42.21	42.96	41.43	41.40	0.03	2472	2242	230
	津市	41.92	42.92	38.53	38.65	−0.12	6100	6100	0
	石龟山	38.78	39.85	37.32	37.50	−0.18	5656	5850	−194
	官垸	39.55	40.68	38.40	38.68	−0.28	2269	2491	−222
	汇口	38.81	39.87	37.29	37.48	−0.19	914	847	67
	自治局	38.36	39.40	37.27	37.57	−0.30	2984	3198	−214
	大湖口	38.12	39.14	37.40	37.72	−0.32	1796	1902	−106
	安乡	37.19	38.25	35.83	36.06	−0.23	5121	5219	−98
	肖家湾	34.87	36.49	34.15	34.21	−0.06	7497	7922	−425
	南闸上	38.23	38.91	37.41	37.73	−0.32	2697	2960	−263
	南闸下	38.23	38.91	37.41	37.73	−0.32	2697	2960	−263

河系	站 名	设计水位（m）	1998年实测洪峰水位（m）	水位（m）			流量（m³/s）		
				松滋口建闸	松滋疏挖	差值	松滋口建闸	松滋疏挖	差值
松虎水系	中河口	41.10	—	39.93	40.15	−0.22	658	1034	−376
	苏支河	41.90	—	40.55	41.02	−0.47	2613	3028	−415
	官垸青龙窑	39.58	40.69	39.01	39.38	−0.37	2263	2487	−224
	官垸毛家渡	39.40	—	37.90	38.09	−0.19	2274	2494	−220
	大湖口王守寺	39.75	—	39.36	39.75	−0.39	1790	1898	−108
	大湖口小望角	37.53	—	36.40	36.68	−0.28	1800	1905	−105
	五里河跛子渡	38.31	—	37.04	37.28	−0.24	911	844	67
	虎渡河新开口	36.45	—	35.54	35.66	−0.12	2727	2979	−252
	安乡河四分局	35.06	—	34.16	34.22	−0.06	7497	7922	−425

为了分析松滋河系在疏挖基础上，松滋口建闸后松滋河系水情较现状条件下的变化情况，表4-11列出了松滋口建闸方案与现状方案在长江来水洪峰时松虎河系各站水位、流量洪峰对比值。松滋口建闸按照最大过流量7100m³/s控制，与现状方案相较，松滋口最大过流量减少8m³/s，松滋口洪峰水位升高0.36m；又由于新江口河段疏挖，其洪峰流量增加378m³/s，洪峰水位降低0.51m，沙道观洪峰流量减少362m³/s，洪峰水位降低0.52m，弥陀寺洪峰流量增加49m³/s，洪峰水位下降0.05m；苏支河洪峰流量增加407m³/s，洪峰水位降低0.12m，中河口洪峰流量减少43m³/s，洪峰水位降低0.04m，即松滋河入虎渡河洪峰流量减少43m³/s，对应南闸上洪峰流量减少137m³/s，洪峰水位降低0.12m。官垸洪峰流量减少99m³/s，洪峰水位下降0.05m，自治局洪峰流量增加494m³/s，洪峰水位降低0.05m，大湖口洪峰流量减少53m³/s，洪峰水位降低0.09m；安乡洪峰流量增加416m³/s，洪峰水位降低0.05m，肖家湾洪峰流量增加363m³/s，洪峰水位升高0.04m。总体来说，疏挖后松滋河系各河段过流量增加，在闸控条件下，各站水位较现状略有下降。

2. 2016年地形条件

(1) 澧水洪峰时刻。

表4-12～表4-14列出了在2016年地形条件上，按照1998年洪水经三峡水库调蓄后的泄流过程，7月23日澧水洪峰时刻，松滋口建闸方案与松滋疏挖方案、现状方案的水位、流量对比结果。松滋疏挖方案与现状方案对比结果见表4-12，松滋口建闸方案与松滋疏挖方案对比结果见表4-13，松滋口建闸方案与现状方案对比结果见表4-14，各方案松滋口水位流量变化过程见图4-9。

由表4-12中7月23日澧水洪峰时松滋疏挖方案与现状方案对比结果可见，由于松滋河系从松滋口河段至肖家湾河段疏挖1m，使得松滋口过流量增大1122m³/s，水位下降0.10m；由于松滋口过流增加，又使得新江口流量增加1073m³/s，水位抬高0.09m，沙道观流量增加 22m³/s，水位抬高 0.15m；官垸河倒流流量减少 260m³/s，水位抬高 0.12m；自治局流量增加 580m³/s，水位抬高 0.17m；大湖口流量增加 44m³/s，水位抬高 0.16m；安乡流量增加 831m³/s，水位抬高 0.17m。

表 4-11　　　　　现状条件下（2006 年地形）1998 年典型洪水长江洪峰时
松滋口建闸方案与现状方案比较（基面：1985 年国家高程基准）

河系	站　名	设计水位（m）	1998 年实测洪峰水位（m）	水位（m）			流量（m³/s）		
				松滋口建闸	现状方案	差值	松滋口建闸	现状方案	差值
长江	沙市	42.88	43.10	41.73	41.75	−0.02	46886	47113	−227
松虎水系	松滋口闸上	46.00	—	45.07	44.71	0.36	7100	7108	−8
	新江口	43.69	44.10	42.54	43.05	−0.51	5379	5001	378
	沙道观	43.21	43.52	41.75	42.27	−0.52	1741	2103	−362
	弥陀寺	42.21	42.96	41.43	41.48	−0.05	2472	2423	49
	津市	41.92	42.92	38.53	38.53	0.00	6100	6100	0
	石龟山	38.78	39.85	37.32	37.34	−0.02	5656	5764	−108
	官垸	39.55	40.68	38.40	38.45	−0.05	2269	2368	−99
	汇口	38.81	39.87	37.29	37.31	−0.02	914	900	14
	自治局	38.36	39.40	37.27	37.32	−0.05	2984	2490	494
	大湖口	38.12	39.14	37.40	37.49	−0.09	1796	1849	−53
	安乡	37.19	38.25	35.83	35.88	−0.05	5121	4705	416
	肖家湾	34.87	36.49	34.15	34.11	0.04	7497	7134	363
	南闸上	38.23	38.91	37.41	37.53	−0.12	2697	2834	−137
	南闸下	38.23	38.91	37.41	37.53	−0.12	2697	2834	−137
	中河口	41.10	—	39.93	39.97	−0.04	658	701	−43
	苏支河	41.90	—	40.55	40.67	−0.12	2613	2206	407
	官垸青龙窖	39.58	40.69	39.01	39.08	−0.07	2263	2364	−101
	官垸毛家渡	39.40	—	37.90	37.92	−0.02	2274	2371	−97
	大湖口王守寺	39.75	—	39.36	39.47	−0.11	1790	1846	−56
	大湖口小望角	37.53	—	36.40	36.48	−0.08	1800	1852	−52
	五里河跛子渡	38.31	—	37.04	37.07	−0.03	911	899	12
	虎渡河新开口	36.45	—	35.54	35.58	−0.04	2727	2842	−115
	安乡河四分局	35.06	—	34.16	34.12	0.04	7497	7134	363

由图 4-9 各方案松滋口水位流量过程线可见，7 月 13～21 日，松滋口闸按照最大泄量 7100m³/s 进行了控制，7 月 22～24 日，松滋口闸按照松澧安全泄量 16000m³/s 进行了松澧错峰调度，7 月 23 日，当澧水津市站流量达到 14000m³/s 时，松滋口闸按照 2000m³/s 控制，相应松滋口流量削减了 5210m³/s。由表 4-13 中 7 月 23 日澧水洪峰时松滋口建闸方案与松滋疏挖方案对比结果可见，澧水洪峰松滋口闸错峰调度时，松滋河系各

表 4-12   **2016 年地形条件下 1998 年典型洪水遭水洪峰（7 月 23 日）**

松滋疏挖方案与现状方案比较（基面：1985 年国家高程基准）

河系	站 名	设计水位（m）	1998 年实测洪峰水位（m）	水位（m）			流量（m³/s）		
				松滋疏挖	现状方案	差值	松滋疏挖	现状方案	差值
长江	沙市	42.88	43.10	40.74	40.89	-0.15	43924	44811	-887
松虎水系	松滋口闸上	46.00	—	44.00	44.10	-0.10	7210	6088	1122
	新江口	43.69	44.10	42.56	42.47	0.09	5295	4222	1073
	沙道观	43.21	43.52	41.83	41.68	0.15	1662	1640	22
	弥陀寺	42.21	42.96	40.79	40.85	-0.06	1407	1647	-240
	津市	41.92	42.92	41.47	41.42	0.05	14000	14000	0
	石龟山	38.78	39.85	39.38	39.30	0.08	10580	10300	280
	官垸	39.55	40.68	40.06	39.94	0.12	-335	-595	260
	汇口	38.81	39.87	39.32	39.22	0.10	1620	2180	-560
	自治局	38.36	39.40	38.30	38.13	0.17	3080	2500	580
	大湖口	38.12	39.14	38.21	38.05	0.16	1886	1842	44
	安乡	37.19	38.25	36.55	36.38	0.17	6692	5861	831
	肖家湾	34.87	36.49	34.01	33.87	0.14	8547	7548	999
	南闸上	38.23	38.91	37.78	37.60	0.18	2769	2699	70
	南闸下	38.23	38.91	37.78	37.60	0.18	2769	2699	70
	中河口	41.10	—	40.21	40.04	0.17	1714	1443	271
	苏支河	41.90	—	40.91	40.62	0.29	2529	1819	710
	官垸青龙窖	39.58	40.69	40.05	39.91	0.14	-245	-485	240
	官垸毛家渡	39.40	—	40.08	39.98	0.10	-378	-645	267
	大湖口王守寺	39.75	—	40.13	39.98	0.15	2012	1983	29
	大湖口小望角	37.53	—	37.32	37.17	0.15	1809	1769	40
	五里河跛子渡	38.31	—	38.75	38.51	0.24	1019	2948	-1929
	虎渡河新开口	36.45	—	35.99	35.80	0.19	2515	2363	152
	安乡河四分局	35.06	—	34.02	33.89	0.13	8551	7553	998

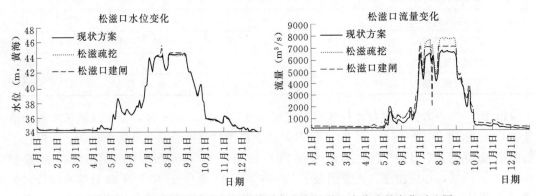

图 4-9   2016 年地形条件下松滋河系各方案松滋口水位流量变化对比图

站水位下降 0.07～1.76m，具体变化为：松滋口闸流量减少 5210m³/s，闸上水位升高 1.85m；新江口流量减少 3904m³/s，水位下降 1.76m；沙道观流量减少 783m³/s，水位下降 1.52m；官垸河倒流流量增大 758m³/s，水位下降 0.35m；自治局流量减少 2328m³/s，水位下降 0.35m；大湖口流量减少 180m³/s，水位下降 0.36m；安乡流量减少 322m³/s，水位下降 0.32m。

表 4 - 13　　　**2016 年地形条件下 1998 年典型洪水澧水洪峰（7 月 23 日）**
松滋口建闸方案与松滋疏挖方案比较（基面：1985 年国家高程基准）

河系	站　名	设计水位（m）	1998 年实测洪峰水位（m）	水位（m）			流量（m³/s）		
				松滋口建闸	松滋疏挖	差值	松滋口建闸	松滋疏挖	差值
长江	沙市	42.88	43.10	41.18	40.74	0.44	46363	43924	2439
松虎水系	松滋口闸上	46.00	—	45.85	44.00	1.85	2000	7210	−5210
	新江口	43.69	44.10	40.80	42.56	−1.76	1391	5295	−3904
	沙道观	43.21	43.52	40.31	41.83	−1.52	879	1662	−783
	弥陀寺	42.21	42.96	40.99	40.79	0.20	2053	1407	646
	津市	41.92	42.92	41.36	41.47	−0.11	14000	14000	0
	石龟山	38.78	39.85	39.20	39.38	−0.18	10016	10580	−564
	官垸	39.55	40.68	39.71	40.06	−0.35	−1093	−335	−758
	汇口	38.81	39.87	39.12	39.32	−0.20	1519	1620	−101
	自治局	38.36	39.40	37.98	38.30	−0.32	2758	3080	−322
	大湖口	38.12	39.14	37.85	38.21	−0.36	1706	1886	−180
	安乡	37.19	38.25	36.32	36.55	−0.23	6249	6692	−443
	肖家湾	34.87	36.49	33.94	34.01	−0.07	8005	8547	−542
	南闸上	38.23	38.91	37.49	37.78	−0.29	2513	2769	−256
	南闸下	38.23	38.91	37.49	37.78	−0.29	2513	2769	−256
	中河口	41.10	—	39.61	40.21	−0.60	543	1714	−1171
	苏支河	41.90	—	39.80	40.91	−1.11	1159	2529	−1370
	官垸青龙窖	39.58	40.69	39.52	40.05	−0.53	−1058	−245	−813
	官垸毛家渡	39.40	—	39.85	40.08	−0.23	−1123	−378	−745
	大湖口王守寺	39.75	—	39.55	40.13	−0.58	1743	2012	−269
	大湖口小望角	37.53	—	37.05	37.32	−0.27	1658	1809	−151
	五里河跛子渡	38.31	—	38.53	38.75	−0.22	930	1019	−89
	虎渡河新开口	36.45	—	35.79	35.99	−0.20	2328	2515	−187
	安乡河四分局	35.06	—	33.95	34.02	−0.07	8009	8551	−542

　　为了进一步分析松滋口建闸控制后松滋河系水情与现状条件下水情的变化情况，表 4-14 给出了松滋口建闸方案与现状方案对比结果，由此表可见，松滋口闸流量减少 4088m³/s，水位抬高 1.75m，相应沙市河段过流量增加 1552m³/s，沙市水位抬高 0.29m

达到41.18m（85基准，以下表中数据均为85基准水位值），但比沙市1998年实测洪峰水位43.10m低1.92m，比沙市分洪控制水位42.79m低1.61m，除安乡河四分局站、肖家湾站略有升高外，松滋河系其他各站水位下降0.01～1.67m。

表4-14 **2016年地形条件下1998年典型洪水澧水洪峰（7月23日）**
松滋口建闸方案与现状方案比较（基面：1985年国家高程基准）

河系	站　名	设计水位（m）	1998年实测洪峰水位（m）	水位（m）			流量（m³/s）		
				松滋口建闸	现状方案	差值	松滋口建闸	现状方案	差值
长江	沙市	42.88	43.10	41.18	40.89	0.29	46363	44811	1552
松虎水系	松滋口闸上	46.00	—	45.85	44.10	1.75	2000	6088	−4088
	新江口	43.69	44.10	40.80	42.47	−1.67	1391	4222	−2831
	沙道观	43.21	43.52	40.31	41.68	−1.37	879	1640	−761
	弥陀寺	42.21	42.96	40.99	40.85	0.14	2053	1647	406
	津市	41.92	42.92	41.36	41.42	−0.06	14000	14000	0
	石龟山	38.78	39.85	39.20	39.30	−0.10	10016	10300	−284
	官垸	39.55	40.68	39.71	39.94	−0.23	−1093	−595	−498
	汇口	38.81	39.87	39.12	39.22	−0.10	1519	2180	−661
	自治局	38.36	39.40	37.98	38.13	−0.15	2758	2500	258
	大湖口	38.12	39.14	37.85	38.05	−0.20	1706	1842	−136
	安乡	37.19	38.25	36.32	36.38	−0.06	6249	5861	388
	肖家湾	34.87	36.49	33.94	33.87	0.07	8005	7548	457
	南闸上	38.23	38.91	37.49	37.60	−0.11	2513	2699	−186
	南闸下	38.23	38.91	37.49	37.60	−0.11	2513	2699	−186
	中河口	41.10	—	39.61	40.04	−0.43	543	1443	−900
	苏支河	41.90	—	39.80	40.62	−0.82	1159	1819	−660
	官垸青龙窖	39.58	40.69	39.52	39.91	−0.39	−1058	−485	−573
	官垸毛家渡	39.40	—	39.85	39.98	−0.13	−1123	−645	−478
	大湖口王守寺	39.75	—	39.55	39.98	−0.43	1743	1983	−240
	大湖口小望角	37.53	—	37.05	37.17	−0.12	1658	1769	−111
	五里河跛子渡	38.31	—	38.53	38.51	0.02	930	2948	−2018
	虎渡河新开口	36.45	—	35.79	35.80	−0.01	2328	2363	−35
	安乡河四分局	35.06	—	33.95	33.89	0.06	8009	7553	456

（2）长江来水洪峰时刻。

表4-15列出了2016年地形、1998年洪水经三峡水库调蓄后泄流过程，松滋疏挖方案与现状方案在长江来水洪峰时刻对应松虎河系各站水位、流量洪峰值。由表可见，松滋疏挖后松滋口过流增加，相应沙市河段过流减少974m³/s，长江沙市河段水位下降0.15m，松滋口、太平口洪峰水位有所下降，下降幅度为0.09～0.16m。由于松滋河系疏

表 4 – 15　　　　2016 年地形条件下 1998 年典型洪水长江洪峰时
松滋疏挖方案与现状方案比较（基面：1985 年国家高程基准）

河系	站　　名	设计水位（m）	1998 年实测洪峰水位（m）	水位（m）			流量（m³/s）		
				松滋疏挖	现状方案	差值	松滋疏挖	现状方案	差值
长江	沙市	42.88	43.10	41.25	41.40	−0.15	46482	47456	−974
松虎水系	松滋口闸上	46.00	—	44.39	44.55	−0.16	7986	6808	1178
	新江口	43.69	44.10	42.90	42.86	0.04	5990	4817	1173
	沙道观	43.21	43.52	42.15	42.04	0.11	1993	1987	6
	弥陀寺	42.21	42.96	41.07	41.16	−0.09	2026	2208	−182
	津市	41.92	42.92	38.58	38.46	0.12	6100	6100	0
	石龟山	38.78	39.85	37.40	37.28	0.12	5661	5691	−30
	官垸	39.55	40.68	38.54	38.33	0.21	2356	2229	127
	汇口	38.81	39.87	37.36	37.24	0.12	895	937	−42
	自治局	38.36	39.40	37.38	37.17	0.21	3042	2347	695
	大湖口	38.12	39.14	37.53	37.34	0.19	1981	1914	67
	安乡	37.19	38.25	35.92	35.75	0.17	5201	4827	374
	肖家湾	34.87	36.49	34.08	33.99	0.09	7717	7115	602
	南闸上	38.23	38.91	37.50	37.32	0.18	2765	2649	116
	南闸下	38.23	38.91	37.50	37.32	0.18	2765	2649	116
	中河口	41.10	—	40.00	39.76	0.24	986	653	333
	苏支河	41.90	—	40.85	40.51	0.34	2980	2151	829
	官垸青龙窖	39.58	40.69	39.21	38.92	0.29	2350	2224	126
	官垸毛家渡	39.40		37.99	37.86	0.13	2360	2233	127
	大湖口王守寺	39.75	—	39.56	39.29	0.27	1970	1905	65
	大湖口小望角	37.53	—	36.51	36.35	0.16	1990	1918	72
	五里河跛子渡	38.31	—	37.13	37.00	0.13	893	934	−41
	虎渡河新开口	36.45	—	35.52	35.44	0.08	2767	2674	93
	安乡河四分局	35.06		34.09	34.00	0.09	7716	7116	600

挖以后，松滋口过流量增加 1178m³/s，导致松虎河系的水位普遍抬高。松虎河系各站具体变化如下：松滋口洪峰流量增大 1178m³/s，洪峰水位降低 0.16m，相应沙市水位降低 0.15m；新江口洪峰流量增加 1173m³/s，洪峰水位升高 0.04m，沙道观洪峰流量增加 6m³/s，洪峰水位升高 0.11m，弥陀寺洪峰流量减少 182m³/s，洪峰水位下降 0.09m；苏支河洪峰流量增加 829m³/s，洪峰水位升高 0.34m，中河口洪峰流量增加 333m³/s，洪峰水位升高 0.24m，即松滋河入虎渡河洪峰流量增加 333m³/s，相应南闸上洪峰流量增加 116m³/s，洪峰水位升高 0.18m；官垸洪峰流量增加 127m³/s，洪峰水位升高 0.21m，自治局洪峰流量增加 695m³/s、洪峰水位升高 0.21m，大湖口洪峰流量增加 67m³/s，洪峰

水位升高 0.19m；安乡洪峰流量增加 374m³/s，洪峰水位升高 0.17m，肖家湾洪峰流量增加 602m³/s、洪峰水位升高 0.09m。

表 4-16 列出了松滋口建闸方案与松滋疏挖方案在长江来水洪峰时松虎河系各站水位、流量洪峰值对比。松滋口建闸控制后，由于松滋口建闸按照最大过流量 7100m³/s 控制，使得松滋口减少过流 886m³/s，相应增加沙市河段流量 649m³/s，抬高沙市水位 0.10m，相应弥陀寺流量增加 186m³/s，水位下降 0.01m，松虎河系其他各站水位下降 0.04~0.47m。松虎河系各站具体变化如下：松滋口闸按照天然情况（1998 年三峡调蓄后洪水及 2006 年地形条件现状方案）松滋口最大过流量 7100m³/s 控制，相比松滋疏挖方

表 4-16　　　　　　2016 年地形条件下 1998 年典型洪水长江洪峰时
松滋口建闸方案与松滋疏挖方案比较（基面：1985 年国家高程基准）

河系	站　名	设计水位（m）	1998 年实测洪峰水位（m）	水位（m）			流量（m³/s）		
				松滋口建闸	松滋疏挖	差值	松滋口建闸	松滋疏挖	差值
长江	沙市	42.88	43.10	41.35	41.25	0.10	47131	46482	649
松虎水系	松滋口闸上	46.00	—	44.81	44.39	0.42	7100	7986	−886
	新江口	43.69	44.10	42.47	42.90	−0.43	5405	5990	−585
	沙道观	43.21	43.52	41.68	42.15	−0.47	1708	1993	−285
	弥陀寺	42.21	42.96	41.10	41.07	0.03	2212	2026	186
	津市	41.92	42.92	38.50	38.58	−0.08	6100	6100	0
	石龟山	38.78	39.85	37.28	37.40	−0.12	5538	5661	−123
	官垸	39.55	40.68	38.31	38.54	−0.23	2197	2356	−159
	汇口	38.81	39.87	37.22	37.36	−0.14	971	895	76
	自治局	38.36	39.40	37.15	37.38	−0.23	2882	3042	−160
	大湖口	38.12	39.14	37.28	37.53	−0.25	1879	1981	−102
	安乡	37.19	38.25	35.74	35.92	−0.18	5294	5201	93
	肖家湾	34.87	36.49	34.04	34.08	−0.04	7380	7717	−337
	南闸上	38.23	38.91	37.26	37.50	−0.24	2576	2765	−189
	南闸下	38.23	38.91	37.26	37.50	−0.24	2576	2765	−189
	中河口	41.10	—	39.83	40.00	−0.17	686	986	−300
	苏支河	41.90	—	40.47	40.85	−0.38	2671	2980	−309
	官垸青龙窖	39.58	40.69	38.89	39.21	−0.32	2184	2350	−166
	官垸毛家渡	39.40		37.85	37.99	−0.14	2203	2360	−157
	大湖口王守寺	39.75		39.23	39.56	−0.33	1894	1970	−76
	大湖口小望角	37.53		36.30	36.51	−0.21	1882	1990	−108
	五里河跛子渡	38.31		36.95	37.13	−0.18	969	893	76
	虎渡河新开口	36.45		35.44	35.52	−0.08	2613	2767	−154
	安乡河四分局	35.06		34.05	34.09	−0.04	7380	7716	−336

案，削减洪峰流量 886m³/s，使得松滋口闸上洪峰水位升高 0.42m，达到 44.81m，长江沙市洪峰水位升高 0.10m，达到 41.35m，但比现状方案对应洪峰水位 41.40m 低 0.05m；新江口洪峰流量减少 585m³/s，洪峰水位降低 0.43m，沙道观洪峰流量减少 285m³/s，洪峰水位降低 0.47m；弥陀寺洪峰流量增加 186m³/s，洪峰水位升高 0.03m；苏支河洪峰流量减少 309m³/s，洪峰水位降低 0.38m，中河口洪峰流量减少 300m³/s，洪峰水位降低 0.17m，即松滋河入虎渡河洪峰流量减少 300m³/s，对应南闸上洪峰流量减少 189m³/s，洪峰水位降低 0.24m；官垸洪峰流量减少 159m³/s，洪峰水位降低 0.23m，自治局洪峰流量减少 160m³/s，洪峰水位降低 0.23m，大湖口洪峰流量减少 102m³/s，洪峰水位降低 0.25m；安乡洪峰流量增加 93m³/s，洪峰水位降低 0.18m，肖家湾洪峰流量减少 337m³/s，洪峰水位降低 0.04m。

为了分析松滋河系在疏挖基础上，松滋口建闸后松滋河系水情较现状条件下的变化情况，表 4-17 列出了松滋口建闸方案与现状方案在长江来水洪峰时松虎河系各站水位，流量洪峰对比值。值得注意的是，由于建闸方案包含了疏挖措施，因此建闸方案与现状方案比较，仅仅考察建闸方案与现状方案水位的对比情况。松滋口闸按照最大过流量 7100m³/s 控制，与现状方案相比，松滋口闸上洪峰水位升高 0.26m；又由于新江口河段疏挖，洪峰水位降低 0.39m，沙道观洪峰水位降低 0.36m，弥陀寺洪峰水位下降 0.06m；苏支河洪峰水位下降 0.04m，中河口洪峰流量增加 33m³/s，洪峰水位升高 0.07m，即松滋河入虎渡河洪峰流量增加 33m³/s，对应南闸上洪峰流量减少 73m³/s，洪峰水位降低 0.06m。官垸洪峰流量减少 32m³/s，洪峰水位下降 0.02m，自治局洪峰流量增加 535m³/s，洪峰水位降低 0.02m，大湖口洪峰流量减少 35m³/s，洪峰水位降低 0.06m；安乡洪峰流量增加 467m³/s，洪峰水位降低 0.01m，肖家湾洪峰流量增加 265m³/s，洪峰水位升高 0.05m。总体来说，疏挖后松滋河各河段过流量增加，在闸控条件下，各站水位较现状略有下降。

表 4-17　　　　2016 年地形条件下 1998 年典型洪水长江洪峰时
松滋口建闸方案与现状方案比较（基面：1985 年国家高程基准）

河系	站　名	设计水位（m）	1998 年实测洪峰水位（m）	水位（m）			流量（m³/s）		
				松滋口建闸	现状方案	差值	松滋口建闸	现状方案	差值
长江	沙市	42.88	43.10	41.35	41.40	−0.05	47131	47456	−325
松虎水系	松滋口闸上	46.00	—	44.81	44.55	0.26	7100	6808	292
	新江口	43.69	44.10	42.47	42.86	−0.39	5405	4817	588
	沙道观	43.21	43.52	41.68	42.04	−0.36	1708	1987	−279
	弥陀寺	42.21	42.96	41.10	41.16	−0.06	2212	2208	4
	津市	41.92	42.92	38.50	38.46	0.04	6100	6100	0
	石龟山	38.78	39.85	37.28	37.28	0.00	5538	5691	−153
	官垸	39.55	40.68	38.31	38.33	−0.02	2197	2229	−32
	汇口	38.81	39.87	37.22	37.24	−0.02	971	937	34
	自治局	38.36	39.40	37.15	37.17	−0.02	2882	2347	535

河系	站名	设计水位（m）	1998年实测洪峰水位（m）	水位（m）			流量（m³/s）		
				松滋口建闸	现状方案	差值	松滋口建闸	现状方案	差值
松虎水系	大湖口	38.12	39.14	37.28	37.34	−0.06	1879	1914	−35
	安乡	37.19	38.25	35.74	35.75	−0.01	5294	4827	467
	肖家湾	34.87	36.49	34.04	33.99	0.05	7380	7115	265
	南闸上	38.23	38.91	37.26	37.32	−0.06	2576	2649	−73
	南闸下	38.23	38.91	37.26	37.32	−0.06	2576	2649	−73
	中河口	41.10	—	39.83	39.76	0.07	686	653	33
	苏支河	41.90	—	40.47	40.51	−0.04	2671	2151	520
	官垸青龙窖	39.58	40.69	38.89	38.92	−0.03	2184	2224	−40
	官垸毛家渡	39.40	—	37.85	37.86	−0.01	2203	2233	−30
	大湖口王守寺	39.75	—	39.23	39.29	−0.06	1894	1905	−11
	大湖口小望角	37.53	—	36.30	36.35	−0.05	1882	1918	−36
	五里河跛子渡	38.31	—	36.95	37.00	−0.05	969	934	35
	虎渡河新开口	36.45	—	35.44	35.44	0.00	2613	2674	−61
	安乡河四分局	35.06	—	34.05	34.00	0.05	7380	7116	264

3. 2026 年地形条件

（1）澧水洪峰时刻。

表 4-18～表 4-20 列出了在 2026 年地形条件、1998 年洪水经三峡水库调蓄后，7 月 23 日澧水洪峰时刻松滋口建闸方案与松滋疏挖方案、现状方案的水位、流量对比结果。松滋疏挖方案与现状方案对比结果见表 4-18，松滋口建闸方案与松滋疏挖方案对比结果见表 4-19，松滋口建闸方案与现状方案对比结果见表 4-20，各方案松滋口水位流量变化过程见图 4-10。

由表 4-18 中 7 月 23 日澧水洪峰时松滋疏挖方案与现状方案对比结果可见，由于松滋河系从松滋口河段至肖家湾河段疏挖 1m，使得松滋口过流量增大 1107m³/s，水位下降 0.11m；由于松滋口过流增加，又使得新江口流量增加 1058m³/s，水位抬高 0.07m，沙道观流量增加 11m³/s，水位抬高 0.13m；官垸河倒流流量减少 161m³/s，水位抬高 0.10m；自治局流量增加 527m³/s，水位抬高 0.15m；大湖口流量增加 28m³/s，水位抬高 0.14m；安乡流量增加 676m³/s，水位抬高 0.15m。

由图 4-10 各方案松滋口水位流量过程线可见，7 月 13～21 日，松滋口闸按照最大泄量 7100m³/s 进行了控制，7 月 22～24 日，松滋口闸按照松澧安全泄量 16000m³/s 进行了松澧错峰调度，7 月 23 日，当澧水津市站流量达到 14000m³/s 时，松滋口闸按照 2000m³/s 控制，相应松滋口流量削减了 4988m³/s。由表 4-19 中 7 月 23 日澧水洪峰时松滋口建闸方案与松滋疏挖方案对比结果可见，松滋口闸松澧洪水错峰调度时，松滋河系各站水位下降 0.09～1.67m，具体变化为：松滋口闸流量减少 4988m³/s，闸上水位升高 1.80m；

表 4–18　　**2026 年地形条件下 1998 年典型洪水澧水洪峰（7 月 23 日）**

松滋疏挖方案与现状方案比较（基面：1985 年国家高程基准）

河系	站　名	设计水位（m）	1998 年实测洪峰水位（m）	水位（m）			流量（m³/s）		
				松滋疏挖	现状方案	差值	松滋疏挖	现状方案	差值
长江	沙市	42.88	43.10	40.55	40.70	−0.15	44136	45004	−868
松虎水系	松滋口闸上	46.00	—	43.84	43.95	−0.11	6988	5881	1107
	新江口	43.69	44.10	42.37	42.30	0.07	5142	4084	1058
	沙道观	43.21	43.52	41.64	41.51	0.13	1588	1577	11
	弥陀寺	42.21	42.96	40.59	40.65	−0.06	1343	1572	−229
	津市	41.92	42.92	41.41	41.36	0.05	14000	14000	0
	石龟山	38.78	39.85	39.27	39.21	0.06	10180	10150	30
	官垸	39.55	40.68	39.92	39.82	0.10	−565	−726	161
	汇口	38.81	39.87	39.15	39.15	0.00	2486	1634	852
	自治局	38.36	39.40	38.13	37.98	0.15	2990	2463	527
	大湖口	38.12	39.14	38.04	37.90	0.14	1967	1939	28
	安乡	37.19	38.25	36.38	36.23	0.15	6637	5961	676
	肖家湾	34.87	36.49	33.85	33.72	0.13	8307	7415	892
	南闸上	38.23	38.91	37.55	37.37	0.18	2615	2554	61
	南闸下	38.23	38.91	37.55	37.37	0.18	2615	2554	61
	中河口	41.10	—	40.03	39.88	0.15	1646	1408	238
	苏支河	41.90	—	40.72	40.44	0.28	2470	1759	711
	官垸青龙窖	39.58	40.69	39.89	39.75	0.14	−461	−629	168
	官垸毛家渡	39.40	—	39.96	39.88	0.08	−613	−775	162
	大湖口王守寺	39.75	—	39.96	39.81	0.15	2104	2069	35
	大湖口小望角	37.53	—	37.15	37.02	0.13	1898	1856	42
	五里河跛子渡	38.31	—	38.40	38.76	−0.36	3092	836	2256
	虎渡河新开口	36.45	—	35.81	35.64	0.17	2315	2166	149
	安乡河四分局	35.06	—	33.86	33.74	0.12	8318	7419	899

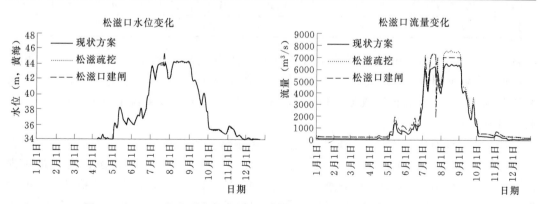

图 4–10　2026 年地形条件下松滋河系各方案松滋口水位流量变化对比图

表 4-19　　　　2026 年地形条件下 1998 年典型洪水澧水洪峰（7 月 23 日）
松滋口建闸方案与松滋疏挖方案比较（基面：1985 年国家高程基准）

河系	站名	设计水位 (m)	1998 年实测洪峰水位 (m)	水位（m）			流量（m³/s）		
				松滋口建闸	松滋疏挖	差值	松滋口建闸	松滋疏挖	差值
长江	沙市	42.88	43.10	40.96	40.55	0.41	46948	44136	2812
松虎水系	松滋口闸上	46.00	—	45.64	43.84	1.80	2000	6988	−4988
	新江口	43.69	44.10	40.70	42.37	−1.67	1412	5142	−3730
	沙道观	43.21	43.52	40.21	41.64	−1.43	857	1588	−731
	弥陀寺	42.21	42.96	40.79	40.59	0.20	1906	1343	563
	津市	41.92	42.92	41.32	41.41	−0.09	14000	14000	0
	石龟山	38.78	39.85	39.14	39.27	−0.13	9760	10180	−420
	官垸	39.55	40.68	39.62	39.92	−0.30	−1180	−565	−615
	汇口	38.81	39.87	38.98	39.15	−0.17	2527	2486	41
	自治局	38.36	39.40	37.86	38.13	−0.27	2755	2990	−235
	大湖口	38.12	39.14	37.74	38.04	−0.30	1838	1967	−129
	安乡	37.19	38.25	36.21	36.38	−0.17	6447	6637	−190
	肖家湾	34.87	36.49	33.80	33.85	−0.05	8040	8307	−267
	南闸上	38.23	38.91	37.31	37.55	−0.24	2375	2615	−240
	南闸下	38.23	38.91	37.31	37.55	−0.24	2375	2615	−240
	中河口	41.10	—	39.49	40.03	−0.54	567	1646	−1079
	苏支河	41.90		39.70	40.72	−1.02	1190	2470	−1280
	官垸青龙窖	39.58	40.69	39.40	39.89	−0.49	−1145	−461	−684
	官垸毛家渡	39.40	—	39.78	39.96	−0.18	−1211	−613	−598
	大湖口王守寺	39.75	—	39.43	39.96	−0.53	1871	2104	−233
	大湖口小望角	37.53		36.93	37.15	−0.22	1801	1898	−97
	五里河跛子渡	38.31	—	38.17	38.40	−0.23	3165	3092	73
	虎渡河新开口	36.45		35.66	35.81	−0.15	2160	2315	−155
	安乡河四分局	35.06	—	33.82	33.86	−0.04	8044	8318	−274

新江口流量减少 3730m³/s，水位下降 1.67m；沙道观流量减少 731m³/s，水位下降 1.43m；官垸河倒流流量增大 615m³/s，水位下降 0.30m；自治局流量减少 235m³/s，水位下降 0.27m；大湖口流量减少 129m³/s，水位下降 0.30m；安乡流量减少 190m³/s，水位下降 0.17m。

为了进一步分析松滋口建闸控制后松滋河系水情与现状条件下水情的变化情况，表 4-20 给出了松滋口建闸方案与现状方案对比结果，由此表可见，松滋口闸流量减少 3881m³/s，水位抬高 1.69m，相应沙市河段过流量增加 1944m³/s，沙市水位抬高 0.26m 达到 40.96m（1985 年国家高程基准，以下表中数据均为 1985 年国家高程基准水位值），但比沙市 1998 年实测洪峰水位 43.10m 低了 2.14m，比沙市分洪控制水位 42.79m 低 1.83m，除安乡河四分局站和肖家湾站水位略有升高外，松滋河系其他各站水位下降 0.02～1.60m。

表 4-20　　　2026 年地形条件下 1998 年典型洪水澧水洪峰（7 月 23 日）
松滋口建闸方案与现状方案比较（基面：1985 年国家高程基准）

河系	站　名	设计水位（m）	1998 年实测洪峰水位（m）	水位（m）			流量（m³/s）		
				松滋口建闸	现状方案	差值	松滋口建闸	现状方案	差值
长江	沙市	42.88	43.10	40.96	40.70	0.26	46948	45004	1944
松虎水系	松滋口闸上	46.00	—	45.64	43.95	1.69	2000	5881	−3881
	新江口	43.69	44.10	40.70	42.30	−1.60	1412	4084	−2672
	沙道观	43.21	43.52	40.21	41.51	−1.30	857	1577	−720
	弥陀寺	42.21	42.96	40.79	40.65	0.14	1906	1572	334
	津市	41.92	42.92	41.32	41.36	−0.04	14000	14000	0
	石龟山	38.78	39.85	39.14	39.21	−0.07	9760	10150	−390
	官垸	39.55	40.68	39.62	39.82	−0.20	−1180	−726	−454
	汇口	38.81	39.87	38.98	39.15	−0.17	2527	1634	893
	自治局	38.36	39.40	37.86	37.98	−0.12	2755	2463	292
	大湖口	38.12	39.14	37.74	37.90	−0.16	1838	1939	−101
	安乡	37.19	38.25	36.21	36.23	−0.02	6447	5961	486
	肖家湾	34.87	36.49	33.80	33.72	0.08	8040	7415	625
	南闸上	38.23	38.91	37.31	37.37	−0.06	2375	2554	−179
	南闸下	38.23	38.91	37.31	37.37	−0.06	2375	2554	−179
	中河口	41.10	—	39.49	39.88	−0.39	567	1408	−841
	苏支河	41.90	—	39.70	40.44	−0.74	1190	1759	−569
	官垸青龙窖	39.58	40.69	39.40	39.75	−0.35	−1145	−629	−516
	官垸毛家渡	39.40	—	39.78	39.88	−0.10	−1211	−775	−436
	大湖口王守寺	39.75	—	39.43	39.81	−0.38	1871	2069	−198
	大湖口小望角	37.53	—	36.93	37.02	−0.09	1801	1856	−55
	五里河跛子渡	38.31	—	38.17	38.76	−0.59	3165	836	2329
	虎渡河新开口	36.45	—	35.66	35.64	0.02	2160	2166	−6
	安乡河四分局	35.06	—	33.82	33.74	0.08	8044	7419	625

（2）长江洪水洪峰时刻。

表 4-21 列出了 2026 年地形、1998 年洪水经三峡水库调蓄后，松滋疏挖方案与现状方案在长江来水洪峰时刻对应松虎河系各站水位、流量洪峰值。由表可见，松滋疏挖后，由于松滋口过流增加 1164m³/s，相应沙市河段过流减少 959m³/s，弥陀寺过流减少 202m³/s，导致长江沙市河段水位下降 0.15m，松滋口、太平口洪峰水位有所下降，下降幅度为 0.08～0.15m。由于松滋河系疏挖以后，松滋口过流量增加 1164m³/s，导致松虎

河系的水位普遍抬高 0.07～0.35m。各站具体变化如下：松滋口洪峰流量增大 1164m³/s，洪峰水位降低 0.15m，相应沙市水位降低 0.15m；新江口洪峰流量增加 1147m³/s，洪峰水位升高 0.05m，沙道观洪峰流量增加 17m³/s，洪峰水位升高 0.13m，弥陀寺洪峰流量减少 202m³/s，洪峰水位下降 0.08m；苏支河洪峰流量增加 842m³/s，洪峰水位升高 0.34m，中河口洪峰流量增加 292m³/s，洪峰水位升高 0.16m，即松滋河入虎渡河洪峰流量增加 292m³/s，对应南闸上洪峰流量增加 94m³/s，洪峰水位升高 0.15m；官垸洪峰流量增加 145m³/s，洪峰水位升高 0.20m，自治局洪峰流量增加 686m³/s，洪峰水位升高 0.19m，大湖口洪峰流量增加 107m³/s，洪峰水位升高 0.18m³/s；安乡洪峰流量增加 742m³/s，洪峰水位升高 0.16m，肖家湾洪峰流量增加 716m³/s，洪峰水位升高 0.08m。

表 4-21　　　　　2026 年地形条件下 1998 年典型洪水长江洪峰时
松滋疏挖方案与现状方案比较（基面：1985 年国家高程基准）

河系	站　名	设计水位（m）	1998 年实测洪峰水位（m）	水位（m）			流量（m³/s）		
				松滋疏挖	现状方案	差值	松滋疏挖	现状方案	差值
长江	沙市	42.88	43.10	41.09	41.24	−0.15	46746	47705	−959
松虎水系	松滋口闸上	46.00	—	44.26	44.41	−0.15	7784	6620	1164
	新江口	43.69	44.10	42.74	42.69	0.05	5885	4738	1147
	沙道观	43.21	43.52	41.99	41.86	0.13	1896	1879	17
	弥陀寺	42.21	42.96	40.92	41.00	−0.08	1943	2145	−202
	津市	41.92	42.92	38.54	38.41	0.13	6100	6100	0
	石龟山	38.78	39.85	37.33	37.20	0.13	5662	5565	97
	官垸	39.55	40.68	38.42	38.22	0.20	2283	2138	145
	汇口	38.81	39.87	37.28	37.15	0.13	972	947	25
	自治局	38.36	39.40	37.24	37.05	0.19	2959	2273	686
	大湖口	38.12	39.14	37.39	37.21	0.18	2073	1966	107
	安乡	37.19	38.25	35.80	35.64	0.16	5520	4778	742
	肖家湾	34.87	36.49	33.95	33.87	0.08	7668	6952	716
	南闸上	38.23	38.91	37.33	37.18	0.15	2605	2511	94
	南闸下	38.23	38.91	37.33	37.18	0.15	2605	2511	94
	中河口	41.10	—	39.77	39.61	0.16	895	603	292
	苏支河	41.90	—	40.70	40.36	0.34	2963	2121	842
	官垸青龙窖	39.58	40.69	39.04	38.78	0.26	2274	2132	142
	官垸毛家渡	39.40		37.91	37.79	0.12	2288	2143	145
	大湖口王守寺	39.75		39.37	39.14	0.23	2061	1955	106
	大湖口小望角	37.53	—	36.38	36.23	0.15	2080	1974	106
	五里河跛子渡	38.31		37.02	36.90	0.12	970	945	25
	虎渡河新开口	36.45		35.39	35.31	0.08	2630	2537	93
	安乡河四分局	35.06		33.95	33.88	0.07	7669	6953	716

94

表 4－22 列出了松滋口建闸方案与松滋疏挖方案在长江来水洪峰时松虎河系各站水位、流量洪峰值对比。松滋口建闸控制后，由于松滋口闸按照天然情况（1998 年三峡调蓄后洪水及 2006 年地形条件现状方案）最大过流量 7100m^3/s 控制，使得松滋口减少过流 684m^3/s，相应增加了沙市河段流量 484m^3/s，抬高沙市水位 0.08m，相应弥陀寺流量增加 170m^3/s，抬高水位 0.01m，松虎河系其他各站水位下降 0.02～0.37m。各站具体变化如下：松滋口闸按照最大过流量 7100m^3/s 控制，相比松滋疏挖方案，削减洪峰流量684m^3/s，使得松滋口闸上洪峰水位升高 0.33m，达到 44.59m，长江沙市洪峰水位升高0.08m，达到 41.17m，但比现状方案对应洪峰水位 41.24m 低 0.07m；新江口洪峰流量减

表 4－22　　2026 年地形条件下 1998 年典型洪水长江洪峰时
松滋口建闸方案与松滋疏挖方案比较（基面：1985 年国家高程基准）

河系	站　名	设计水位（m）	1998 年实测洪峰水位（m）	水位（m）			流量（m^3/s）		
				松滋口建闸	松滋疏挖	差值	松滋口建闸	松滋疏挖	差值
长江	沙市	42.88	43.10	41.17	41.09	0.08	47230	46746	484
松虎水系	松滋口闸上	46.00	—	44.59	44.26	0.33	7100	7784	−684
	新江口	43.69	44.10	42.41	42.74	−0.33	5430	5885	−455
	沙道观	43.21	43.52	41.62	41.99	−0.37	1683	1896	−213
	弥陀寺	42.21	42.96	40.93	40.92	0.01	2113	1943	170
	津市	41.92	42.92	38.47	38.54	−0.07	6100	6100	0
	石龟山	38.78	39.85	37.23	37.33	−0.10	5473	5662	−189
	官垸	39.55	40.68	38.25	38.42	−0.17	2144	2283	−139
	汇口	38.81	39.87	37.17	37.28	−0.11	979	972	7
	自治局	38.36	39.40	37.08	37.24	−0.16	2810	2959	−149
	大湖口	38.12	39.14	37.21	37.39	−0.18	1984	2073	−89
	安乡	37.19	38.25	35.67	35.80	−0.13	5317	5520	−203
	肖家湾	34.87	36.49	33.92	33.95	−0.03	7296	7668	−372
	南闸上	38.23	38.91	37.15	37.33	−0.18	2498	2605	−107
	南闸下	38.23	38.91	37.15	37.33	−0.18	2498	2605	−107
	中河口	41.10	—	39.66	39.77	−0.11	705	895	−190
	苏支河	41.90	—	40.41	40.70	−0.29	2718	2963	−245
	官垸青龙窖	39.58	40.69	38.82	39.04	−0.22	2132	2274	−142
	官垸毛家渡	39.40	—	37.80	37.91	−0.11	2149	2288	−139
	大湖口王守寺	39.75	—	39.15	39.37	−0.22	1974	2061	−87
	大湖口小望角	37.53	—	36.23	36.38	−0.15	1990	2080	−90
	五里河跋子渡	38.31	—	36.89	37.02	−0.13	976	970	6
	虎渡河新开口	36.45	—	35.34	35.39	−0.05	2531	2630	−99
	安乡河四分局	35.06	—	33.93	33.95	−0.02	7296	7669	−373

少 455m³/s，洪峰水位降低 0.33m，沙道观洪峰流量减少 213m³/s，洪峰水位降低 0.37m；弥陀寺洪峰流量增加 170m³/s，洪峰水位升高 0.01m；苏支河洪峰流量减少 245m³/s，洪峰水位降低 0.29m，中河口洪峰流量减少 190m³/s，洪峰水位降低 0.11m，即松滋河入虎渡河洪峰流量减少 190m³/s，对应南闸上洪峰流量减少 107m³/s，洪峰水位降低 0.18m；官垸洪峰流量减少 139m³/s，洪峰水位降低 0.17m，自治局洪峰流量减少 149m³/s，洪峰水位降低 0.16m，大湖口洪峰流量减少 89m³/s，洪峰水位降低 0.18m；安乡洪峰流量减少 203m³/s，洪峰水位降低 0.13m，肖家湾洪峰流量减少 372m³/s，洪峰水位降低 0.03m。

为了分析松滋河系在疏挖基础上，松滋口建闸后松滋河系水情较现状条件下水情的变化情况，表 4－23 列出了松滋口建闸方案与现状方案在长江来水洪峰时松虎河系各站水位，流量洪峰对比值。松滋口建闸按照最大过流量 7100m³/s 控制，与现状方案相比，松滋口洪峰水位升高 0.18m；又由于新江口河段疏挖，其洪峰水位降低 0.28m，沙道观洪峰流量减少 196m³/s，洪峰水位降低 0.24m，弥陀寺洪峰流量减少 32m³/s，洪峰水位下降 0.07m；苏支河洪峰流量增加 597m³/s，洪峰水位升高 0.05m，中河口洪峰流量增加 102m³/s，洪峰水位升高 0.05m，对应南闸上洪峰流量减少 13m³/s，洪峰水位降低 0.03m。官垸洪峰流量增加 6m³/s，洪峰水位增加 0.03m，自治局洪峰流量增加 537m³/s，洪峰水位升高 0.03m，大湖口洪峰流量增加 18m³/s，洪峰水位不变；安乡洪峰流量增加 539m³/s，洪峰水位不变，肖家湾洪峰流量增加 344m³/s，洪峰水位升高 0.05m。总体来说，疏挖后松滋河系各河段过流量增加，在闸控条件下，各站水位较现状略有下降。

表 4－23　2026 年地形条件下 1998 年典型洪水长江洪峰时
松滋口建闸方案与现状方案比较（基面：1985 年国家高程基准）

河系	站　名	设计水位（m）	1998 年实测洪峰水位（m）	水位（m）			流量（m³/s）		
				松滋口建闸	现状方案	差值	松滋口建闸	现状方案	差值
长江	沙市	42.88	43.10	41.17	41.24	－0.07	47230	47705	－475
松虎水系	松滋口闸上	46.00	—	44.59	44.41	0.18	7100	6620	480
	新江口	43.69	44.10	42.41	42.69	－0.28	5430	4738	692
	沙道观	43.21	43.52	41.62	41.86	－0.24	1683	1879	－196
	弥陀寺	42.21	42.96	40.93	41.00	－0.07	2113	2145	－32
	津市	41.92	42.92	38.47	38.41	0.06	6100	6100	0
	石龟山	38.78	39.85	37.23	37.20	0.03	5473	5565	－92
	官垸	39.55	40.68	38.25	38.22	0.03	2144	2138	6
	汇口	38.81	39.87	37.17	37.15	0.02	979	947	32
	自治局	38.36	39.40	37.08	37.05	0.03	2810	2273	537
	大湖口	38.12	39.14	37.21	37.21	0.00	1984	1966	18
	安乡	37.19	38.25	35.67	35.64	0.03	5317	4778	539
	肖家湾	34.87	36.49	33.92	33.87	0.05	7296	6952	344

河系	站　名	设计水位（m）	1998年实测洪峰水位（m）	水位（m）			流量（m³/s）		
				松滋口建闸	现状方案	差值	松滋口建闸	现状方案	差值
松虎水系	南闸上	38.23	38.91	37.15	37.18	−0.03	2498	2511	−13
	南闸下	38.23	38.91	37.15	37.18	−0.03	2498	2511	−13
	中河口	41.10	—	39.66	39.61	0.05	705	603	102
	苏支河	41.90	—	40.41	40.36	0.05	2718	2121	597
	官垸青龙窖	39.58	40.69	38.82	38.78	0.04	2132	2132	0
	官垸毛家渡	39.40	—	37.80	37.79	0.01	2149	2143	6
	大湖口王守寺	39.75	—	39.15	39.14	0.01	1974	1955	19
	大湖口小望角	37.53	—	36.23	36.23	0.00	1990	1974	16
	五里河跛子渡	38.31	—	36.89	36.90	−0.01	976	945	31
	虎渡河新开口	36.45	—	35.34	35.31	0.03	2531	2537	−6
	安乡河四分局	35.06	—	33.93	33.88	0.05	7296	6953	343

4.2.4.2　1954 年典型洪水

利用 1954 年洪水经过三峡水库调蓄后的宜昌来水来沙过程及四水水沙系列，计算分析了在 2006 年、2016 年和 2026 年地形条件下，并按照沙市 45.00m（吴淞高程系统，简称吴淞，下同）、城陵矶 34.40m（吴淞）、汉口 29.50m（吴淞）、湖口 25.50m（吴淞）分洪运用条件，分析计算现状方案、松滋疏挖方案和松滋口建闸方案的水情变化情况。

1. 2006 年地形条件

（1）澧水洪峰时刻。

1954 年典型洪水，澧水有两次超过 10000m³/s 较大洪峰流量，分别是 6 月 25 日 11700m³/s 和 7 月 27 日 11200m³/s，由于 6 月 25 日长江洪水较小，松滋口闸未进行松滋错峰调度。下面分析比较 7 月 27 日松滋口闸错峰调度情形下不同方案下的松虎水系水位和流量变化情况。表 4 - 24～表 4 - 26 列出了在 2006 年地形条件下，1954 年洪水经三峡水库调蓄后的泄流过程，并考虑分洪条件下，7 月 27 日澧水洪峰时，松滋口建闸方案与松滋疏挖方案、现状方案的水位、流量对比结果。

由表 4 - 24 中 7 月 27 日澧水洪峰时松滋疏挖方案与现状方案对比结果可见，由于松滋河系从松滋口河段至肖家湾河段疏挖 1m，使得松滋口过流量增大 1136m³/s，水位下降 0.17m；由于松滋口过流增加，又使得新江口流量增加 1121m³/s，水位抬高 0.01m，沙道观流量增加 20m³/s，水位抬高 0.08m；官垸河流量增加 105m³/s，水位抬高 0.23m；自治局流量增加 619m³/s，水位抬高 0.25m；大湖口流量增加 71m³/s，水位抬高 0.25m；安乡流量增加 411m³/s，水位抬高 0.21m。

由图 4 - 11 各方案松滋口水位流量过程线可见，7 月 8～10 日、7 月 18～22 日，松滋口闸按照最大泄量 7100m³/s 进行了控制，7 月 27 日，松滋口闸按照松澧安全泄量 16000m³/s 进行了松澧错峰调度，澧水津市站流量达到 11200m³/s 时，松滋口闸按照 4800m³/s

表 4 - 24 现状条件下（2006 年地形）1954 年典型洪水澧水大水（7 月 27 日）松滋疏挖方案与现状方案比较（基面：1985 年国家高程基准）

河系	站名	设计水位（m）	1998 年实测洪峰水位（m）	水位（m）			流量（m³/s）		
				松滋疏挖	现状方案	差值	松滋疏挖	现状方案	差值
长江	沙市	42.88	43.10	41.38	41.55	-0.17	41072	41949	-877
松虎水系	松滋口闸上	46.00	—	44.45	44.62	-0.17	7081	5945	1136
	新江口	43.69	44.10	43.01	43.00	0.01	5284	4163	1121
	沙道观	43.21	43.52	42.30	42.22	0.08	1756	1736	20
	弥陀寺	42.21	42.96	41.29	41.36	-0.07	1947	2186	-239
	津市	41.92	42.92	39.26	39.08	0.18	11200	11200	0
	石龟山	38.78	39.85	38.14	37.95	0.19	7189	7641	-452
	官垸	39.55	40.68	39.09	38.86	0.23	1522	1417	105
	汇口	38.81	39.87	37.95	37.62	0.33	1418	1208	210
	自治局	38.36	39.40	37.67	37.42	0.25	2809	2190	619
	大湖口	38.12	39.14	37.90	37.65	0.25	1772	1701	71
	安乡	37.19	38.25	36.33	36.12	0.21	4670	4259	411
	肖家湾	34.87	36.49	35.02	34.93	0.09	6700	6015	685
	南闸上	38.23	38.91	38.26	37.99	0.27	2289	2231	58
	南闸下	38.23	38.91	38.26	37.99	0.27	2289	2231	58
	中河口	41.10	—	40.24	40.05	0.19	931	673	258
	苏支河	41.90	—	41.11	40.78	0.33	2669	1962	707
	官垸青龙窖	39.58	40.69	39.63	39.34	0.29	1492	1409	83
	官垸毛家渡	39.40	—	38.65	38.41	0.24	1535	1423	112
	大湖口王守寺	39.75	—	39.94	39.70	0.24	1755	1703	52
	大湖口小望角	37.53	—	36.82	36.41	0.41	1632	1539	93
	五里河跛子渡	38.31	—	37.48	37.30	0.18	1416	913	503
	虎渡河新开口	36.45	—	36.09	35.85	0.24	2115	2211	-96
	安乡河四分局	35.06	—	35.03	34.94	0.09	6701	6015	686

控制，相应松滋口流量削减了 2281m³/s。由表 4 - 25 中 7 月 27 日澧水洪峰时松滋口建闸方案与松滋疏挖方案对比结果可见，澧水洪峰松滋口闸错峰调度时，松滋河系各站水位下降 0.03～0.43m，具体变化为：松滋口闸流量减少 2281m³/s，闸上水位升高 0.43m；新江口流量减少 1656m³/s，水位下降 0.39m；沙道观流量减少 453m³/s，水位下降 0.43m；官垸河流量减少 22m³/s，水位下降 0.21m；自治局流量减少 217m³/s，水位下降 0.30m；大湖口流量减少 89m³/s，水位下降 0.28m；安乡流量减少 82m³/s，水位下降 0.23m。

为了进一步分析松滋口建闸控制后松滋河系水情与现状条件下水情的变化情况，表 4 - 26 给出了松滋口建闸方案与现状方案对比结果，由此表可见，松滋口闸流量减少 1145m³/s，

表4-25 现状条件下（2006年地形）1954年典型洪水澧水大水松澧错峰调度（7月27日）松滋口建闸方案与松滋疏挖方案比较（基面：1985年国家高程基准）

河系	站 名	设计水位（m）	1998年实测洪峰水位（m）	水位（m）			流量（m³/s）		
				松滋口建闸	松滋疏挖	差值	松滋口建闸	松滋疏挖	差值
长江	沙市	42.88	43.10	41.49	41.38	0.11	41200	41072	128
松虎水系	松滋口闸上	46.00	—	44.88	44.45	0.43	4800	7081	−2281
	新江口	43.69	44.10	42.62	43.01	−0.39	3628	5284	−1656
	沙道观	43.21	43.52	41.87	42.30	−0.43	1303	1756	−453
	弥陀寺	42.21	42.96	41.31	41.29	0.02	2160	1947	213
	津市	41.92	42.92	39.17	39.26	−0.15	11200	11200	0
	石龟山	38.78	39.85	37.99	38.14	−0.15	7981	7189	792
	官垸	39.55	40.68	38.88	39.09	−0.21	1500	1522	−22
	汇口	38.81	39.87	37.65	37.95	−0.30	1201	1418	−217
	自治局	38.36	39.40	37.39	37.67	−0.28	2720	2809	−89
	大湖口	38.12	39.14	37.67	37.90	−0.23	1751	1772	−21
	安乡	37.19	38.25	36.10	36.33	−0.23	4588	4670	−82
	肖家湾	34.87	36.49	34.99	35.02	−0.03	6244	6700	−456
	南闸上	38.23	38.91	38.06	38.26	−0.20	2386	2289	97
	南闸下	38.23	38.91	38.06	38.26	−0.20	2386	2289	97
	中河口	41.10	—	40.00	40.24	−0.24	687	931	−244
	苏支河	41.90	—	40.77	41.11	−0.34	2482	2669	−187
	官垸青龙窖	39.58	40.69	39.38	39.63	−0.25	1480	1492	−12
	官垸毛家渡	39.40	—	38.47	38.65	−0.18	1499	1535	−36
	大湖口王守寺	39.75	—	39.69	39.94	−0.25	1712	1755	−43
	大湖口小望角	37.53	—	36.49	36.82	−0.33	1557	1632	−75
	五里河跛子渡	38.31	—	37.35	37.48	−0.13	1483	1416	67
	虎渡河新开口	36.45	—	35.88	36.09	−0.21	2258	2115	143
	安乡河四分局	35.06	—	35.00	35.03	−0.03	6245	6701	−456

水位抬高0.26m，沙市河段过流量减少293m³/s，沙市水位下降0.06m，新江口水位下降0.38m，沙道观水位下降0.35m，其余各站水位变化在−0.05～0.09m之间。

（2）长江来水洪峰时刻。

选用1954年经过三峡水库防洪调度后的三峡水库下泄水排沙过程作为模型的上边界，在2006年地形条件上，并考虑分洪条件下，开展现状方案、松滋疏挖方案和松滋口建闸方案计算。

表4-27列出了2006年地形、1954年洪水经三峡水库调蓄后的泄流过程，松滋疏挖方案与现状方案在长江来水洪峰时刻对应松虎河系各站水位、流量洪峰值，由表可见，松

表 4-26　现状条件下（2006 年地形）1954 年典型洪水澧水大水松澧错峰调度（7 月 27 日）
松滋口建闸方案与现状方案比较（基面：1985 年国家高程基准）

河系	站　名	设计水位（m）	1998 年实测洪峰水位（m）	水位（m）			流量（m³/s）		
				松滋口建闸	现状方案	差值	松滋口建闸	现状方案	差值
长江	沙市	42.88	43.10	41.49	41.55	−0.06	41200	41949	−749
松虎水系	松滋口闸上	46.00	—	44.88	44.62	0.26	4800	5945	−1145
	新江口	43.69	44.10	42.62	43.00	−0.38	3628	4163	−535
	沙道观	43.21	43.52	41.87	42.22	−0.35	1303	1736	−433
	弥陀寺	42.21	42.96	41.31	41.36	−0.05	2160	2186	−26
	津市	41.92	42.92	39.17	39.08	0.09	11200	11200	0
	石龟山	38.78	39.85	37.99	37.95	0.04	7981	7641	340
	官垸	39.55	40.68	38.88	38.86	0.02	1500	1417	83
	汇口	38.81	39.87	37.65	37.62	0.03	1201	1208	−7
	自治局	38.36	39.40	37.39	37.42	−0.03	2720	2190	530
	大湖口	38.12	39.14	37.67	37.65	0.02	1751	1701	50
	安乡	37.19	38.25	36.10	36.12	−0.02	4588	4259	329
	肖家湾	34.87	36.49	34.99	34.93	0.06	6244	6015	229
	南闸上	38.23	38.91	38.06	37.99	0.07	2386	2231	155
	南闸下	38.23	38.91	38.06	37.99	0.07	2386	2231	155
	中河口	41.10	—	40.00	40.05	−0.05	687	673	14
	苏支河	41.90	—	40.77	40.78	−0.01	2482	1962	520
	官垸青龙窖	39.58	40.69	39.38	39.34	0.04	1480	1409	71
	官垸毛家渡	39.40	—	38.47	38.41	0.06	1499	1423	76
	大湖口王守寺	39.75	—	39.69	39.70	−0.01	1712	1703	9
	大湖口小望角	37.53	—	36.49	36.41	0.08	1557	1539	18
	五里河跛子渡	38.31	—	37.35	37.30	0.05	1483	913	570
	虎渡河新开口	36.45	—	35.88	35.85	0.03	2258	2211	47
	安乡河四分局	35.06	—	35.00	34.94	0.06	6245	6015	230

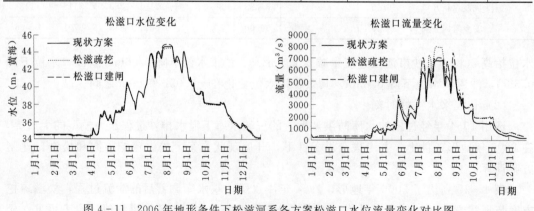

图 4-11　2006 年地形条件下松滋河系各方案松滋口水位流量变化对比图

滋疏挖后，长江沙市河段水位下降0.15m，松滋口门河段、虎渡河口门河段洪峰水位有所下降，下降幅度为0.08～0.17m。由于松滋河系疏挖以后，松滋口过流量增加1154m³/s，导致松虎河系的水位普遍抬高。各站具体变化如下：松滋口洪峰流量增大1154m³/s，洪峰水位降低0.17m，相应沙市水位降低0.15m；新江口洪峰流量增加1182m³/s，洪峰水位升高0.03m，沙道观洪峰流量减少23m³/s，洪峰水位升高0.12m，弥陀寺洪峰流量减少205m³/s，洪峰水位下降0.08m；苏支河洪峰流量增加824m³/s，洪峰水位升高0.34m，中河口洪峰流量增加339m³/s，洪峰水位升高0.19m，即松滋河入虎渡河洪峰流量增加339m³/s，对应南闸上洪峰流量增加149m³/s，洪峰水位升高0.21m；官垸洪峰流量增加117m³/s，洪峰水位升高0.21m，自治局洪峰流量增加695m³/s，洪峰水位升高0.18m，大湖口洪峰流量增加43m³/s，洪峰水位升高0.18m；安乡洪峰流量增加752m³/s，洪峰水位抬高0.12m，肖家湾洪峰流量增加968m³/s，洪峰水位升高0.10m。

表4-27　　　　现状条件下（2006年地形）1954年典型洪水长江洪峰时
松滋疏挖方案与现状方案比较（基面：1985年国家高程基准）

河系	站 名	设计水位（m）	1998年实测洪峰水位（m）	水位（m）			流量（m³/s）		
				松滋疏挖	现状方案	差值	松滋疏挖	现状方案	差值
长江	沙市	42.88	43.10	41.49	41.64	−0.15	46990	47917	−927
松虎水系	松滋口闸上	46.00	—	44.48	44.65	−0.17	8091	6937	1154
	新江口	43.69	44.10	43.05	43.02	0.03	6054	4872	1182
	沙道观	43.21	43.52	42.35	42.23	0.12	2049	2072	−23
	弥陀寺	42.21	42.96	41.36	41.44	−0.08	2102	2307	−205
	津市	41.92	42.92	38.81	38.72	0.09	6530	6530	0
	石龟山	38.78	39.85	37.64	37.50	0.14	6076	5965	111
	官垸	39.55	40.68	38.80	38.59	0.21	2416	2299	117
	汇口	38.81	39.87	37.64	37.49	0.15	904	939	−35
	自治局	38.36	39.40	37.79	37.61	0.18	3186	2491	695
	大湖口	38.12	39.14	37.94	37.76	0.18	2026	1983	43
	安乡	37.19	38.25	36.33	36.21	0.12	5947	5195	752
	肖家湾	34.87	36.49	34.71	34.61	0.10	8988	8020	968
	南闸上	38.23	38.91	38.00	37.79	0.21	3106	2957	149
	南闸下	38.23	38.91	38.00	37.79	0.21	3106	2957	149
	中河口	41.10	—	40.20	40.01	0.19	989	650	339
	苏支河	41.90	—	41.11	40.77	0.34	2997	2173	824
	官垸青龙窖	39.58	40.69	39.49	39.23	0.26	2392	2284	108
	官垸毛家渡	39.40	—	38.19	38.04	0.15	2430	2307	123
	大湖口王守寺	39.75	—	39.82	39.59	0.23	2036	1989	47
	大湖口小望角	37.53	—	36.92	36.80	0.12	2018	1977	41
	五里河跛子渡	38.31	—	37.47	37.31	0.16	901	937	−36
	虎渡河新开口	36.45	—	36.00	35.87	0.13	3167	2947	220
	安乡河四分局	35.06	—	34.72	34.62	0.10	8990	8021	969

表 4-28 列出了松滋口建闸方案与松滋疏挖方案在长江来水洪峰时松虎河系各站水位，流量洪峰值对比。松滋口建闸控制后，由于松滋口建闸按照最大过流量 7100m³/s 控制，使得松滋口减少过流 991m³/s，相应增加了沙市河段流量 652m³/s，抬高沙市水位 0.11m，相应太平口流量增加 228m³/s，抬高水位 0.02m，松虎河系其他各站水位下降 0.05~0.52m。各站具体变化如下：在松滋口建闸方案设置中，松滋口闸按照天然情况（1998 年三峡调蓄后洪水及 2006 年地形条件现状方案）松滋口最大过流量 7100m³/s 控制，相比松滋疏挖方案，削减洪峰流量 991m³/s，使得松滋口洪峰水位升高 0.47m，达到 44.95m，长江沙市洪峰水位升高 0.11m，达到 41.60m，但比现状方案对应洪峰水位 41.55m

表 4-28　　　　　现状条件下（2006 年地形）1954 年典型洪水长江洪峰时
松滋口建闸方案与松滋疏挖方案比较（基面：1985 年国家高程基准）

河系	站　名	设计水位（m）	1998 年实测洪峰水位（m）	水位（m）			流量（m³/s）		
				松滋口建闸	松滋疏挖	差值	松滋口建闸	松滋疏挖	差值
长江	沙市	42.88	43.10	41.60	41.49	0.11	47642	46990	652
松虎水系	松滋口闸上	46.00	—	44.95	44.48	0.47	7100	8091	−991
	新江口	43.69	44.10	42.59	43.05	−0.46	5412	6054	−642
	沙道观	43.21	43.52	41.83	42.35	−0.52	1753	2049	−296
	弥陀寺	42.21	42.96	41.38	41.36	0.02	2330	2102	228
	津市	41.92	42.92	38.71	38.81	−0.10	6530	6530	0
	石龟山	38.78	39.85	37.47	37.64	−0.17	5897	6076	−179
	官垸	39.55	40.68	38.53	38.80	−0.27	2222	2416	−194
	汇口	38.81	39.87	37.46	37.64	−0.18	958	904	54
	自治局	38.36	39.40	37.52	37.79	−0.27	2975	3186	−211
	大湖口	38.12	39.14	37.65	37.94	−0.29	2001	2026	−25
	安乡	37.19	38.25	36.12	36.33	−0.21	5666	5947	−281
	肖家湾	34.87	36.49	34.66	34.71	−0.05	8284	8988	−704
	南闸上	38.23	38.91	37.71	38.00	−0.29	2850	3106	−256
	南闸下	38.23	38.91	37.71	38.00	−0.29	2850	3106	−256
	中河口	41.10	—	39.88	40.20	−0.32	533	989	−456
	苏支河	41.90	—	40.68	41.11	−0.43	2659	2997	−338
	官垸青龙窖	39.58	40.69	39.14	39.49	−0.35	2210	2392	−182
	官垸毛家渡	39.40	—	38.01	38.19	−0.18	2229	2430	−201
	大湖口王守寺	39.75	—	39.47	39.82	−0.35	2008	2036	−28
	大湖口小望角	37.53	—	36.69	36.92	−0.23	2001	2018	−17
	五里河跛子渡	38.31	—	37.26	37.47	−0.21	955	901	54
	虎渡河新开口	36.45	—	35.85	36.00	−0.15	2918	3167	−249
	安乡河四分局	35.06	—	34.67	34.72	−0.05	8285	8990	−705

高 0.05m，低于沙市保证水位 42.50m；新江口洪峰流量减少 642m³/s，洪峰水位降低 0.46m，沙道观洪峰流量减少 296m³/s，洪峰水位降低 0.52m；弥陀寺洪峰流量增加 228m³/s，洪峰水位升高 0.02m；苏支河洪峰流量减少 338m³/s，洪峰水位降低 0.43m，中河口洪峰流量减少 456m³/s，洪峰水位降低 0.32m，即松滋河入虎渡河洪峰流量减少 456m³/s，对应南闸上洪峰流量减少 256m³/s，洪峰水位降低 0.29m；官垸洪峰流量减少 194m³/s，洪峰水位降低 0.27m，自治局洪峰流量减少 211m³/s，洪峰水位降低 0.27m，大湖口洪峰流量减少 25m³/s，洪峰水位降低 0.29m³/s；安乡洪峰流量减少 281m³/s，洪峰水位降低 0.21m，肖家湾洪峰流量减少 704m³/s，洪峰水位降低 0.05m。

为了分析松滋河系在疏挖基础上，松滋口建闸后松虎河系水情较现状条件下的变化情况，表 4-29 列出了松滋口建闸方案与现状方案在长江来水洪峰时松虎河系各站水位、流量洪峰对比值。松滋口建闸按照最大过流量 7100m³/s 控制，与现状方案相较，松滋口闸上洪峰水位升高 0.30m；又由于新江口河段疏挖，其洪峰流量增加 540m³/s，洪峰水位降低 0.43m，沙道观洪峰流量减少 319m³/s，洪峰水位降低 0.40m，弥陀寺洪峰流量增加 23m³/s，洪峰水位下降 0.06m；苏支河洪峰流量增加 486m³/s，洪峰水位下降 0.09m，中河口洪峰流量减少 117m³/s，洪峰水位降低 0.13m，即松滋河入虎渡河洪峰流量减少 117m³/s，南闸上洪峰流量减少 107m³/s，洪峰水位降低 0.08m。官垸洪峰流量减少 77m³/s，洪峰水位下降 0.06m，自治局洪峰流量增加 484m³/s，洪峰水位降低 0.09m，大湖口洪峰流量增加 18m³/s，洪峰水位降低 0.11m；安乡洪峰流量增加 471m³/s，洪峰水位降低 0.09m，肖家湾洪峰流量增加 264m³/s，洪峰水位升高 0.05m。总体来说，各疏挖河段过流量增加，在闸控条件下，各站水位较现状变化不大，略有下降。

表 4-29 现状条件下（2006 年地形）1954 年典型洪水长江洪峰时
松滋口建闸方案与现状方案比较（基面：1985 年国家高程基准）

河系	站　名	设计水位（m）	1998 年实测洪峰水位（m）	水位（m）			流量（m³/s）		
				松滋口建闸	现状方案	差值	松滋口建闸	现状方案	差值
长江	沙市	42.88	43.10	41.60	41.64	−0.04	47642	47917	−275
松虎水系	松滋口闸上	46.00	—	44.95	44.65	0.30	7100	6937	163
	新江口	43.69	44.10	42.59	43.02	−0.43	5412	4872	540
	沙道观	43.21	43.52	41.83	42.23	−0.40	1753	2072	−319
	弥陀寺	42.21	42.96	41.38	41.44	−0.06	2330	2307	23
	津市	41.92	42.92	38.71	38.72	−0.01	6530	6530	0
	石龟山	38.78	39.85	37.47	37.50	−0.03	5897	5965	−68
	官垸	39.55	40.68	38.53	38.59	−0.06	2222	2299	−77
	汇口	38.81	39.87	37.46	37.49	−0.03	958	939	19
	自治局	38.36	39.40	37.52	37.61	−0.09	2975	2491	484
	大湖口	38.12	39.14	37.65	37.76	−0.11	2001	1983	18
	安乡	37.19	38.25	36.12	36.21	−0.09	5666	5195	471

河系	站名	设计水位（m）	1998年实测洪峰水位（m）	水位（m）			流量（m³/s）		
				松滋口建闸	现状方案	差值	松滋口建闸	现状方案	差值
松虎水系	肖家湾	34.87	36.49	34.66	34.61	0.05	8284	8020	264
	南闸上	38.23	38.91	37.71	37.79	−0.08	2850	2957	−107
	南闸下	38.23	38.91	37.71	37.79	−0.08	2850	2957	−107
	中河口	41.10	—	39.88	40.01	−0.13	533	650	−117
	苏支河	41.90	—	40.68	40.77	−0.09	2659	2173	486
	官垸青龙窖	39.58	40.69	39.14	39.23	−0.09	2210	2284	−74
	官垸毛家渡	39.40	—	38.01	38.04	−0.03	2229	2307	−78
	大湖口王守寺	39.75	—	39.47	39.59	−0.12	2008	1989	19
	大湖口小望角	37.53	—	36.69	36.80	−0.11	2001	1977	24
	五里河跛子渡	38.31	—	37.26	37.31	−0.05	955	937	18
	虎渡河新开口	36.45	—	35.85	35.87	−0.02	2918	2947	−29
	安乡河四分局	35.06	—	34.67	34.62	0.05	8285	8021	264

2. 2016年地形条件

（1）澧水洪峰时刻。

1954年7月27日松滋口闸错峰调度情形下，不同方案下的松虎水系水位、流量变化情况。表4-30～表4-32列出了在2016年地形条件下、1954年洪水经三峡水库调蓄后并在分洪条件下，7月27日澧水洪峰时松滋口建闸方案与松滋疏挖方案、现状方案的水位、流量对比结果。

由表4-30中7月27日澧水洪峰时松滋疏挖方案与现状方案对比结果可见，由于松滋河系从松滋口河段至肖家湾河段疏挖1m，使得松滋口过流量增大1078m³/s，水位下降0.15m；由于松滋口过流增加，又使得新江口流量增加1056m³/s，水位抬高0.07m，沙道观流量增加25m³/s，水位抬高0.16m；官垸河流量增加126m³/s，水位抬高0.24m；自治局流量增加321m³/s，水位抬高0.11m；大湖口流量增加103m³/s，水位抬高0.25m；安乡流量增加833m³/s，水位抬高0.05m。

由图4-12各方案松滋口水位流量过程线可见，7月8～10日、7月18～22日，松滋口闸按照最大泄量7100m³/s进行了控制，7月27日，松滋口闸按照松澧安全泄量16000m³/s进行了松澧错峰调度，澧水津市站流量达到11200m³/s时，松滋口闸按照4800m³/s控制，相应松滋口流量削减了2086m³/s。由表4-31中7月27日澧水洪峰时松滋口建闸方案与松滋疏挖方案对比结果可见，澧水洪峰松滋口闸错峰调度时，松虎河系各站水位下降0.00～0.37m，具体变化为：松滋口闸流量减少2086m³/s，闸上水位升高0.36m；新江口流量减少1458m³/s，水位下降0.35m；沙道观流量减少410m³/s，水位下降0.37m；官垸河流量减少70m³/s，水位下降0.12m；自治局流量减少480m³/s，水位下降0.05m；大湖口流量减少67m³/s，水位下降0.16m；安乡流量减少299m³/s，水位不变。

表 4－30　　　　2016 年地形条件下 1954 年典型洪水澧水大水（7 月 27 日）
松滋疏挖方案与现状方案比较（基面：1985 年国家高程基准）

河系	站　名	设计水位（m）	1998 年实测洪峰水位（m）	水位（m）			流量（m³/s）		
				松滋疏挖	现状方案	差值	松滋疏挖	现状方案	差值
长江	沙市	42.88	43.10	41.22	41.37	−0.15	46692	47599	−907
松虎水系	松滋口闸上	46.00	—	44.37	44.52	−0.15	6886	5808	1078
	新江口	43.69	44.10	42.94	42.87	0.07	5146	4090	1056
	沙道观	43.21	43.52	42.23	42.07	0.16	1693	1668	25
	弥陀寺	42.21	42.96	41.14	41.19	−0.05	1846	2099	−253
	津市	41.92	42.92	39.24	39.18	0.06	11200	11200	0
	石龟山	38.78	39.85	38.08	37.95	0.13	7699	7560	139
	官垸	39.55	40.68	39.03	38.79	0.24	1490	1364	126
	汇口	38.81	39.87	38.07	37.82	0.25	1185	1120	65
	自治局	38.36	39.40	37.55	37.44	0.11	3184	2099	1085
	大湖口	38.12	39.14	37.83	37.58	0.25	1872	1786	86
	安乡	37.19	38.25	36.23	36.18	0.05	4707	3874	833
	肖家湾	34.87	36.49	34.99	34.92	0.07	6170	5445	725
	南闸上	38.23	38.91	38.16	37.78	0.38	2173	2118	55
	南闸下	38.23	38.91	38.16	37.78	0.38	2173	2118	55
	中河口	41.10	—	40.14	39.89	0.25	963	651	312
	苏支河	41.90	—	41.03	40.64	0.39	2717	1951	766
	官垸青龙窖	39.58	40.69	39.56	39.21	0.35	1478	1341	137
	官垸毛家渡	39.40	—	38.57	38.47	0.10	1487	1482	5
	大湖口王守寺	39.75	—	39.85	39.52	0.33	1843	1766	77
	大湖口小望角	37.53	—	36.72	36.36	0.36	1665	1975	−310
	五里河跛子渡	38.31	—	37.45	37.39	0.06	1442	2057	−615
	虎渡河新开口	36.45	—	35.99	35.90	0.09	2111	1701	410
	安乡河四分局	35.06	—	35.00	34.93	0.07	6540	5964	576

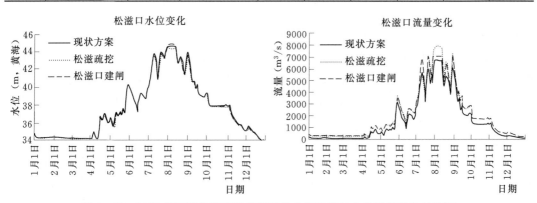

图 4－12　2016 年地形条件下松滋河系各方案松滋口水位流量变化对比图

表 4-31　　2016 年地形条件下 1954 年典型洪水澧水大水松澧错峰调度（7 月 27 日）
松滋口建闸方案与松滋疏挖方案比较（基面：1985 年国家高程基准）

河系	站　名	设计水位（m）	1998年实测洪峰水位（m）	水位（m）			流量（m³/s）		
				松滋口建闸	松滋疏挖	差值	松滋口建闸	松滋疏挖	差值
长江	沙市	42.88	43.10	41.31	41.22	0.09	47206	46692	514
松虎水系	松滋口闸上	46.00	—	44.73	44.37	0.36	4800	6886	−2086
	新江口	43.69	44.10	42.59	42.94	−0.35	3688	5146	−1458
	沙道观	43.21	43.52	41.86	42.23	−0.37	1283	1693	−410
	弥陀寺	42.21	42.96	41.15	41.14	0.01	2023	1846	177
	津市	41.92	42.92	39.11	39.24	−0.13	11200	11200	0
	石龟山	38.78	39.85	38.05	38.08	−0.03	7862	7699	163
	官垸	39.55	40.86	38.91	39.03	−0.12	1420	1490	−70
	汇口	38.81	39.87	37.88	38.07	−0.19	1116	1185	−69
	自治局	38.36	39.40	37.50	37.55	−0.05	2704	3184	−480
	大湖口	38.12	39.14	37.67	37.83	−0.16	1805	1872	−67
	安乡	37.19	38.25	36.23	36.23	0.00	4408	4707	−299
	肖家湾	34.87	36.49	34.99	34.99	0.00	6786	6170	616
	南闸上	38.23	38.91	38.01	38.16	−0.15	2278	2173	105
	南闸下	38.23	38.91	38.01	38.16	−0.15	2278	2173	105
	中河口	41.10		39.95	40.14	−0.19	779	963	−184
	苏支河	41.90	—	40.75	41.03	−0.28	2544	2717	−173
	官垸青龙窖	39.58	40.69	39.37	39.56	−0.19	1354	1478	−124
	官垸毛家渡	39.40		38.50	38.57	−0.07	1510	1487	23
	大湖口王守寺	39.75		39.66	39.85	−0.19	1780	1843	−63
	大湖口小望角	37.53		36.61	36.72	−0.11	2036	1665	371
	五里河跛子渡	38.31		37.54	37.45	0.09	1482	1442	40
	虎渡河新开口	36.45		35.96	35.99	−0.03	1472	2111	−639
	安乡河四分局	35.06		35.00	35.00	0.00	6026	6540	−514

为了进一步分析松滋口建闸控制后，松澧错峰调度时松滋河系水情与现状条件下水情的变化情况，表 4-32 给出了松滋口建闸方案与现状方案对比结果，由此表可见，松滋口闸流量减少 1008m³/s，水位抬高 0.21m，新江口、沙道观、弥陀寺水位下降 0.04～0.28m，松滋河系其他各站水位抬升 0.03～0.25m 之间。

（2）长江来水洪峰时刻。

选用 1954 年经过三峡水库防洪调度后的三峡水库下泄水排沙过程作为模型的上边界，在 2016 年地形条件下，并考虑分洪条件下，开展现状方案、松滋疏挖方案和松滋口建闸方案计算。

表 4-32　　2016 年地形条件下 1954 年典型洪水澧水大水松澧错峰调度（7 月 27 日）
松滋口建闸方案与现状方案比较（基面：1985 年国家高程基准）

河系	站　名	设计水位（m）	1998 年实测洪峰水位（m）	水位（m）			流量（m³/s）		
				松滋口建闸	现状方案	差值	松滋口建闸	现状方案	差值
长江	沙市	42.88	43.10	41.31	41.37	−0.06	47206	47599	−393
松虎水系	松滋口闸上	46.00	—	44.73	44.52	0.21	4800	5808	−1008
	新江口	43.69	44.10	42.59	42.87	−0.28	3688	4090	−402
	沙道观	43.21	43.52	41.86	42.07	−0.21	1283	1668	−385
	弥陀寺	42.21	42.96	41.15	41.19	−0.04	2023	2099	−76
	津市	41.92	42.92	39.11	39.18	−0.07	11200	11200	0
	石龟山	38.78	39.85	38.05	37.95	0.10	7862	7560	302
	官垸	39.55	40.68	38.91	38.79	0.12	1420	1364	56
	汇口	38.81	39.87	37.88	37.82	0.06	1116	1120	−4
	自治局	38.36	39.40	37.50	37.44	0.06	2704	2099	605
	大湖口	38.12	39.14	37.67	37.58	0.09	1805	1786	19
	安乡	37.19	38.25	36.23	36.18	0.05	4408	3874	534
	肖家湾	34.87	36.49	34.99	34.92	0.07	6786	5445	1341
	南闸上	38.23	38.91	38.01	37.78	0.23	2278	2118	160
	南闸下	38.23	38.91	38.01	37.78	0.23	2278	2118	160
	中河口	41.10	—	39.95	39.89	0.06	779	651	128
	苏支河	41.90	—	40.75	40.64	0.11	2544	1951	593
	官垸青龙窖	39.58	40.69	39.37	39.21	0.16	1354	1341	13
	官垸毛家渡	39.40	—	38.50	38.47	0.03	1510	1482	28
	大湖口王守寺	39.75	—	39.66	39.52	0.14	1780	1766	14
	大湖口小望角	37.53	—	36.61	36.36	0.25	2036	1975	61
	五里河跛子渡	38.31	—	37.54	37.39	0.15	1482	2057	−575
	虎渡河新开口	36.45	—	35.96	35.90	0.06	1472	1701	−229
	安乡河四分局	35.06	—	35.00	34.93	0.07	6026	5964	62

　　表 4-33 列出了 2016 年地形、1954 年洪水经三峡水库调蓄后，松滋疏挖方案与现状方案在长江来水洪峰时刻对应松虎河系各站水位、流量洪峰值，由表可见，松滋疏挖后，长江沙市河段水位下降 0.15m，松滋口、太平口洪峰水位有所下降，下降幅度为 0.06～0.15m。由于松滋河系疏挖以后，松滋口过流量增加 1165m³/s，导致松虎河系的水位普遍抬高。各站具体变化如下：松滋口洪峰流量增大 1165m³/s，洪峰水位降低 0.15m，相应沙市水位降低 0.15m；新江口洪峰流量增加 1163m³/s，洪峰水位升高 0.05m，沙道观洪峰流量增加 11m³/s，洪峰水位升高 0.14m，弥陀寺洪峰流量减少 200m³/s，洪峰水位下降 0.06m；苏支河洪峰流量增加 826m³/s，洪峰水位升高 0.35m，中河口洪峰流量增加

342m³/s，洪峰水位升高0.20m，即松滋河入虎渡河洪峰流量增加342m³/s，对应南闸上洪峰流量增加119m³/s，洪峰水位升高0.31m；官垸洪峰流量增加153m³/s，洪峰水位升高0.22m，自治局洪峰流量增加722m³/s，洪峰水位升高0.20m，大湖口洪峰流量增加100m³/s，洪峰水位升高0.19m；安乡洪峰流量增加792m³/s，洪峰水位抬升0.13m，肖家湾洪峰流量增加992m³/s，洪峰水位升高0.09m。

表4-33　　　　　　　　　2016年地形条件下1954年典型洪水长江洪峰时
松滋疏挖方案与现状方案比较（基面：1985年国家高程基准）

河系	站　名	设计水位（m）	1998年实测洪峰水位（m）	水位（m）			流量（m³/s）		
				松滋疏挖	现状方案	差值	松滋疏挖	现状方案	差值
长江	沙市	42.88	43.10	41.32	41.47	−0.15	47239	48157	−918
松虎水系	松滋口闸上	46.00	—	44.40	44.55	−0.15	7948	6783	1165
	新江口	43.69	44.10	42.94	42.89	0.05	5964	4801	1163
	沙道观	43.21	43.52	42.23	42.09	0.14	1993	1982	11
	弥陀寺	42.21	42.96	41.22	41.28	−0.06	2016	2216	−200
	津市	41.92	42.92	38.77	38.68	0.09	6530	6530	0
	石龟山	38.78	39.85	37.59	37.45	0.14	5962	5869	93
	官垸	39.55	40.68	38.72	38.50	0.22	2355	2202	153
	汇口	38.81	39.87	37.58	37.44	0.14	915	913	2
	自治局	38.36	39.40	37.70	37.50	0.20	3109	2387	722
	大湖口	38.12	39.14	37.84	37.65	0.19	2116	2016	100
	安乡	37.19	38.25	36.26	36.13	0.13	5923	5131	792
	肖家湾	34.87	36.49	34.68	34.59	0.09	8832	7840	992
	南闸上	38.23	38.91	37.83	37.52	0.31	2949	2830	119
	南闸下	38.23	38.91	37.83	37.52	0.31	2949	2830	119
	中河口	41.10	—	40.07	39.87	0.20	966	624	342
	苏支河	41.90	—	41.00	40.65	0.35	2985	2159	826
	官垸青龙窖	39.58	40.69	39.39	39.11	0.28	2334	2189	145
	官垸毛家渡	39.40	—	38.13	37.98	0.15	2368	2211	157
	大湖口王守寺	39.75		39.71	39.45	0.26	2122	2027	95
	大湖口小望角	37.53		36.85	36.71	0.14	2110	2008	102
	五里河跛子渡	38.31		37.40	37.26	0.14	912	909	3
	虎渡河新开口	36.45		35.93	35.75	0.18	2991	2814	177
	安乡河四分局	35.06		34.69	34.60	0.09	8833	7841	992

　　表4-34列出了松滋口建闸方案与松滋疏挖方案在长江来水洪峰时松虎河系各站水位、流量洪峰值对比。松滋口建闸按照最大过流量7100m³/s控制，使得松滋口减少过流848m³/s，相应增加了沙市河段流量530m³/s，抬高沙市水位0.09m，相应太平口流量增

表 4-34　　　现状条件下（2006 年地形）1954 年典型洪水长江洪峰时
松滋口建闸方案与松滋疏挖方案比较（基面：1985 年国家高程基准）

河系	站　名	设计水位（m）	1998 年实测洪峰水位（m）	水位（m）			流量（m³/s）		
				松滋口建闸	松滋疏挖	差值	松滋口建闸	松滋疏挖	差值
长江	沙市	42.88	43.10	41.41	41.32	0.09	47769	47239	530
松虎水系	松滋口闸上	46.00	—	44.80	44.40	0.40	7100	7948	−848
	新江口	43.69	44.10	42.53	42.94	−0.41	5439	5964	−525
	沙道观	43.21	43.52	41.78	42.23	−0.45	1724	1993	−269
	弥陀寺	42.21	42.96	41.22	41.22	0.00	2211	2016	195
	津市	41.92	42.92	38.68	38.77	−0.09	6530	6530	0
	石龟山	38.78	39.85	37.44	37.59	−0.15	5828	5962	−134
	官垸	39.55	40.68	38.49	38.72	−0.23	2173	2355	−182
	汇口	38.81	39.87	37.42	37.58	−0.16	961	915	46
	自治局	38.36	39.40	37.47	37.70	−0.23	2901	3109	−208
	大湖口	38.12	39.14	37.59	37.84	−0.25	2110	2116	−6
	安乡	37.19	38.25	36.08	36.26	−0.18	5682	5923	−241
	肖家湾	34.87	36.49	34.63	34.68	−0.05	8221	8832	−611
	南闸上	38.23	38.91	37.60	37.83	−0.23	2774	2949	−175
	南闸下	38.23	38.91	37.60	37.83	−0.23	2774	2949	−175
	中河口	41.10	—	39.79	40.07	−0.28	585	966	−381
	苏支河	41.90	—	40.63	41.00	−0.37	2693	2985	−292
	官垸青龙窖	39.58	40.69	39.09	39.39	−0.30	2158	2334	−176
	官垸毛家渡	39.40	—	37.97	38.13	−0.16	2183	2368	−185
	大湖口王守寺	39.75	—	39.40	39.71	−0.31	2122	2122	0
	大湖口小望角	37.53	—	36.65	36.85	−0.20	2105	2110	−5
	五里河跛子渡	38.31	—	37.21	37.40	−0.19	959	912	47
	虎渡河新开口	36.45	—	35.77	35.93	−0.16	2770	2991	−221
	安乡河四分局	35.06	—	34.64	34.69	−0.05	8222	8833	−611

加 195m³/s，水位基本不变，松虎河系其他各站水位下降 0.05～0.45m。各站具体变化如下：松滋口闸按照天然情况（1998 年三峡调蓄后洪水及 2006 年地形条件现状方案）松滋口最大过流量 7100m³/s 控制，相比松滋疏挖方案，削减洪峰流量 848m³/s，使得松滋口闸上洪峰水位升高 0.40m，达到 44.80m，长江沙市洪峰水位升高 0.09m，达到 41.41m，但比现状方案对应洪峰水位 41.47m 低 0.06m；新江口洪峰流量减少 525m³/s，洪峰水位降低 0.41m，沙道观洪峰流量减少 269m³/s，洪峰水位降低 0.45m；弥陀寺洪峰流量增加 195m³/s，洪峰水位基本不变；苏支河洪峰流量减少 292m³/s，洪峰水位降低 0.37m，中河口洪峰流量减少 281m³/s，洪峰水位降低 0.28m，即松滋河入虎渡河洪峰流量减少

381m³/s，对应南闸上洪峰流量减少 175m³/s，洪峰水位降低 0.23m；官垸洪峰流量减少 182m³/s，洪峰水位降低 0.23m，自治局洪峰流量减少 208m³/s，洪峰水位降低 0.23m，大湖口洪峰流量减少 6m³/s，洪峰水位降低 0.25m；安乡洪峰流量减少 241m³/s，洪峰水位降低 0.18m，肖家湾洪峰流量减少 611m³/s，洪峰水位降低 0.05m。

为了分析松滋河系在疏挖基础上松滋口建闸后松滋河系水情较松滋河系现状条件下的变化情况，表 4-35 列出了松滋口建闸方案与现状方案在长江来水洪峰时松虎河系各站水位、流量洪峰对比值。松滋口建闸按照最大过流量 7100m³/s 控制，与现状方案相比，松滋口洪峰水位升高 0.25m；又由于新江口河段疏挖 1.0m，其洪峰流量增加 638m³/s，洪

表 4-35　　　现状条件下（2006 年地形）1954 年典型洪水长江洪峰时
松滋口建闸方案与现状方案比较（基面：1985 年国家高程基准）

河系	站 名	设计水位（m）	1998 年实测洪峰水位（m）	水位（m）			流量（m³/s）		
				松滋口建闸	现状方案	差值	松滋口建闸	现状方案	差值
长江	沙市	42.88	43.10	41.41	41.47	−0.06	47769	48157	−388
松虎水系	松滋口闸上	46.00	—	44.80	44.55	0.25	7100	6783	317
	新江口	43.69	44.10	42.53	42.89	−0.36	5439	4801	638
	沙道观	43.21	43.52	41.78	42.09	−0.31	1724	1982	−258
	弥陀寺	42.21	42.96	41.22	41.28	−0.06	2211	2216	−5
	津市	41.92	42.92	38.68	38.68	0.00	6530	6530	0
	石龟山	38.78	39.85	37.44	37.45	−0.01	5828	5869	−41
	官垸	39.55	40.68	38.49	38.50	−0.01	2173	2202	−29
	汇口	38.81	39.87	37.42	37.44	−0.02	961	913	48
	自治局	38.36	39.40	37.47	37.50	−0.03	2901	2387	514
	大湖口	38.12	39.14	37.59	37.65	−0.06	2110	2016	94
	安乡	37.19	38.25	36.08	36.13	−0.05	5682	5131	551
	肖家湾	34.87	36.49	34.63	34.59	0.04	8221	7840	381
	南闸上	38.23	38.91	37.60	37.52	0.08	2774	2830	−56
	南闸下	38.23	38.91	37.60	37.52	0.08	2774	2830	−56
	中河口	41.10	—	39.79	39.87	−0.08	585	624	−39
	苏支河	41.90	—	40.63	40.65	−0.02	2693	2159	534
	官垸青龙窖	39.58	40.69	39.09	39.11	−0.02	2158	2189	−31
	官垸毛家渡	39.40	—	37.97	37.98	−0.01	2183	2211	−28
	大湖口王守寺	39.75	—	39.40	39.45	−0.05	2122	2027	95
	大湖口小望角	37.53	—	36.65	36.71	−0.06	2105	2008	97
	五里河跛子渡	38.31	—	37.21	37.26	−0.05	959	909	50
	虎渡河新开口	36.45	—	35.77	35.75	0.02	2770	2814	−44
	安乡河四分局	35.06	—	34.64	34.60	0.04	8222	7841	381

110

峰水位降低 0.36m，沙道观洪峰流量减少 258m³/s，洪峰水位降低 0.31m，弥陀寺洪峰流量减少 5m³/s，洪峰水位下降 0.06m；苏支河洪峰水位下降 0.02m，中河口洪峰流量减少 39m³/s，洪峰水位降低 0.08m，即松滋河入虎渡河洪峰流量减少 39m³/s，对应南闸上洪峰流量减少 56m³/s，洪峰水位抬升 0.08m。官垸洪峰流量减少 29m³/s，洪峰水位下降 0.01m，自治局洪峰水位降低 0.03m，大湖口洪峰水位降低 0.06m；安乡洪峰水位降低 0.05m，肖家湾洪峰流量增加 381m³/s，洪峰水位升高 0.04m。总体来说，各疏挖河段过流量增加，在闸控条件下，各站水位较现状变化不大。

3. 2026 年地形条件

(1) 澧水洪峰时刻。

1954 年 7 月 27 日松滋口闸错峰调度情形下不同方案下的松虎水系水位、流量变化情况。表 4-36～表 4-38 列出了在 2026 年地形条件下，1954 年洪水经三峡水库调蓄后，并考虑分洪条件，7 月 27 日澧水洪峰时松滋口建闸方案与松滋疏挖方案、现状方案水位、流量对比结果。

由表 4-36 中 7 月 27 日澧水洪峰时松滋疏挖方案与现状方案对比结果可见，由于松滋河系从松滋口河段至肖家湾河段疏挖 1m，使得松滋口过流量增大 1042m³/s，水位下降 0.15m；由于松滋口过流增加，又使得新江口流量增加 1015m³/s，水位抬高 0.07m，沙道观流量增加 29m³/s，水位抬高 0.14m；官垸河流量增加 115m³/s，水位抬高 0.32m；自治局流量增加 386m³/s，水位抬高 0.46m；大湖口流量增加 63m³/s，水位抬高 0.36m；安乡流量增加 425m³/s，水位抬高 0.44m，其余各站水位抬升幅度为 0.07～0.47m。

表 4-36　　　　2026 年地形条件下 1954 年典型洪水澧水大水（7 月 27 日）
松滋疏挖方案与现状方案比较（基面：1985 年国家高程基准）

河系	站　名	设计水位（m）	1998 年实测洪峰水位（m）	水位（m）			流量（m³/s）		
				松滋疏挖	现状方案	差值	松滋疏挖	现状方案	差值
长江	沙市	42.88	43.10	41.07	41.22	−0.15	46947	47886	−939
松虎水系	松滋口闸上	46.00	—	44.24	44.39	−0.15	6672	5630	1042
	新江口	43.69	44.10	42.79	42.72	0.07	5007	3992	1015
	沙道观	43.21	43.52	42.07	41.93	0.14	1618	1589	29
	弥陀寺	42.21	42.96	40.99	41.07	−0.08	1774	1993	−219
	津市	41.92	42.92	39.23	39.10	0.13	11200	11200	0
	石龟山	38.78	39.85	38.17	37.88	0.29	7491	7377	114
	官垸	39.55	40.68	39.03	38.71	0.32	1339	1224	115
	汇口	38.81	39.87	37.88	37.54	0.34	1431	1358	73
	自治局	38.36	39.40	37.70	37.24	0.46	2835	2449	386
	大湖口	38.12	39.14	37.85	37.49	0.36	1884	1821	63
	安乡	37.19	38.25	36.45	36.01	0.44	4930	4505	425
	肖家湾	34.87	36.49	34.98	34.91	0.07	6659	5748	911

河系	站　名	设计水位（m）	1998年实测洪峰水位（m）	水位（m）			流量（m³/s）		
				松滋疏挖	现状方案	差值	松滋疏挖	现状方案	差值
松虎水系	南闸上	38.23	38.91	38.07	37.66	0.41	2030	1971	59
	南闸下	38.23	38.91	38.07	37.66	0.41	2030	1971	59
	中河口	41.10	—	40.02	39.78	0.24	972	675	297
	苏支河	41.90	—	40.90	40.54	0.36	2667	1909	758
	官垸青龙窖	39.58	40.69	39.47	39.13	0.34	1309	1203	106
	官垸毛家渡	39.40	—	38.62	38.33	0.29	1493	1251	242
	大湖口王守寺	39.75	—	39.74	39.43	0.31	1866	1792	74
	大湖口小望角	37.53	—	36.77	36.30	0.47	2153	1777	376
	五里河陂子渡	38.31	—	37.34	37.00	0.34	2141	2047	94
	虎渡河新开口	36.45	—	36.13	35.75	0.38	1873	2132	−259
	安乡河四分局	35.06	—	34.99	34.92	0.07	6659	5748	911

由图4-13各方案松滋口水位流量过程线可见，7月8~10日、7月18~22日，松滋口闸按照最大泄量7100m³/s进行了控制，7月27日，松滋口闸按照松澧安全泄量16000m³/s进行了松澧错峰调度，澧水津市站流量达到11200m³/s时，松滋口闸按照4800m³/s控制，相应松滋口流量削减了1872m³/s。由表4-37中7月27日澧水洪峰时松滋口建闸方案与松滋疏挖方案对比结果可见，澧水洪峰松滋口闸错峰调度时，松虎河系各站水位下降0.00~0.26m，具体变化为：松滋口闸流量减少1872m³/s，闸上水位升高0.27m；新江口流量减少1299m³/s，水位下降0.25m；沙道观流量减少356m³/s，水位下降0.26m；官垸河流量减少12m³/s，水位下降0.13m；自治局流量减少205m³/s，水位下降0.21m；大湖口流量减少22m³/s，水位下降0.17m；安乡流量减少129m³/s，水位下降0.22m。

表4-37　2026年地形条件下1954年典型洪水澧水大水松澧错峰调度（7月27日）
松滋口建闸方案与松滋疏挖方案比较（基面：1985年国家高程基准）

河系	站　名	设计水位（m）	1998年实测洪峰水位（m）	水位（m）			流量（m³/s）		
				松滋口建闸	松滋疏挖	差值	松滋口建闸	松滋疏挖	差值
长江	沙市	42.88	43.10	41.13	41.07	0.06	47323	46947	376
松虎水系	松滋口闸上	46.00	—	44.51	44.24	0.27	4800	6672	−1872
	新江口	43.69	44.10	42.54	42.79	−0.25	3708	5007	−1299
	沙道观	43.21	43.52	41.81	42.07	−0.26	1262	1618	−356
	弥陀寺	42.21	42.96	41.01	40.99	0.02	1882	1774	108
	津市	41.92	42.92	39.23	39.23	0.00	11200	11200	0

河系	站　名	设计水位（m）	1998 年实测洪峰水位（m）	水位（m）			流量（m³/s）		
				松滋口建闸	松滋疏挖	差值	松滋口建闸	松滋疏挖	差值
松虎水系	石龟山	38.78	39.85	38.05	38.17	−0.12	7659	7491	168
	官垸	39.55	40.68	38.90	39.03	−0.13	1327	1339	−12
	汇口	38.81	39.87	37.88	37.88	0.00	1198	1431	−233
	自治局	38.36	39.40	37.49	37.70	−0.21	2630	2835	−205
	大湖口	38.12	39.14	37.68	37.85	−0.17	1862	1884	−22
	安乡	37.19	38.25	36.23	36.45	−0.22	4801	4930	−129
	肖家湾	34.87	36.49	34.97	34.98	−0.01	6408	6659	−251
	南闸上	38.23	38.91	37.95	38.07	−0.12	2126	2030	96
	南闸下	38.23	38.91	37.95	38.07	−0.12	2126	2030	96
	中河口	41.10	—	39.89	40.02	−0.13	859	972	−113
	苏支河	41.90	—	40.70	40.90	−0.20	2564	2667	−103
	官垸青龙窖	39.58	40.69	39.34	39.47	−0.13	1276	1309	−33
	官垸毛家渡	39.40	—	38.55	38.62	−0.07	1473	1493	−20
	大湖口王守寺	39.75	—	39.61	39.74	−0.13	1831	1866	−35
	大湖口小望角	37.53	—	36.70	36.77	−0.07	2187	2153	34
	五里河跛子渡	38.31	—	37.59	37.34	0.25	1438	2141	−703
	虎渡河新开口	36.45	—	35.98	36.13	−0.15	1731	1873	−142
	安乡河四分局	35.06	—	34.98	34.99	−0.01	6407	6659	−252

为了进一步分析松滋口建闸控制后松虎河系水情与现状条件下水情的变化情况，表 4-38 给出了松滋口建闸方案与现状方案对比结果，由此表可见，松滋口闸流量减少 830m³/s，水位抬高 0.12m，新江口、沙道观、弥陀寺水位下降 0.06～0.18m，由于松滋口建闸方案中包括了松滋中支疏挖 1.0m，使得错峰调度前松滋河系进洪量增大，与 6 月 25 日泄水日均洪峰流量 11700m³/s 叠加，松虎河系各站水位升高 0.06～0.62m，并使得 7 月 27 日错峰调度后松虎河系除安乡河四分局站和肖家湾站外其他各站水位仍抬升 0.06～0.59m，但绝对水位均小于设计水位。

（2）长江来水洪峰时刻。

选用 1954 年经过三峡水库防洪调度后的泄水排沙过程作为模型的上边界，在 2026 年地形条件下，并考虑分洪条件下，开展现状方案、松滋疏挖方案和松滋口建闸方案计算。

表 4-39 列出了 2026 年地形、1954 年洪水经三峡水库调蓄后，松滋疏挖方案与现状方案在长江来水洪峰时刻对应松虎河系各站水位、流量洪峰值，由表可见，松滋疏挖后，长江沙市河段水位下降 0.15m，松滋口、太平口洪峰水位有所下降，下降幅度为 0.08～0.17m。由于松滋河系疏挖以后，松滋口过流量增加 1154m³/s，导致松虎河系的水位普遍抬高。各站具体变化如下：松滋口洪峰流量增大 1154m³/s，洪峰水位降低 0.17m，相应

表 4-38　　2026 年地形条件下 1954 年典型洪水澧水大水松澧错峰调度（7 月 27 日）
松滋口建闸方案与现状方案比较（基面：1985 年国家高程基准）

河系	站　　名	设计水位（m）	1998 年实测洪峰水位（m）	水位（m）			流量（m³/s）		
				松滋口建闸	现状方案	差值	松滋口建闸	现状方案	差值
长江	沙市	42.88	43.10	41.13	41.22	−0.09	47323	47886	−563
松虎水系	松滋口闸上	46.00	—	44.51	44.39	0.12	4800	5630	−830
	新江口	43.69	44.10	42.54	42.72	−0.18	3708	3992	−284
	沙道观	43.21	43.52	41.81	41.93	−0.12	1262	1589	−327
	弥陀寺	42.21	42.96	41.01	41.07	−0.06	1882	1993	−111
	津市	41.92	42.92	39.23	39.10	0.13	11200	11200	0
	石龟山	38.78	39.85	38.05	37.88	0.17	7659	7377	282
	官垸	39.55	40.68	38.90	38.71	0.19	1327	1224	103
	汇口	38.81	39.87	37.88	37.54	0.34	1198	1358	−160
	自治局	38.36	39.40	37.49	37.24	0.25	2630	2449	181
	大湖口	38.12	39.14	37.68	37.49	0.19	1862	1821	41
	安乡	37.19	38.25	36.23	36.01	0.22	4801	4505	296
	肖家湾	34.87	36.49	34.97	34.91	0.06	6408	5748	660
	南闸上	38.23	38.91	37.95	37.66	0.29	2126	1971	155
	南闸下	38.23	38.91	37.95	37.66	0.29	2126	1971	155
	中河口	41.10	—	39.89	39.78	0.11	859	675	184
	苏支河	41.90		40.70	40.54	0.16	2564	1909	655
	官垸青龙窖	39.58	40.69	39.34	39.13	0.21	1276	1203	73
	官垸毛家渡	39.40	—	38.55	38.33	0.22	1473	1251	222
	大湖口王守寺	39.75		39.61	39.43	0.18	1831	1792	39
	大湖口小望角	37.53		36.70	36.30	0.40	2187	1777	410
	五里河跛子渡	38.31		37.59	37.00	0.59	1438	2047	−609
	虎渡河新开口	36.45		35.98	35.75	0.23	1731	2132	−401
	安乡河四分局	35.06		34.98	34.92	0.06	6407	5748	659

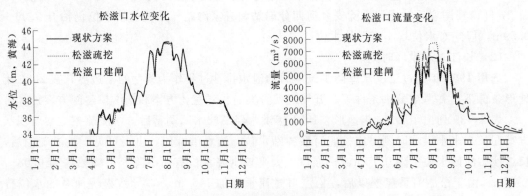

图 4-13　2026 年地形条件下松滋河系各方案松滋口水位流量变化对比图

114

沙市水位降低 0.15m；新江口洪峰流量增加 1182m³/s，洪峰水位升高 0.03m，沙道观洪峰流量减少 23m³/s，洪峰水位升高 0.12m，弥陀寺洪峰流量减少 205m³/s，洪峰水位下降 0.08m；苏支河洪峰流量增加 824m³/s，洪峰水位升高 0.34m，中河口洪峰流量增加 339m³/s，洪峰水位升高 0.19m，即松滋河入虎渡河洪峰流量增加 339m³/s，对应南闸上洪峰流量增加 149m³/s，洪峰水位升高 0.21m；官垸洪峰流量增加 117m³/s、洪峰水位升高 0.21m，自治局洪峰流量增加 695m³/s、洪峰水位升高 0.18m，大湖口洪峰流量增加 43m³/s、洪峰水位升高 0.18m³/s；安乡洪峰流量增加 752m³/s、洪峰水位降低 0.12m，肖家湾洪峰流量增加 968m³/s、洪峰水位升高 0.10m。

表 4-39　　2026 年地形条件下 1954 年典型洪水长江洪峰时
松滋疏挖方案与现状方案比较（基面：1985 年国家高程基准）

河系	站名	设计水位（m）	1998 年实测洪峰水位（m）	水位（m）			流量（m³/s）		
				松滋疏挖	现状方案	差值	松滋疏挖	现状方案	差值
长江	沙市	42.88	43.10	41.49	41.64	−0.15	46990	47917	−927
松虎水系	松滋口闸上	46.00	—	44.48	44.65	−0.17	8091	6937	1154
	新江口	43.69	44.10	43.05	43.02	0.03	6054	4872	1182
	沙道观	43.21	43.52	42.35	42.23	0.12	2049	2072	−23
	弥陀寺	42.21	42.96	41.36	41.44	−0.08	2102	2307	−205
	津市	41.92	42.92	38.81	38.72	0.09	6530	6530	0
	石龟山	38.78	39.85	37.64	37.50	0.14	6076	5965	111
	官垸	39.55	40.68	38.80	38.59	0.21	2416	2299	117
	汇口	38.81	39.87	37.64	37.49	0.15	904	939	−35
	自治局	38.36	39.40	37.79	37.61	0.18	3186	2491	695
	大湖口	38.12	39.14	37.94	37.76	0.18	2026	1983	43
	安乡	37.19	38.25	36.33	36.21	0.12	5947	5195	752
	肖家湾	34.87	36.49	34.71	34.61	0.10	8988	8020	968
	南闸上	38.23	38.91	38.00	37.79	0.21	3106	2957	149
	南闸下	38.23	38.91	38.00	37.79	0.21	3106	2957	149
	中河口	41.10	—	40.20	40.01	0.19	989	650	339
	苏支河	41.90	—	41.11	40.77	0.34	2997	2173	824
	官垸青龙窖	39.58	40.69	39.49	39.23	0.26	2392	2284	108
	官垸毛家渡	39.40	—	38.19	38.04	0.15	2430	2307	123
	大湖口王守寺	39.75	—	39.82	39.59	0.23	2036	1989	47
	大湖口小望角	37.53	—	36.92	36.80	0.12	2018	1977	41
	五里河跛子渡	38.31	—	37.47	37.31	0.16	901	937	−36
	虎渡河新开口	36.45	—	36.00	35.87	0.13	3167	2947	220
	安乡河四分局	35.06	—	34.72	34.62	0.10	8990	8021	969

表4-40列出了松滋口建闸方案与松滋疏挖方案在长江来水洪峰时松虎河系各站水位、流量洪峰值对比。松滋口建闸按照最大过流量7100m³/s控制，使得松滋口减少过流991m³/s，相应增加了沙市河段流量652m³/s，抬高沙市水位0.11m，相应太平口流量增加228m³/s，抬高水位0.02m，松虎河系其他各站水位下降0.05～0.52m。各站具体变化如下：松滋口闸按照天然情况（1998年三峡调蓄后洪水及2006年地形条件现状方案）松滋口最大过流量7100m³/s控制，相比松滋疏挖方案，削减洪峰流量991m³/s，使得松滋口闸上洪峰水位升高0.47m，达到44.95，长江沙市洪峰水位升高0.11m，达到41.6m，但比现状方案对应洪峰水位41.49m高0.11m；新江口洪峰流量减少642m³/s，洪峰水位降低0.46m，沙道观洪峰流量减少296m³/s，洪峰水位降低0.52m；弥陀寺洪峰流量增加228m³/s，洪峰水位升高0.02m；苏支河洪峰流量减少338m³/s，洪峰水位降低0.43m，中河口洪峰流量减少456m³/s，洪峰水位降低0.32m，即松滋河入虎渡河洪峰流量减少456m³/s，对应南闸上洪峰流量减少256m³/s，洪峰水位降低0.29m；官垸洪峰流量减少194m³/s，洪峰水位降低0.27m，自治局洪峰流量减少211m³/s，洪峰水位降低0.27m，大湖口洪峰流量减少25m³/s，洪峰水位降低0.29m³/s；安乡洪峰流量减少281m³/s，洪峰水位降低0.21m；肖家湾洪峰流量减少704m³/s，洪峰水位降低0.05m。

表4-40　　　　　　　　2026年地形条件下1954年典型洪水长江洪峰时
松滋口建闸方案与松滋疏挖方案比较（基面：1985年国家高程基准）

河系	站　名	设计水位（m）	1998年实测洪峰水位（m）	水位（m）			流量（m³/s）		
				松滋口建闸	松滋疏挖	差值	松滋口建闸	松滋疏挖	差值
长江	沙市	42.88	43.10	41.60	41.49	0.11	47642	46990	652
松虎水系	松滋口闸上	46.00	—	44.95	44.48	0.47	7100	8091	−991
	新江口	43.69	44.10	42.59	43.05	−0.46	5412	6054	−642
	沙道观	43.21	43.52	41.83	42.35	−0.52	1753	2049	−296
	弥陀寺	42.21	42.96	41.38	41.36	0.02	2330	2102	228
	津市	41.92	42.92	38.71	38.81	−0.10	6530	6530	0
	石龟山	38.78	39.85	37.47	37.64	−0.17	5897	6076	−179
	官垸	39.55	40.68	38.53	38.80	−0.27	2222	2416	−194
	汇口	38.81	39.87	37.46	37.64	−0.18	958	904	54
	自治局	38.36	39.40	37.52	37.79	−0.27	2975	3186	−211
	大湖口	38.12	39.14	37.65	37.94	−0.29	2001	2026	−25
	安乡	37.19	38.25	36.12	36.33	−0.21	5666	5947	−281
	肖家湾	34.87	36.49	34.66	34.71	−0.05	8284	8988	−704
	南闸上	38.23	38.91	37.71	38.00	−0.29	2850	3106	−256
	南闸下	38.23	38.91	37.71	38.00	−0.29	2850	3106	−256
	中河口	41.10	—	39.88	40.20	−0.32	533	989	−456
	苏支河	41.90		40.68	41.11	−0.43	2659	2997	−338

河系	站　名	设计水位（m）	1998年实测洪峰水位（m）	水位（m）			流量（m³/s）		
				松滋口建闸	松滋疏挖	差值	松滋口建闸	松滋疏挖	差值
松虎水系	官垸青龙窖	39.58	40.69	39.14	39.49	−0.35	2210	2392	−182
	官垸毛家渡	39.40	—	38.01	38.19	−0.18	2229	2430	−201
	大湖口王守寺	39.75	—	39.47	39.82	−0.35	2008	2036	−28
	大湖口小望角	37.53	—	36.69	36.92	−0.23	2001	2018	−17
	五里河跛子渡	38.31	—	37.26	37.47	−0.21	955	901	54
	虎渡河新开口	36.45	—	35.85	36.00	−0.15	2918	3167	−249
	安乡河四分局	35.06	—	34.67	34.72	−0.05	8285	8990	−705

　　为了分析松滋河系在疏挖基础上松滋口建闸后松滋河系水情较松滋河系现状条件下的变化情况，表4-41列出了松滋口建闸方案与现状方案在长江来水洪峰时松虎河系各站水位、流量洪峰对比值。松滋口建闸按照最大过流量7100m³/s控制，与现状方案相比，松滋口闸上洪峰水位升高0.30m；又由于新江口河段疏挖，其洪峰流量增加540m³/s，洪峰水位降低0.43m，沙道观洪峰流量减少319m³/s，洪峰水位降低0.40m，弥陀寺洪峰流量增加23m³/s、洪峰水位下降0.06m；苏支河洪峰水位下降0.13m，中河口洪峰流量减少117m³/s，洪峰水位降低0.13m，南闸上洪峰流量减少107m³/s，洪峰水位降低0.08m。官垸洪峰流量减少77m³/s，洪峰水位下降0.06m，自治局洪峰水位降低0.09m，大湖口洪峰水位降低0.11m；安乡洪峰水位降低0.09m，肖家湾洪峰水位升高0.05m。总体来说，各疏挖河段过流量增加，在闸控条件下，各站水位较现状变化不大，变幅在−0.13～0.05m。

表4-41　　　　　　　2026年地形条件下1954年典型洪水长江洪峰时
松滋口建闸方案与现状方案比较（基面：1985年国家高程基准）

河系	站　名	设计水位（m）	1998年实测洪峰水位（m）	水位（m）			流量（m³/s）		
				松滋口建闸	现状方案	差值	松滋口建闸	现状方案	差值
长江	沙市	42.88	43.10	41.60	41.64	−0.04	47642	47917	−275
松虎水系	松滋口闸上	46.00	—	44.95	44.65	0.30	7100	6937	163
	新江口	43.69	44.10	42.59	43.02	−0.43	5412	4872	540
	沙道观	43.21	43.52	41.83	42.23	−0.40	1753	2072	−319
	弥陀寺	42.21	42.96	41.38	41.44	−0.06	2330	2307	23
	津市	41.92	42.92	38.71	38.72	−0.01	6530	6530	0
	石龟山	38.78	39.85	37.47	37.50	−0.03	5897	5965	−68
	官垸	39.55	40.68	38.53	38.59	−0.06	2222	2299	−77
	汇口	38.81	39.87	37.46	37.49	−0.03	958	939	19

河系	站　名	设计水位（m）	1998年实测洪峰水位（m）	水位（m）			流量（m³/s）		
				松滋口建闸	现状方案	差值	松滋口建闸	现状方案	差值
松虎水系	自治局	38.36	39.40	37.52	37.61	−0.09	2975	2491	484
	大湖口	38.12	39.14	37.65	37.76	−0.11	2001	1983	18
	安乡	37.19	38.25	36.12	36.21	−0.09	5666	5195	471
	肖家湾	34.87	36.49	34.66	34.61	0.05	8284	8020	264
	南闸上	38.23	38.91	37.71	37.79	−0.08	2850	2957	−107
	南闸下	38.23	38.91	37.71	37.79	−0.08	2850	2957	−107
	中河口	41.10	—	39.88	40.01	−0.13	533	650	−117
	苏支河	41.90	—	40.68	40.77	−0.09	2659	2173	486
	官垸青龙窖	39.58	40.69	39.14	39.23	−0.09	2210	2284	−74
	官垸毛家渡	39.40	—	38.01	38.04	−0.03	2229	2307	−78
	大湖口王守寺	39.75	—	39.47	39.59	−0.12	2008	1989	19
	大湖口小望角	37.53	—	36.69	36.80	−0.11	2001	1977	24
	五里河跛子渡	38.31	—	37.26	37.31	−0.05	955	937	18
	虎渡河新开口	36.45	—	35.85	35.87	−0.02	2918	2947	−29
	安乡河四分局	35.06	—	34.67	34.62	0.05	8285	8021	264

4.2.4.3　1935年典型洪水

1935年7月5日澧水来流30580m³/s与长江7月5～6日洪峰相遇，松滋口闸控实现澧水与长江洪水错峰调度，使得松虎水系各站水位降低0.27～0.93m，南嘴水位降低0.18～0.35m。

表4-42与表4-43的计算结果趋势类似。从表4-42和表4-43看出，若长江洪峰与澧水洪峰遭遇，按目前松滋口闸控条件，有利于降低四口河系和湖区水位。

表4-42　相应澧水洪峰时刻1935年7月5日各站水位（m，基面：1985年国家高程基准）

站名	现状	现状建闸	现状建闸与现状水位差	2016年	2016年建闸	2016年建闸与2016年水位差	2026年	2026年建闸	2026年建闸与2026年水位差
枝城	47.92	46.88	−1.04	46.69	46.59	−0.1	46.54	46.92	0.38
沙市	42.51	41.99	−0.52	41.55	41.79	0.24	41.12	41.6	0.48
监利	36.04	35.72	−0.32	36.06	36.15	0.09	35.72	35.89	0.17
螺山	32.86	32.73	−0.13	32.94	32.88	−0.06	33.03	33.02	−0.01
安乡	38.58	37.65	−0.93	38.08	37.5	−0.58	38.01	37.4	−0.61
汇口	39.85	39.22	−0.63	39.51	39.11	−0.4	39.46	39.03	−0.43
石龟山	39.69	39.22	−0.47	39.4	39.13	−0.27	39.36	39.07	−0.29
肖家湾	36.41	35.88	−0.53	36.24	35.92	−0.32	36.27	35.92	−0.35
南嘴	35.73	35.38	−0.35	35.6	35.42	−0.18	35.61	35.41	−0.2
注滋口	34.42	34.23	−0.19	34.47	34.44	−0.03	34.46	34.45	−0.01

表 4 - 43　　　　1935 年 7 月 6 日左右各站洪峰水位（m，基面：1985 年国家高程基准）

站名	现状	现状建闸	现状建闸与现状水位差	2016 年	2016 年建闸	2016 年建闸与2016 年水位差	2026 年	2026 年建闸	2026 年建闸与2026 年水位差
枝城	48.11	47.8	−0.31	46.89	46.63	−0.26	46.75	46.92	0.17
沙市	42.88	42.64	−0.24	41.94	41.85	−0.09	41.51	41.76	0.25
监利	37.32	36.85	−0.47	37.3	37.06	−0.24	37.05	36.89	−0.16
螺山	35.03	34.3	−0.73	35.05	34.67	−0.38	35.08	34.84	−0.24
汉口	29.67	29.26	−0.41	29.73	28.52	−1.21	29.79	29.66	−0.13
石龟山	39.69	39.22	−0.47	39.4	39.13	−0.27	39.36	39.07	−0.29
汇口	39.85	39.22	−0.63	39.51	39.11	−0.4	39.46	39.03	−0.43
安乡	38.67	37.65	−1.02	38.28	37.61	−0.67	38.2	37.65	−0.55
肖家湾	37.51	36.73	−0.78	37.32	36.91	−0.41	37.28	37.03	−0.25
南嘴	37.11	36.36	−0.75	36.95	36.57	−0.38	36.89	36.68	−0.21
注滋口	36.22	35.55	−0.67	36.21	35.86	−0.35	36.17	35.96	−0.21

4.3　藕池口建闸方案的防洪效果分析

在 2006 年实测地形资料的基础上，选取 90 系列经三峡水库调蓄后的宜昌水沙过程和 90 系列洞庭湖四水水沙过程作为方案计算水沙边界条件，并以 10 年为一循环，运用上述所建四口河系水沙数学模型，预测计算现状条件及方案条件下三峡水库运用四口河道冲淤变化及四口分流分沙变化。

方案条件涉及藕池口建闸方案、藕池东支疏挖方案。其中，藕池东支疏挖方案（简称藕池疏挖）：藕池东支（藕池口至注滋口）疏挖 1.0m，具体疏挖河段为藕池口门河段、管家铺河段、梅田湖河河、北景港至注滋口河段。

4.3.1　藕池口建闸方案冲淤变化分析

在 2006 年地形条件下，采用 90 水沙系列循环计算 2006～2016 年（10 年）、2006～2026 年（20 年）、2006～2036 年（30 年）藕池口建闸方案、藕池疏挖方案和现状方案藕池河系各河段冲淤变化情况。

表 4 - 44 列出了藕池口建闸方案、藕池疏挖方案及现状方案的 30 年冲淤变化结果。由表 4 - 44 可见，藕池口建闸方案条件下，藕池河系湖北境内的藕池口河段河道冲刷，2006～2016 年冲刷量为 52 万 m³，2017～2026 年冲刷量为 39 万 m³，2027～2036 年冲刷量为 32 万 m³；藕池东支、中支、西支普遍淤积，但淤积趋势减缓，2006～2016 年分别淤积 96.40 万 m³、168.80 万 m³、52.40 万 m³，2017～2026 年分别淤积 89.50 万 m³、147.42 万 m³、45.00 万 m³，2027～2036 年分别淤积 72.90 万 m³、123.36 万 m³、36.70 万 m³。

由表 4 - 44 可见，藕池疏挖方案与现状方案相比，总体来说，藕池疏挖方案的冲淤趋势与藕池水系现状冲淤趋势一致，藕池口门段仍表现为冲刷，藕池西支、藕池中支和藕池东支仍表现为淤积，具体泥沙冲淤结果如下：藕池河系口门段冲刷有所增加，2006～2016 年，

表 4-44　　　　三峡水库运用后藕池口建闸方案四口河道冲淤变化比较

河段名称		河段编码	现状方案冲淤量（万 m³）			藕池疏挖方案冲淤量（万 m³）			藕池口建闸方案冲淤量（万 m³）		
			2006～2016 年	2017～2026 年	2027～2036 年	2006～2016 年	2017～2026 年	2027～2036 年	2006～2016 年	2017～2026 年	2027～2036 年
松虎水系	口门段	1	−40.00	−39.00	−39.00	−40.00	−38.00	−39.00	−40.00	−38.00	−38.00
	松滋河西支	2	−80.50	−80.70	−80.90	−80.50	−75.70	−84.80	−79.50	−75.80	−83.80
		3	−66.00	−67.60	−69.40	−66.00	−69.00	−63.00	−68.00	−70.00	−68.00
		4	34.70	29.00	24.10	34.70	29.00	24.20	34.70	29.00	23.90
		5	−4.60	−3.80	−3.00	−4.60	−3.80	−3.00	−4.60	−3.80	−3.00
		小计	−116.40	−123.10	−129.20	−116.40	−119.50	−126.60	−117.40	−120.60	−130.90
	松滋河东支	7	12.60	8.90	5.80	12.50	9.00	5.70	12.70	9.00	5.70
		9	7.60	6.90	6.00	7.80	6.90	6.00	7.60	6.90	6.00
		10	6.70	6.00	4.90	6.90	5.90	5.00	6.80	6.00	4.80
		11	6.40	5.30	4.40	6.40	5.30	4.40	6.40	5.30	4.40
		12	1.10	1.00	0.90	1.10	1.00	0.90	1.10	1.00	0.90
		13	3.70	3.40	2.90	3.80	3.50	3.00	3.70	3.40	3.00
		15	−73.50	−70.50	−67.00	−72.10	−69.00	−66.90	−71.70	−67.40	−67.80
		小计	−35.40	−39.00	−42.10	−33.60	−37.40	−41.90	−33.40	−35.80	−43.00
	官垸河	6	35.80	29.30	27.00	35.80	30.00	27.00	35.80	29.80	26.80
		28	6.10	5.40	4.50	6.10	5.40	4.50	6.10	5.40	4.50
		小计	41.90	34.70	31.50	41.90	35.40	31.50	41.90	35.20	31.30
	自治局河	18	76.10	52.00	28.70	76.30	49.80	24.40	75.80	50.10	26.70
		20	−6.00	−5.00	−5.00	−6.00	−5.00	−5.00	−6.00	−5.00	−5.00
	大湖口河	17	−285.40	−252.00	−225.30	−286.30	−251.70	−223.70	−284.20	−250.70	−223.40
	安乡河	21	−60.30	−56.80	−52.90	−60.30	−56.70	−55.00	−60.30	−55.60	−53.00
	莲支河	8	3.20	2.50	1.90	3.20	2.40	1.80	3.20	2.40	1.80
	苏支河	14	−6.20	−7.80	−7.90	−6.00	−8.20	−7.90	−6.00	−8.00	−7.60
	瓦窑河	16	4.50	4.40	4.10	4.50	4.40	4.10	4.50	4.50	4.00
	五里河	19	−1.70	−1.60	−1.80	−1.80	−1.60	−1.90	−1.80	−1.70	−2.00
	中河口	23	0.60	0.50	0.50	0.60	0.50	0.40	0.60	0.50	0.40
	松滋河总计		−381.90	−389.00	−394.80	−380.60	−385.40	−397.00	−379.80	−382.50	−397.70
	虎渡河	22	12.50	12.60	10.50	13.50	11.90	10.90	12.50	12.60	10.50
		24	22.70	20.30	16.00	22.70	20.00	15.80	22.70	20.00	15.80
		32	8.00	6.10	5.60	8.00	6.20	5.70	8.00	6.10	5.70
	虎渡河总计		43.20	39.00	32.10	44.20	38.10	32.40	43.20	38.70	32.00
	澧水	26	2.00	2.00	2.00	2.00	2.00	2.00	2.00	2.00	2.00
		30	4.00	4.00	3.00	4.00	4.00	3.00	4.00	4.00	3.00
		31	−33.00	−24.00	−25.00	−30.00	−25.00	−26.00	−30.00	−24.00	−26.00
		小计	−27.00	−18.00	−20.00	−24.00	−19.00	−21.00	−24.00	−18.00	−21.00

河段名称		河段编码	现状方案冲淤量（万 m³）			藕池疏挖方案冲淤量（万 m³）			藕池口建闸方案冲淤量（万 m³）		
			2006～2016 年	2017～2026 年	2027～2036 年	2006～2016 年	2017～2026 年	2027～2036 年	2006～2016 年	2017～2026 年	2027～2036 年
藕池水系	口门段	1	−56.00	−43.00	−38.00	−61.00	−50.00	−40.00	−52.00	−39.00	−32.00
	藕池西支	2	58.40	48.80	40.10	56.10	46.20	39.00	52.40	45.00	36.70
	藕池中支	3	43.90	39.80	31.60	55.00	50.00	42.00	55.00	50.00	42.00
		4	43.20	38.00	31.10	35.00	30.90	25.40	34.70	30.80	25.40
		5	27.10	23.80	20.30	31.90	27.30	22.80	30.80	27.20	22.00
		6	22.34	18.74	15.45	24.34	20.74	16.43	23.40	19.82	15.96
		7	23.40	17.90	15.00	25.40	21.40	17.00	24.90	19.60	18.00
		小计	159.94	138.24	113.45	171.64	150.34	123.63	168.80	147.42	123.36
	藕池东支	9	15.10	14.00	10.50	18.50	17.10	14.10	18.50	17.00	14.20
		10	29.10	26.40	21.60	31.60	28.90	22.80	30.80	28.70	23.00
		11	25.50	22.10	17.80	26.30	23.10	18.80	25.80	22.80	18.60
		12	0.00	0.00	0.00	0.00	0.00	0.00	0.00	0.00	0.00
		13	17.60	16.20	13.80	22.50	19.90	17.90	21.30	21.00	17.10
		小计	87.30	78.70	63.70	98.90	89.00	73.60	96.40	89.50	72.90
藕池河总计			249.64	222.74	179.25	265.64	235.54	196.23	265.60	242.92	200.96

冲刷增加 5 万 m³，2017～2026 年，冲刷增加 7 万 m³，2027～2036 年，冲刷增加 2 万 m³；藕池西支淤积略有减少，2006～2016 年，淤积减少 2.3 万 m³，2017～2026 年，淤积减少 2.6 万 m³，2027～2036 年，淤积减小 1.1 万 m³；藕池中支淤积量有所增加，2006～2016 年，淤积增加 11.7 万 m³，2017～2026 年，淤积增加 12.1 万 m³，2027～2036 年，淤积增加 10.2 万 m³；藕池东支淤积量有所减少，2006～2016 年，淤积增加 11.6 万 m³，2017～2026 年，淤积增加 10.3 万 m³，2027～2036 年，淤积增加 9.9 万 m³，其中，淤积量增加较多的河段为管家铺河段，2006～2016 年，淤积增加 11.1 万 m³，2017～2026 年，淤积增加 10.2 万 m³，2027～2036 年，淤积增加 10.4 万 m³。

藕池口建闸方案与藕池疏挖方案相比，口门段冲刷有所减少，2006～2016 年，冲刷减少 9 万 m³，2017～2026 年，冲刷减少 11 万 m³，2027～2036 年，冲刷减少 8 万 m³；藕池西支淤积量略有减少，2006～2016 年，淤积减少 3.7 万 m³，2017～2026 年，淤积减少 1.2 万 m³，2027～2036 年，淤积减少 2.3 万 m³；藕池中支河段 2006～2016 年，淤积减少 2.84 万 m³，2017～2026 年，淤积减少 2.92 万 m³，2027～2036 年，淤积减少 0.27 万 m³；藕池东支河段 2006～2016 年淤积减少 2.5 万 m³，2017～2026 年，淤积增加 0.5 万 m³，2027～2036 年，淤积减少 0.7 万 m³。

对于整个藕池河系，藕池疏挖方案与现状方案相比，淤积有所增加，2006～2016 年，淤积增加 16 万 m³，2017～2026 年，淤积增加 12.8 万 m³，2027～2036 年，淤积增加

16.98万 m^3；藕池口建闸方案与藕池疏挖方案相比，淤积量变化先减后增，2006～2016年，淤积减少0.04万 m^3，2017～2026年，淤积增加7.38万 m^3，2027～2036年，淤积增加4.73万 m^3。

4.3.2 藕池口建闸方案分流分沙比变化

表4-45～表4-46列出了藕池口建闸方案、藕池疏挖方案及现状方案预测计算30年三口分流量、分沙量与长江干流枝城站径流量、输沙量的比值变化情况。其中，分流比和分沙比取10年年均值。

由表4-45中藕池疏挖方案与现状方案四口河道多年平均分流比对比可见，松滋口分流比有所减少，2006～2016年、2017～2026年、2027～2036年分别减少0.03％、0.01％、0.02％；太平口分流比略有减少，2006～2016年、2017～2026年、2027～2036年分别减少0.04％、0.03％、0.03％；藕池口分流比有所增大，2006～2016年、2017～2026年、2027～2036年分别增加1.00％、0.90％、0.80％；三口总分流比有所增加，2006～2016年、2017～2026年、2027～2036年分别增加0.95％、0.85％、0.76％。

由表4-45中藕池口建闸方案与藕池疏挖方案四口河道多年平均分流比对比可见，松滋口分流比变化范围在0.01％以内；太平口分流比变化范围在0.01％以内；藕池口分流比有所减少，2006～2016年、2017～2026年、2027～2036年分别减少0.04％、0.03％、0.02％；三口总分流比略有减少，2006～2016年、2017～2026年、2027～2036年分别减少0.04％、0.03％、0.02％。

表4-45　　　　　　　　　三峡水库运用后四口河道多年平均分流比

多年平均分流比		现状方案			藕池疏挖方案			藕池口建闸方案		
		2006～2016年	2017～2026年	2027～2036年	2006～2016年	2017～2026年	2027～2036年	2006～2016年	2017～2026年	2027～2036年
松滋口分流比（％）	新江口	6.59	6.31	5.79	6.58	6.29	5.78	6.58	6.29	5.77
	沙道观	1.36	1.22	1.07	1.35	1.22	1.07	1.35	1.21	1.06
	松滋合计	7.95	7.52	6.86	7.92	7.51	6.84	7.93	7.50	6.83
太平口分流比（％）		1.61	1.38	1.20	1.57	1.35	1.17	1.58	1.35	1.17
藕池口分流比（％）	康家岗	0.18	0.15	0.14	0.17	0.15	0.14	0.17	0.15	0.13
	管家铺	3.17	2.81	2.51	4.18	3.70	3.31	4.14	3.68	3.30
	藕池合计	3.35	2.96	2.65	4.35	3.86	3.45	4.31	3.83	3.43
三口分流比（％）		12.90	11.86	10.70	13.85	12.71	11.46	13.81	12.68	11.44

由表4-46中藕池疏挖方案与现状方案四口河道多年平均分沙比对比可见，松滋口分沙比略有减少，2006～2016年、2017～2026年、2027～2036年分别减少0.04％、0.03％、0.03％；太平口分沙比2006～2016年、2017～2026年、2027～2036年分别减少0.06％、0.05％、0.05％；藕池口分沙比有所增加，2006～2016年、2017～2026年、2027～2036年分别增加1.60％、1.37％、1.25％；三口总分沙比有所增加，2006～2016年、2017～2026年、2027～2036年分别增加1.50％、1.29％、1.17％。

由表4-46中藕池口建闸方案与藕池疏挖方案四口河道多年平均分沙比对比可见，松

滋口、太平口分沙比变化范围在 0.01% 以内，基本不变；藕池口分沙比略有减少，2006
～2016 年、2017～2026 年、2027～2036 年分别减少 0.04%、0.05%、0.04%；三口总分
沙比略有减少，2006～2016 年、2017～2026 年、2027～2036 年分别减少 0.03%、
0.05%、0.05%。

表 4-46　　　　　　　　　　三峡水库运用后四口河道多年平均分沙比

多年平均分沙比		现状方案			藕池疏挖方案			藕池口建闸方案		
		2006～2016 年	2017～2026 年	2027～2036 年	2006～2016 年	2017～2026 年	2027～2036 年	2006～2016 年	2017～2026 年	2027～2036 年
松滋口分沙比（%）	新江口	8.15	8.03	7.55	8.13	8.00	7.53	8.12	8.00	7.52
	沙道观	2.22	2.06	1.83	2.20	2.05	1.82	2.20	2.05	1.82
	松滋合计	10.36	10.08	9.38	10.32	10.05	9.35	10.32	10.05	9.34
太平口分沙比（%）		2.56	2.28	2.02	2.50	2.23	1.97	2.51	2.23	1.97
藕池口分沙比（%）	康家岗	0.31	0.28	0.24	0.44	0.27	0.24	0.45	0.27	0.23
	管家铺	5.40	4.88	4.38	6.87	6.26	5.63	6.82	6.21	5.60
	藕池合计	5.71	5.16	4.62	7.31	6.53	5.87	7.27	6.48	5.83
三口分沙比（%）		18.63	17.52	16.02	20.13	18.81	17.19	20.10	18.76	17.14

4.3.3　藕池口建闸方案对断流天数的影响

利用现状方案、藕池疏挖方案、藕池口建闸方案条件下预测计算出的 30 年四口河系
水沙系列，统计了三口五站 10 年平均断流天数，见表 4-47。由表可见，各个方案下，
新江口都没有断流。藕池疏挖方案相比现状方案，管家铺年平均断流天数减少 23～34 天，
康家岗断流天数减少 2～4 天，松虎河系沙道观、弥陀寺两站断流天数变化不大。藕池口
建闸方案相比松滋疏挖方案，三口五站断流天数变化不大。

藕池疏挖方案相比现状方案，枯季 10 月至次年 5 月，2006～2016 年藕池口平均流量
增加 37m³/s，2017～2026 年藕池口平均流量增加 27m³/s，2027～2036 年藕池口平均流
量增加 17m³/s，相应藕池河系枯季水量增大，2006～2016 年水量增加 7.8 亿 m³，2017～
2026 年水量增加 5.7 亿 m³，2027～2036 年水量增加 3.7 亿 m³。藕池口建闸方案与疏挖
方案相比，枯季闸门畅泄，过流量一致。

表 4-47　　　　　　　　三峡水库运用后三口五站年平均断流天数变化　　　　　　　　单位：天

多年平均断流天数	现状方案			藕池疏挖方案			藕池口建闸方案		
	2006～2016 年	2017～2026 年	2027～2036 年	2006～2016 年	2017～2026 年	2027～2036 年	2006～2016 年	2017～2026 年	2027～2036 年
新江口	0	0	0	0	0	0	0	0	0
沙道观	195	203	221	195	203	219	195	203	218
弥陀寺	189	207	220	191	207	221	190	207	221
康家岗	270	279	286	267	275	284	267	275	284
管家铺	165	188	202	131	161	179	136	158	178

4.3.4 藕池口建闸方案防洪分析

在 2006 年、2016 年和 2026 年地形条件下，利用 1998 年、1954 年经过三峡水库调蓄后的宜昌来水来沙及四水来水来沙条件，对现状方案、藕池疏挖方案、藕池口建闸方案进行了计算，计算结果如下。

4.3.4.1 1998 年典型洪水

利用 1998 年经过三峡水库调蓄后的宜昌来水来沙过程及四水水沙过程，计算并分析在 2006 年、2016 年、2026 年地形条件下，藕池口建闸方案与藕池疏挖方案、现状方案的水情变化对比。其中，藕池口建闸方案是指在藕池疏挖方案的基础上，藕池口闸过流量按照 2006 年地形条件下 1998 年三峡调度后洪水藕池口最大下泄流量 6200m³/s 控制（详细方案设置见 4.1 节）。

1. 2006 年地形条件

表 4-48 列出了 2006 年地形、1998 年经三峡水库调蓄后洪水条件下，藕池疏挖方案与现状方案在长江来水洪峰时刻对应藕池河系各站水位、流量洪峰值。由表可见，藕池疏挖后，长江监利段、藕池口门段、康家岗洪峰水位有所下降，下降幅度为 0.05～0.07m，其他各站洪峰水位升高 0.00～0.21m。各站具体变化如下：藕池疏挖方案相较现状方案，藕池口洪峰流量增加 812m³/s，洪峰水位下降 0.07m，相应监利洪峰水位降低 0.06m；康家岗洪峰流量减少 8m³/s，洪峰水位下降 0.05m，西支沈家洲洪峰流量减少 5m³/s，洪峰

表 4-48　　　　现状条件（2006 年地形）1998 年典型洪水长江洪峰时
藕池疏挖方案与现状方案比较（基面：1985 年国家高程基准）

河系	站　名	设计水位（m）	1998 年实测洪峰水位（m）	洪峰水位（m）			洪峰流量（m³/s）		
				藕池疏挖	现状方案	差值	藕池疏挖	现状方案	差值
长江	监利	35.26	36.21	35.28	35.34	−0.06	40492	41310	−818
藕池水系	藕池口闸上	38.07	—	37.77	37.84	−0.07	7045	6233	812
	康家岗	37.87	38.44	37.39	37.44	−0.05	584	592	−8
	管家铺	37.50	38.28	37.09	37.09	0.00	6462	5643	819
	三岔河	34.33	35.58	34.28	34.23	0.05	2410	2397	13
	北景港	34.40	35.79	35.03	34.92	0.11	4687	3859	828
	注滋口	33.24	34.67	33.85	33.82	0.03	4690	3862	828
	南嘴	34.20	35.36	34.03	34.03	0.00	6243	6281	−38
	西支沈家洲	37.87	—	34.39	34.33	0.06	596	601	−5
	陈家岭河进口	37.50	—	35.83	35.75	0.08	502	502	0
	陈家岭河天心洲	34.87	—	34.85	34.78	0.07	507	503	4
	施家渡河进口	36.33	—	35.74	35.65	0.09	1288	1289	−1
	鲇鱼须进口	35.57	—	36.28	36.08	0.20	1772	1638	134
	鲇鱼须出口	35.53	—	35.19	35.08	0.11	1774	1640	134
	梅田湖进口	36.32	—	36.23	36.02	0.21	2912	2217	695

水位升高 0.06m；管家铺洪峰流量增加 819m³/s，洪峰水位不变，陈家岭河进口洪峰流量不变，洪峰水位升高 0.08m，施家渡河进口洪峰流量减少 1m³/s，洪峰水位增加 0.09m，梅田湖进口洪峰流量增加 695m³/s，洪峰水位升高 0.21m，鲇鱼须河进口洪峰流量增加 134m³/s，洪峰水位升高 0.20m，北景港洪峰流量增加 828m³/s，洪峰水位升高 0.11m，注滋口洪峰流量增加 828m³/s，洪峰水位升高 0.03m。

　　表 4－49 列出了藕池口建闸方案与藕池疏挖方案在长江来水洪峰时刻对应藕池河系各站水位、流量洪峰对比值。藕池口建闸控制后，长江监利河段、藕池口门河段水位有所上升，上升幅度为 0.07～0.21m，藕池河系各站水位下降 0.02～0.49m，具体变化如下：在藕池口建闸方案设置中，藕池口闸按照天然情况（现状方案）藕池口最大过流量 6200m³/s 控制，相比藕池疏挖方案，削减洪峰流量 845m³/s，使得藕池口闸上洪峰水位升高 0.21m，达到 37.98m，长江监利洪峰水位升高 0.07m，达到 35.35m；康家岗洪峰流量减少 135m³/s，洪峰水位下降 0.49m，沈家洲洪峰流量减少 106m³/s，洪峰水位下降 0.16m；管家铺洪峰流量减少 702m³/s，洪峰水位下降 0.44m，陈家岭河进口洪峰流量减少 69m³/s，洪峰水位下降 0.36m，施家渡河进口洪峰流量减少 152m³/s，洪峰水位下降 0.36m，梅田湖进口洪峰流量减少 233m³/s，洪峰水位下降 0.39m，鲇鱼须河进口洪峰流量减少 215m³/s，洪峰水位降低 0.33m，北景港洪峰流量减少 439m³/s，洪峰水位下降 0.32m，注滋口洪峰流量减少 433m³/s，洪峰水位下降 0.14m。

表 4－49　　　　　现状条件（2006 年地形）1998 年典型洪水长江洪峰时
藕池口建闸方案与藕池疏挖方案比较（基面：1985 年国家高程基准）

河系	站　名	设计水位（m）	1998 年实测洪峰水位（m）	洪峰水位（m）			洪峰流量（m³/s）		
				藕池口建闸	藕池疏挖	差值	藕池口建闸	藕池疏挖	差值
长江	监利	35.26	36.21	35.35	35.28	0.07	41433	40492	941
藕池水系	藕池口闸上	38.07	—	37.98	37.77	0.21	6200	7045	−845
	康家岗	37.87	38.44	36.90	37.39	−0.49	449	584	−135
	管家铺	37.50	38.28	36.65	37.09	−0.44	5760	6462	−702
	三岔河	34.33	35.58	34.16	34.28	−0.12	2089	2410	−321
	北景港	34.40	35.79	34.71	35.03	−0.32	4248	4687	−439
	注滋口	33.24	34.67	33.71	33.85	−0.14	4257	4690	−433
	南嘴	34.20	35.36	34.01	34.03	−0.02	6391	6243	148
	西支沈家洲	37.87	—	34.23	34.39	−0.16	490	596	−106
	陈家岭河进口	37.50	—	35.47	35.83	−0.36	433	502	−69
	陈家岭河天心洲	34.87	—	34.61	34.85	−0.24	439	507	−68
	施家渡河进口	36.33	—	35.38	35.74	−0.36	1136	1288	−152
	鲇鱼须进口	35.57	—	35.89	36.28	−0.39	1544	1772	−228
	鲇鱼须出口	35.53	—	34.86	35.19	−0.33	1559	1774	−215
	梅田湖进口	36.32	—	35.84	36.23	−0.39	2679	2912	−233

表 4-50 列出了在藕池东支疏挖的基础上，藕池口建闸方案与现状方案在长江来水洪峰时刻对应藕池河系各站水位、流量洪峰对比值。藕池口建闸控制后，长江监利河段、藕池口门河段水位有所上升，上升幅度为 0.01～0.14m，藕池河系各站水位下降 0.02～0.54m，具体变化如下：在藕池口建闸方案设置中，藕池口闸按照天然情况（现状方案）藕池口最大过流量 6200m³/s 控制，相比藕池疏挖方案，削减洪峰流量 33m³/s，使得藕池口洪峰水位升高 0.14m，达到 37.98m，长江监利洪峰水位升高 0.01m，达到 35.35m；康家岗洪峰流量减少 143m³/s，洪峰水位下降 0.54m，西支沈家洲洪峰流量减少 111m³/s，洪峰水位降低 0.1m；管家铺洪峰流量增加 117m³/s，洪峰水位下降 0.44m，陈家岭河进口洪峰流量减少 69m³/s，洪峰水位下降 0.28m，施家渡河进口洪峰流量减少 153m³/s，洪峰水位降低 0.27m，梅田湖进口洪峰流量增加 462m³/s，洪峰水位下降 0.18m，鲇鱼须河进口洪峰流量减少 94m³/s，洪峰水位下降 0.19m，北景港洪峰流量增加 389m³/s，洪峰水位下降 0.21m，注滋口洪峰流量增加 395m³/s，洪峰水位下降 0.11m。

表 4-50　　　　现状条件（2006 年地形）1998 年典型洪水长江洪峰时
藕池口建闸方案与现状方案比较（基面：1985 年国家高程基准）

河系	站 名	设计水位（m）	1998 年实测洪峰水位（m）	洪峰水位（m）			洪峰流量（m³/s）		
				藕池口建闸	现状方案	差值	藕池口建闸	现状方案	差值
长江	监利	35.26	36.21	35.35	35.34	0.01	41433	41310	123
藕池水系	藕池口闸上	38.07	—	37.98	37.84	0.14	6200	6233	−33
	康家岗	37.87	38.44	36.90	37.44	−0.54	449	592	−143
	管家铺	37.50	38.28	36.65	37.09	−0.44	5760	5643	117
	三岔河	34.33	35.58	34.16	34.23	−0.07	2089	2397	−308
	北景港	34.40	35.79	34.71	34.92	−0.21	4248	3859	389
	注滋口	33.24	34.67	33.71	33.82	−0.11	4257	3862	395
	南嘴	34.20	35.36	34.01	34.03	−0.02	6391	6281	110
	西支沈家洲	37.87	—	34.23	34.33	−0.10	490	601	−111
	陈家岭进口	37.50	—	35.47	35.75	−0.28	433	502	−69
	陈家岭天心洲	34.87	—	34.61	34.78	−0.17	439	503	−64
	施家渡河进口	36.33	—	35.38	35.65	−0.27	1136	1289	−153
	鲇鱼须进口	35.57	—	35.89	36.08	−0.19	1544	1638	−94
	鲇鱼须出口	35.53	—	34.86	35.08	−0.22	1559	1640	−81
	梅田湖进口	36.32	—	35.84	36.02	−0.18	2679	2217	462

2. 2016 年地形条件

在 2016 年地形条件下，利用 1998 年经过三峡水库调度后的宜昌来水来沙及四水来水来沙条件，对现状方案、藕池疏挖方案、藕池口建闸方案进行了计算，计算结果如下。

表 4-51 列出了 2016 年地形、1998 年经三峡水库调度后洪水条件下，藕池疏挖方案与现状方案在长江来水洪峰时刻对应藕池河系各站水位、流量洪峰值。由表可见，藕池疏

挖后，长江监利段、藕池口门段、康家岗、管家铺河段洪峰水位有所下降，下降幅度为 0.02~0.08m，其他各站洪峰水位升高 0.00~0.21m。各站具体变化如下：藕池疏挖方案相较现状方案，藕池口洪峰流量增加 868m³/s，洪峰水位下降 0.08m，相应监利洪峰水位降低 0.06m；康家岗洪峰流量减少 29m³/s，洪峰水位下降 0.08m，沈家洲洪峰流量减少 39m³/s，洪峰水位下降 0.03m；管家铺洪峰流量增加 898m³/s，洪峰水位下降 0.02m，陈家岭河进口洪峰流量增加 12m³/s，洪峰水位升高 0.09m，施家渡河进口洪峰流量增加 20m³/s，洪峰水位升高 0.09m，梅田湖进口洪峰流量增加 717m³/s，洪峰水位升高 0.21m，鲇鱼须河进口洪峰流量增加 148m³/s，洪峰水位升高 0.20m，北景港洪峰流量增加 866m³/s，洪峰水位升高 0.12m，注滋口洪峰流量增加 867m³/s，洪峰水位升高 0.03m。

表 4-51　　　　　　　　2016 年地形条件下 1998 年典型洪水长江洪峰时
藕池疏挖方案与现状方案比较（基面：1985 年国家高程基准）

河系	站　名	设计水位（m）	1998 年实测洪峰水位（m）	洪峰水位（m）			洪峰流量（m³/s）		
				藕池疏挖	现状方案	差值	藕池疏挖	现状方案	差值
长江	监利	35.26	36.21	35.19	35.25	−0.06	40569	41381	−812
藕池水系	藕池口闸上	38.07	—	37.66	37.74	−0.08	6898	6030	868
	康家岗	37.87	38.44	37.28	37.36	−0.08	536	565	−29
	管家铺	37.50	38.28	37.00	37.02	−0.02	6364	5466	898
	三岔河	34.33	35.58	34.13	34.10	0.03	2296	2296	0
	北景港	34.40	35.79	34.91	34.79	0.12	4623	3757	866
	注滋口	33.24	34.67	33.73	33.70	0.03	4625	3758	867
	南嘴	34.20	35.36	33.90	33.90	0.00	6155	6178	−23
	西支沈家洲	37.87	—	34.23	34.20	0.03	540	579	−39
	陈家岭进口	37.50	—	35.72	35.63	0.09	485	473	12
	陈家岭天心洲	34.87	—	34.70	34.64	0.06	486	474	12
	施家渡河进口	36.33	—	35.62	35.53	0.09	1263	1243	20
	鲇鱼须进口	35.57	—	36.18	35.98	0.20	1732	1584	148
	鲇鱼须出口	35.53	—	35.07	34.96	0.11	1734	1586	148
	梅田湖断面	36.32	—	36.13	35.92	0.21	2887	2170	717

表 4-52 列出了藕池口建闸方案与藕池疏挖方案在长江来水洪峰时刻对应藕池河系各站水位、流量洪峰对比值。藕池口建闸控制后，长江监利河段、藕池口门河段水位有所上升，上升幅度为 0.05~0.18m，藕池河系各站水位下降 0.01~0.39m，具体变化如下：在藕池口建闸方案设置中，藕池口闸按照天然情况（现状方案）藕池口最大过流量 6200m³/s 控制，相比藕池疏挖方案，削减洪峰流量 698m³/s，使得藕池口闸上洪峰水位升高 0.18m，达到 37.84m，长江监利洪峰水位升高 0.05m，达到 35.24m；康家岗洪峰流量减少 88m³/s，洪峰水位下降 0.39m，沈家洲洪峰流量减少 83m³/s，洪峰水位下降 0.12m；

管家铺洪峰流量减少 609m³/s，洪峰水位下降 0.36m，陈家岭河进口洪峰流量减少 64m³/s，洪峰水位下降 0.31m，施家渡河进口洪峰流量减少 133m³/s，洪峰水位下降 0.3m，梅田湖进口洪峰流量减少 196m³/s，洪峰水位下降 0.33m，鲇鱼须河进口洪峰流量减少 197m³/s，洪峰水位下降 0.33m，北景港洪峰流量减少 407m³/s，洪峰水位下降 0.28m，注滋口洪峰流量减少 409m³/s，洪峰水位下降 0.12m。

表 4-52　　　　　　　　2016 年地形条件下 1998 年典型洪水长江洪峰时
藕池口建闸方案与藕池疏挖方案比较（基面：1985 年国家高程基准）

河系	站　名	设计水位（m）	1998 年实测洪峰水位（m）	洪峰水位（m）			洪峰流量（m³/s）		
				藕池口建闸	藕池疏挖	差值	藕池口建闸	藕池疏挖	差值
长江	监利	35.26	36.21	35.24	35.19	0.05	41217	40569	648
藕池水系	藕池口闸上	38.07	—	37.84	37.66	0.18	6200	6898	−698
	康家岗	37.87	38.44	36.89	37.28	−0.39	448	536	−88
	管家铺	37.50	38.28	36.64	37.00	−0.36	5755	6364	−609
	三岔河	34.33	35.58	34.03	34.13	−0.10	2012	2296	−284
	北景港	34.40	35.79	34.63	34.91	−0.28	4216	4623	−407
	注滋口	33.24	34.67	33.61	33.73	−0.12	4216	4625	−409
	南嘴	34.20	35.36	33.89	33.90	−0.01	6273	6155	118
	西支沈家洲	37.87	—	34.11	34.23	−0.12	457	540	−83
	陈家岭进口	37.50	—	35.41	35.72	−0.31	421	485	−64
	陈家岭天心洲	34.87	—	34.50	34.70	−0.20	422	486	−64
	施家渡河进口	36.33	—	35.32	35.62	−0.30	1130	1263	−133
	鲇鱼须进口	35.57	—	35.85	36.18	−0.33	1535	1732	−197
	鲇鱼须出口	35.53	—	34.78	35.07	−0.29	1536	1734	−198
	梅田湖断面	36.32	—	35.80	36.13	−0.33	2691	2887	−196

　　表 4-53 列出了藕池口建闸方案与现状方案在长江来水洪峰时刻对应藕池河系各站水位、流量洪峰对比值。藕池口建闸控制后，长江监利河段洪峰水位下降 0.01m，藕池口门河段洪峰水位上升 0.10m，藕池河系各站水位下降 0.01～0.47m，具体变化如下：藕池口闸上洪峰水位升高 0.10m，康家岗洪峰水位下降 0.47m，沈家洲洪峰流量减少 122m³/s，洪峰水位下降 0.09；管家铺洪峰流量增加 289m³/s，洪峰水位下降 0.38m，陈家岭河进口洪峰流量减少 52m³/s，洪峰水位下降 0.22m，施家渡河进口洪峰流量减少 113m³/s，洪峰水位下降 0.21m，梅田湖进口洪峰流量增加 521m³/s，洪峰水位下降 0.12m，鲇鱼须河进口洪峰流量减少 49m³/s，洪峰水位降低 0.13m，北景港洪峰流量增加 459m³/s，洪峰水位下降 0.16m，注滋口洪峰流量增加 458m³/s，洪峰水位下降 0.09m。

　　3. 2026 年地形条件

　　在 2026 年地形条件下，利用 1998 年经过三峡水库调度后的宜昌来水来沙及四水来水来沙条件，对现状方案、藕池疏挖方案、藕池口建闸方案进行了计算，计算结果如下。

表 4-53　　　　2016 年地形条件下 1998 年典型洪水长江洪峰时
藕池口建闸方案与现状方案比较（基面：1985 年国家高程基准）

河系	站　名	设计水位（m）	1998 年实测洪峰水位（m）	洪峰水位（m）			洪峰流量（m³/s）		
				藕池口建闸	现状方案	差值	藕池口建闸	现状方案	差值
长江	监利	35.26	36.21	35.24	35.25	−0.01	41217	41381	−164
藕池水系	藕池口闸上	38.07	—	37.84	37.74	0.10	6200	6030	170
	康家岗	37.87	38.44	36.89	37.36	−0.47	448	565	−117
	管家铺	37.50	38.28	36.64	37.02	−0.38	5755	5466	289
	三岔河	34.33	35.58	34.03	34.10	−0.07	2012	2296	−284
	北景港	34.40	35.79	34.63	34.79	−0.16	4216	3757	459
	注滋口	33.24	34.67	33.61	33.70	−0.09	4216	3758	458
	南嘴	34.20	35.36	33.89	33.90	−0.01	6273	6178	95
	西支沈家洲	37.87	—	34.11	34.20	−0.09	457	579	−122
	陈家岭进口	37.50	—	35.41	35.63	−0.22	421	473	−52
	陈家岭天心洲	34.87	—	34.50	34.64	−0.14	422	474	−52
	施家渡河进口	36.33	—	35.32	35.53	−0.21	1130	1243	−113
	鲇鱼须进口	35.57	—	35.85	35.98	−0.13	1535	1584	−49
	鲇鱼须出口	35.53	—	34.78	34.96	−0.18	1536	1586	−50
	梅田湖断面	36.32	—	35.80	35.92	−0.12	2691	2170	521

表 4-54 列出了 2026 年地形、1998 年经三峡水库调度后洪水条件下，藕池疏挖方案与现状方案在长江来水洪峰时刻对应藕池河系各站水位、流量洪峰值。由表可见，藕池疏挖后，长江监利段、藕池口门段、康家岗、管家铺河段洪峰水位有所下降，下降幅度为 0.01～0.08m，其他各站洪峰水位升高 0.00～0.23m。藕池河系各站具体变化如下：藕池疏挖方案相较现状方案，藕池口洪峰流量增加 847m³/s，洪峰水位下降 0.08m，相应监利洪峰水位降低 0.06m；康家岗洪峰流量减少 36m³/s，洪峰水位下降 0.08m，沈家洲洪峰流量减少 36m³/s，洪峰水位升高 0.07m；管家铺洪峰流量增加 883m³/s，洪峰水位下降 0.01m，陈家岭河进口洪峰流量增加 14m³/s，洪峰水位升高 0.12m，施家渡河进口洪峰流量增加 21m³/s，洪峰水位升高 0.12m，梅田湖进口洪峰流量增加 708m³/s，洪峰水位升高 0.23m，鲇鱼须河进口洪峰流量增加 141m³/s，洪峰水位升高 0.22m，北景港洪峰流量增加 849m³/s，洪峰水位升高 0.13m，注滋口洪峰流量增加 850m³/s，洪峰水位升高 0.04m。

表 4-55 列出了藕池口建闸方案与藕池疏挖方案在长江来水洪峰时刻对应藕池河系各站水位、流量洪峰对比值。藕池口建闸控制后，长江监利河段、藕池口门河段水位有所上升，上升幅度为 0.05～0.15m，藕池河系各站水位下降 0.01～0.33m，具体变化如下：在藕池口建闸方案设置中，藕池口闸按照天然情况（现状方案）藕池口最大过流量 6200m³/s 控制，相比藕池疏挖方案，削减洪峰流量 584m³/s，使得藕池口闸上洪峰水位升高

0.15m，达到 37.76m，长江监利洪峰水位升高 0.05m，达到 35.16m；康家岗洪峰流量减少 75m³/s，洪峰水位下降 0.33m，沈家洲洪峰流量减少 73m³/s，洪峰水位下降 0.1m；管家铺洪峰流量减少 508m³/s，洪峰水位下降 0.31m，陈家岭河进口洪峰流量减少 54m³/s，洪峰水位下降 0.17m，施家渡河进口洪峰流量减少 109m³/s，洪峰水位下降 0.27m，梅田湖进口洪峰流量减少 163m³/s，洪峰水位下降 0.29m，鲇鱼须河进口洪峰流量减少 167m³/s，洪峰水位下降 0.28m，北景港洪峰流量减少 343m³/s，洪峰水位下降 0.24m，注滋口洪峰流量减少 344m³/s，洪峰水位下降 0.10m。

表 4－54　　2026 年地形条件下 1998 年典型洪水长江洪峰时
藕池疏挖方案与现状方案比较（基面：1985 年国家高程基准）

河系	站　名	设计水位（m）	1998 年实测洪峰水位（m）	洪峰水位（m）			洪峰流量（m³/s）		
				藕池疏挖	现状方案	差值	藕池疏挖	现状方案	差值
长江	监利	35.26	36.21	35.11	35.17	−0.06	40928	41721	−793
藕池水系	藕池口闸上	38.07	—	37.61	37.69	−0.08	6784	5937	847
	康家岗	37.87	38.44	37.24	37.32	−0.08	521	557	−36
	管家铺	37.50	38.28	36.96	36.97	−0.01	6264	5381	883
	三岔河	34.33	35.58	34.01	33.95	0.06	2237	2238	−1
	北景港	34.40	35.79	34.82	34.69	0.13	4569	3720	849
	注滋口	33.24	34.67	33.63	33.59	0.04	4571	3721	850
	南嘴	34.20	35.36	33.78	33.78	0.00	6033	6065	−32
	西支沈家洲	37.87	—	34.11	34.04	0.07	526	562	−36
	陈家岭进口	37.50	—	35.65	35.53	0.12	467	453	14
	陈家岭天心洲	34.87	—	34.59	34.50	0.09	468	455	13
	施家渡河进口	36.33	—	35.55	35.43	0.12	1236	1215	21
	鲇鱼须进口	35.57	—	36.12	35.90	0.22	1701	1560	141
	鲇鱼须出口	35.53	—	34.98	34.85	0.13	1703	1561	142
	梅田湖断面	36.32	—	36.07	35.84	0.23	2865	2157	708

表 4－56 列出了藕池东支疏挖的基础上，藕池口建闸方案与现状方案在长江来水洪峰时刻对应藕池河系各站水位、流量洪峰对比值。藕池口建闸控制后，长江监利河段洪峰水位下降 0.01m，藕池口门河段洪峰水位升高 0.07m，藕池河系各站水位下降 0.01～0.41m，各站具体变化如下：藕池口洪峰水位升高 0.07m，康家岗洪峰水位下降 0.41m，沈家洲洪峰流量减少 109m³/s，洪峰水位下降 0.03m；管家铺洪峰流量增加 375m³/s，洪峰水位下降 0.32m，陈家岭河进口洪峰流量减少 40m³/s，洪峰水位下降 0.15m，施家渡河进口洪峰流量减少 88m³/s，洪峰水位下降 0.15m，梅田湖进口洪峰流量增加 545m³/s，洪峰水位下降 0.06m，鲇鱼须河进口洪峰流量减少 26m³/s，洪峰水位下降 0.06m，北景港洪峰流量增加 506m³/s，洪峰水位下降 0.11m，注滋口洪峰流量增加 506m³/s，洪峰水位下降 0.06m。

表 4-55　　　　　2026 年地形条件下 1998 年典型洪水长江洪峰时
藕池口建闸方案与藕池疏挖方案比较（基面：1985 年国家高程基准）

河系	站　名	设计水位（m）	1998 年实测洪峰水位（m）	洪峰水位（m）			洪峰流量（m³/s）		
				藕池口建闸	藕池疏挖	差值	藕池口建闸	藕池疏挖	差值
长江	监利	35.26	36.21	35.16	35.11	0.05	41470	40928	542
藕池水系	藕池口闸上	38.07	—	37.76	37.61	0.15	6200	6784	−584
	康家岗	37.87	38.44	36.91	37.24	−0.33	446	521	−75
	管家铺	37.50	38.28	36.65	36.96	−0.31	5756	6264	−508
	三岔河	34.33	35.58	33.93	34.01	−0.08	1998	2237	−239
	北景港	34.40	35.79	34.58	34.82	−0.24	4226	4569	−343
	注滋口	33.24	34.67	33.53	33.63	−0.10	4227	4571	−344
	南嘴	34.20	35.36	33.77	33.78	−0.01	6131	6033	98
	西支沈家洲	37.87	—	34.01	34.11	−0.10	453	526	−73
	陈家岭进口	37.50	—	35.38	35.65	−0.27	413	467	−54
	陈家岭天心洲	34.87	—	34.42	34.59	−0.17	414	468	−54
	施家渡河进口	36.33	—	35.28	35.55	−0.27	1127	1236	−109
	鲇鱼须进口	35.57	—	35.84	36.12	−0.28	1534	1701	−167
	鲇鱼须出口	35.53	—	34.73	34.98	−0.25	1534	1703	−169
	梅田湖断面	36.32	—	35.78	36.07	−0.29	2702	2865	−163

表 4-56　　　　　2026 年地形条件下 1998 年典型洪水长江洪峰时
藕池口建闸方案与现状方案比较（基面：1985 年国家高程基准）

河系	站　名	设计水位（m）	1998 年实测洪峰水位（m）	洪峰水位（m）			洪峰流量（m³/s）		
				藕池口建闸	现状方案	差值	藕池口建闸	现状方案	差值
长江	监利	35.26	36.21	35.16	35.17	−0.01	41470	41721	−251
藕池水系	藕池口闸上	38.07	—	37.76	37.69	0.07	6200	5937	263
	康家岗	37.87	38.44	36.91	37.32	−0.41	446	557	−111
	管家铺	37.50	38.28	36.65	36.97	−0.32	5756	5381	375
	三岔河	34.33	35.58	33.93	33.95	−0.02	1998	2238	−240
	北景港	34.40	35.79	34.58	34.69	−0.11	4226	3720	506
	注滋口	33.24	34.67	33.53	33.59	−0.06	4227	3721	506
	南嘴	34.20	35.36	33.77	33.78	−0.01	6131	6065	66
	西支沈家洲	37.87	—	34.01	34.04	−0.03	453	562	−109
	陈家岭进口	37.50	—	35.38	35.53	−0.15	413	453	−40
	陈家岭天心洲	34.87	—	34.42	34.50	−0.08	414	455	−41
	施家渡河进口	36.33	—	35.28	35.43	−0.15	1127	1215	−88
	鲇鱼须进口	35.57	—	35.84	35.90	−0.06	1534	1560	−26
	鲇鱼须出口	35.53	—	34.73	34.85	−0.12	1534	1561	−27
	梅田湖断面	36.32	—	35.78	35.84	−0.06	2702	2157	545

4.3.4.2 1954年典型洪水

以1954年经过三峡水库调度后的宜昌来水来沙及四水水沙系列为边界条件，利用2006年、2016年、2026年地形条件下，并按照沙市45.00m（吴淞）、城陵矶34.40m（吴淞）、汉口29.50m（吴淞）、湖口25.50m（吴淞）分洪运用条件，对现状方案、藕池疏挖方案、藕池口建闸方案进行了计算，计算结果如下。

1. 2006年地形条件

选用1954年经过三峡水库防洪调度后的泄水排沙过程作为模型的上边界，在2006年地形条件下，并考虑按照沙市45.00m（冻结高程）、莲花塘34.40m（冻结高程）、汉口29.73m（冻结高程）和鄱阳湖口22.50m（冻结高程）分洪条件下，开展现状方案、藕池疏挖方案和藕池口建闸方案计算。

藕池疏挖方案与现状方案计算结果对比如表4-57所示。由表可见，藕池疏挖后，长江监利段、藕池口门段、藕池西支、康家岗、管家铺河段洪峰水位有所下降，下降幅度为0.02～0.09m，陈家岭河、施家渡河洪峰水位抬升0.09～0.10m，梅田湖河、鲇鱼须河、北景港至注滋口河段洪峰水位抬升0.04～0.23m。藕池河系各站具体变化如下：藕池疏挖方案相比现状方案，藕池口洪峰流量增加878m³/s，洪峰水位下降0.09m，相应监利洪峰水位降低0.07m；康家岗洪峰流量减少33m³/s，洪峰水位下降0.09m，沈家洲洪峰流量减少27m³/s，洪峰水位抬升0.06m；管家铺洪峰流量增加911m³/s，洪峰水位下降0.02m，

表4-57　　　现状条件（2006年地形）1954年典型洪水长江洪峰时
藕池疏挖方案与现状方案比较（基面：1985年国家高程基准）

河系	站　名	设计水位（m）	1998年实测洪峰水位（m）	洪峰水位（m）			洪峰流量（m³/s）		
				藕池疏挖	现状方案	差值	藕池疏挖	现状方案	差值
长江	监利	35.26	36.21	34.97	35.04	−0.07	41084	41871	−787
藕池水系	藕池口闸上	38.07	—	37.70	37.79	−0.09	6970	6092	878
	康家岗	37.87	38.44	37.32	37.41	−0.09	533	566	−33
	管家铺	37.50	38.28	37.04	37.06	−0.02	6436	5525	911
	三岔河	34.33	35.58	34.43	34.39	0.04	2279	2275	4
	北景港	34.40	35.79	34.77	34.65	0.12	4706	3818	888
	注滋口	33.24	34.67	34.43	33.39	0.04	4705	3817	888
	南嘴	34.20	35.36	34.48	34.49	−0.01	11341	11351	−10
	西支沈家洲	37.87	—	34.51	34.45	0.06	540	567	−27
	陈家岭进口	37.50	—	35.82	35.72	0.10	495	480	15
	陈家岭天心洲	34.87	—	34.92	34.84	0.08	481	472	9
	施家渡河进口	36.33	—	35.73	35.64	0.09	1246	1231	15
	鲇鱼须进口	35.57	—	36.18	35.96	0.22	1745	1598	147
	鲇鱼须出口	35.53	—	34.97	34.85	0.12	1743	1595	148
	梅田湖断面	36.32	—	36.12	35.89	0.23	3079	2320	759

陈家岭河进口洪峰流量增加 $15m^3/s$，洪峰水位抬升 0.1m，施家渡河进口洪峰流量增加 $15m^3/s$，洪峰水位抬升 0.09m，梅田湖进口洪峰流量增加 $759m^3/s$，洪峰水位抬升 0.23m，鲇鱼须河进口洪峰流量增加 $147m^3/s$，洪峰水位抬升 0.22m，北景港洪峰流量增加 $888m^3/s$，洪峰水位抬升 0.12m，注滋口洪峰流量增加 $888m^3/s$，洪峰水位抬升 0.04m。

表 4-58 列出了藕池口建闸方案与藕池疏挖方案在长江来水洪峰时刻对应藕池河系各站水位、流量洪峰对比值。藕池口建闸控制后，长江监利河段、藕池口门河段水位有所上升，上升幅度为 0.05～0.14m，藕池河系各站水位下降 0.01～0.24m，各站具体变化如下：藕池口闸按照天然情况（现状方案）藕池口最大过流量 $6200m^3/s$ 控制，相比藕池疏挖方案，削减洪峰流量 $768m^3/s$，使得藕池口闸上洪峰水位抬升 0.14m，达到 37.84m，长江监利洪峰水位抬升 0.05m，达到 35.02m；康家岗洪峰流量减少 $59m^3/s$，洪峰水位下降 0.24m，沈家洲洪峰流量减少 $50m^3/s$，洪峰水位下降 0.07m；管家铺洪峰流量减少 $621m^3/s$，洪峰水位下降 0.22m，陈家岭河进口洪峰流量减少 $55m^3/s$，洪峰水位下降 0.19m，施家渡河进口洪峰流量减少 $144m^3/s$，洪峰水位下降 0.18m，梅田湖进口洪峰流量减少 $191m^3/s$，洪峰水位下降 0.21m，鲇鱼须河进口洪峰流量减少 $204m^3/s$，洪峰水位下降 0.21m，北景港洪峰流量减少 $368m^3/s$，洪峰水位下降 0.17m，注滋口洪峰流量减少 $368m^3/s$，洪峰水位下降 0.08m。

表 4-58　　　　现状条件（2006 年地形）1954 年典型洪水长江洪峰时
藕池口建闸方案与藕池疏挖方案比较（基面：1985 年国家高程基准）

河系	站　名	设计水位(m)	1998 年实测洪峰水位(m)	洪峰水位（m）			洪峰流量（m³/s）		
				藕池口建闸	藕池疏挖	差值	藕池口建闸	藕池疏挖	差值
长江	监利	35.26	36.21	35.02	34.97	0.05	41656	41084	572
藕池水系	藕池口闸上	38.07	—	37.84	37.70	0.14	6202	6970	−768
	康家岗	37.87	38.44	37.08	37.32	−0.24	474	533	−59
	管家铺	37.50	38.28	36.82	37.04	−0.22	5815	6436	−621
	三岔河	34.33	35.58	34.36	34.43	−0.07	2062	2279	−217
	北景港	34.40	35.79	34.60	34.77	−0.17	4338	4706	−368
	注滋口	33.24	34.67	33.35	33.43	−0.08	4337	4705	−368
	南嘴	34.20	35.36	34.47	34.48	−0.01	11418	11341	77
	西支沈家洲	37.87	—	34.44	34.51	−0.07	490	540	−50
	陈家岭进口	37.50	—	35.63	35.82	−0.19	440	495	−55
	陈家岭天心洲	34.87	—	34.80	34.92	−0.12	428	481	−53
	施家渡河进口	36.33	—	35.55	35.73	−0.18	1102	1246	−144
	鲇鱼须进口	35.57	—	35.97	36.18	−0.21	1541	1745	−204
	鲇鱼须出口	35.53	—	34.78	34.97	−0.19	1560	1743	−183
	梅田湖断面	36.32	—	35.91	36.12	−0.21	2888	3079	−191

表 4-59 列出了在藕池东支疏挖的基础上，藕池口建闸方案与现状方案在长江来水洪峰时刻对应藕池河系各站水位、流量洪峰对比值。藕池口建闸控制后，藕池口门河段水位有所上升，上升幅度为 0.05m，藕池河系各站水位下降 0.01～0.33m，各站具体变化如下：藕池口闸按照天然情况（现状方案）藕池口最大过流量 6200m³/s 控制，相比藕池现状方案，藕池口洪峰水位抬升 0.05m，长江监利洪峰水位下降 0.02m，达到 35.02m；康家岗洪峰流量减少 92m³/s，洪峰水位下降 0.33m，沈家洲洪峰流量减少 77m³/s，洪峰水位下降 0.01m；管家铺洪峰流量增加 290m³/s，洪峰水位下降 0.24m，陈家岭河进口洪峰流量减少 40m³/s，洪峰水位下降 0.09m，施家渡河进口洪峰流量减少 129m³/s，洪峰水位下降 0.09m，梅田湖进口洪峰流量增加 568m³/s，洪峰水位抬升 0.02m，鲇鱼须河进口洪峰流量减少 57m³/s，洪峰水位升高 0.01m，北景港洪峰流量增加 520m³/s，洪峰水位下降 0.05m，注滋口洪峰流量增加 520m³/s，洪峰水位下降 0.04m。

表 4-59　　　　现状条件（2006 年地形）1954 年典型洪水长江洪峰时
藕池口建闸方案与现状方案比较（基面：1985 年国家高程基准）

河系	站　名	设计水位（m）	1998 年实测洪峰水位（m）	洪峰水位（m）			洪峰流量（m³/s）		
				藕池口建闸	现状方案	差值	藕池口建闸	现状方案	差值
长江	监利	35.26	36.21	35.02	35.04	−0.02	41656	41871	−215
藕池水系	藕池口闸上	38.07	—	37.84	37.79	0.05	6202	6092	110
	康家岗	37.87	38.44	37.08	37.41	−0.33	474	566	−92
	管家铺	37.50	38.28	36.82	37.06	−0.24	5815	5525	290
	三岔河	34.33	35.58	34.36	34.39	−0.03	2062	2275	−213
	北景港	34.40	35.79	34.60	34.65	−0.05	4338	3818	520
	注滋口	33.24	34.67	33.35	33.39	−0.04	4337	3817	520
	南嘴	34.20	35.36	34.47	34.49	−0.02	11418	11351	67
	西支沈家洲	37.87	—	34.44	34.45	−0.01	490	567	−77
	陈家岭进口	37.50	—	35.63	35.72	−0.09	440	480	−40
	陈家岭天心洲	34.87	—	34.80	34.84	−0.04	428	472	−44
	施家渡河进口	36.33	—	35.55	35.64	−0.09	1102	1231	−129
	鲇鱼须进口	35.57	—	35.97	35.96	0.01	1541	1598	−57
	鲇鱼须出口	35.53	—	34.78	34.85	−0.07	1560	1595	−35
	梅田湖断面	36.32	—	35.91	35.89	0.02	2888	2320	568

2. 2016 年地形条件

选用 1954 年经过三峡水库防洪调度后泄水排沙过程作为模型的上边界，在 2016 年地形条件下，并考虑按照沙市 45.00m（冻结高程）、莲花塘 34.40m（冻结高程）、汉口 29.73m（冻结高程）和鄱阳湖口 22.50m（冻结高程）分洪条件下，开展现状方案、藕池疏挖方案和藕池口建闸方案计算。

藕池疏挖方案与现状方案分洪计算结果对比如下表 4-60 所示。由表可见，藕池疏挖后，长江监利段、藕池口门段、康家岗、管家铺河段洪峰水位有所下降，下降幅度为 0.01～0.09m，陈家岭河、施家渡河洪峰水位抬升 0.10～0.11m，梅田湖河、鲇鱼须河、北景港至注滋口河段洪峰水位抬升 0.04～0.23m。藕池河系各站具体变化如下：藕池疏挖方案相较现状方案，藕池口洪峰流量增加 883m³/s，洪峰水位下降 0.08m，相应监利洪峰水位降低 0.08m，康家岗洪峰流量减少 32m³/s，洪峰水位下降 0.09m，沈家洲洪峰流量减少 36m³/s，洪峰水位抬升 0.06m，管家铺洪峰流量增加 915m³/s，洪峰水位下降 0.01m，陈家岭河进口洪峰流量增加 12m³/s，洪峰水位抬升 0.11m，施家渡河进口洪峰流量增加 19m³/s，洪峰水位抬升 0.1m，梅田湖进口洪峰流量增加 759m³/s，洪峰水位抬升 0.23m，鲇鱼须河进口洪峰流量增加 148m³/s，洪峰水位抬升 0.22m，北景港洪峰流量增加 888m³/s，洪峰水位抬升 0.12m，注滋口洪峰流量增加 887m³/s，洪峰水位抬升 0.04m。

表 4-60　　　　**2016 年地形条件下 1954 年典型洪水长江洪峰时藕池疏挖方案与现状方案比较（基面：1985 年国家高程基准）**

河系	站　名	设计水位（m）	1998 年实测洪峰水位（m）	洪峰水位（m）			洪峰流量（m³/s）		
				藕池疏挖	现状方案	差值	藕池疏挖	现状方案	差值
长江	监利	35.26	36.21	34.93	35.01	−0.08	41356	42150	−794
藕池水系	藕池口闸上	38.07	—	37.69	37.77	−0.08	6917	6034	883
	康家岗	37.87	38.44	37.32	37.41	−0.09	528	560	−32
	管家铺	37.50	38.28	37.04	37.05	−0.01	6388	5473	915
	三岔河	34.33	35.58	34.41	34.37	0.04	2262	2266	−4
	北景港	34.40	35.79	34.75	34.63	0.12	4678	3790	888
	注滋口	33.24	34.67	33.41	33.37	0.04	4677	3790	887
	南嘴	34.20	35.36	34.47	34.47	0.00	11391	11389	2
	西支沈家洲	37.87	—	34.49	34.43	0.06	541	577	−36
	陈家岭进口	37.50	—	35.81	35.70	0.11	479	467	12
	陈家岭天心洲	34.87	—	34.89	34.81	0.08	470	459	11
	施家渡河进口	36.33	—	35.72	35.62	0.10	1234	1215	19
	鲇鱼须进口	35.57	—	36.17	35.95	0.22	1734	1586	148
	鲇鱼须出口	35.53	—	34.95	34.82	0.13	1732	1583	149
	梅田湖断面	36.32	—	36.11	35.88	0.23	3064	2305	759

表 4-61 列出了藕池口建闸方案与藕池疏挖方案在长江来水洪峰时刻对应藕池河系各站水位、流量洪峰对比值。藕池口建闸控制后，长江监利河段、藕池口门河段水位有所上升，上升幅度为 0.06～0.12m，藕池河系各站水位下降 0.01～0.20m，各站具体变化如下：藕池口闸按照天然情况（现状方案）藕池口最大过流量 6200m³/s 控制，相比藕池疏挖方案，削减洪峰流量 714m³/s，使得藕池口闸上洪峰水位抬升 0.12m，达到 37.81m，长江监利洪峰水位抬升 0.06m，达到 34.99m；康家岗洪峰流量减少 56m³/s，洪峰水位下

降 0.20m，沈家洲洪峰流量减少 57m³/s，洪峰水位下降 0.08m；管家铺洪峰流量减少 541m³/s，洪峰水位下降 0.19m，陈家岭河进口洪峰流量减少 44m³/s，洪峰水位下降 0.17m，施家渡河进口洪峰流量减少 132m³/s，洪峰水位下降 0.16m，梅田湖进口洪峰流量减少 167m³/s，洪峰水位下降 0.18m，鲇鱼须河进口洪峰流量减少 192m³/s，洪峰水位下降 0.18m，北景港洪峰流量减少 358m³/s，洪峰水位下降 0.15m，注滋口洪峰流量减少 366m³/s，洪峰水位下降 0.07m。

表 4-61　　　　　　　2016 年地形条件下 1954 年典型洪水长江洪峰时
藕池口建闸方案与藕池疏挖方案比较（基面：1985 年国家高程基准）

河系	站　名	设计水位（m）	1998 年实测洪峰水位（m）	洪峰水位（m）			洪峰流量（m³/s）		
				藕池口建闸	藕池疏挖	差值	藕池口建闸	藕池疏挖	差值
长江	监利	35.26	36.21	34.99	34.93	0.06	41916	41356	560
藕池水系	藕池口闸上	38.07	—	37.81	37.69	0.12	6203	6917	−714
	康家岗	37.87	38.44	37.12	37.32	−0.20	472	528	−56
	管家铺	37.50	38.28	36.85	37.04	−0.19	5847	6388	−541
	三岔河	34.33	35.58	34.35	34.41	−0.06	2026	2262	−236
	北景港	34.40	35.79	34.60	34.75	−0.15	4320	4678	−358
	注滋口	33.24	34.67	33.34	33.41	−0.07	4311	4677	−366
	南嘴	34.20	35.36	34.46	34.47	−0.01	11453	11391	62
	西支沈家洲	37.87	—	34.41	34.49	−0.08	484	541	−57
	陈家岭进口	37.50	—	35.64	35.81	−0.17	435	479	−44
	陈家岭天心洲	34.87	—	34.78	34.89	−0.11	423	470	−47
	施家渡河进口	36.33	—	35.56	35.72	−0.16	1102	1234	−132
	鲇鱼须进口	35.57	—	35.99	36.17	−0.18	1542	1734	−192
	鲇鱼须出口	35.53	—	34.78	34.95	−0.17	1543	1732	−189
	梅田湖断面	36.32	—	35.93	36.11	−0.18	2897	3064	−167

表 4-62 列出了藕池东支疏挖基础上，藕池口建闸方案与现状方案在长江来水洪峰时刻对应藕池河系各站水位、流量洪峰对比值。藕池口建闸控制后，长江监利河段水位下降 0.02m，藕池口门河段水位有所上升，上升幅度为 0.04m，藕池河系各站水位下降 0.01～0.29m，各站具体变化如下：藕池口闸按照天然情况（现状方案）藕池口最大过流量 6200m³/s 控制，相比藕池现状方案，藕池口洪峰水位抬升 0.04m，达到 37.81m，长江监利洪峰水位下降 0.02m，与现状方案对应洪峰水位基本一致；康家岗洪峰流量减少 88m³/s，洪峰水位下降 0.29m，沈家洲洪峰流量减少 93m³/s，洪峰水位下降 0.02m；管家铺洪峰水位下降 0.20m，陈家岭河进口洪峰流量减少 32m³/s，洪峰水位下降 0.06m，施家渡河进口洪峰流量减少 113m³/s，洪峰水位下降 0.06m，梅田湖进口洪峰水位抬升 0.05m，鲇鱼须河进口洪峰流量减少 44m³/s，洪峰水位抬升 0.04m，北景港洪峰流量增加 530m³/s，洪峰水位下降 0.03m，注滋口洪峰流量增加 521m³/s，洪峰水位下降 0.03m。

表 4 - 62　　**2016 年地形条件下 1954 年典型洪水长江洪峰时**

藕池口建闸方案与现状方案比较（基面：1985 年国家高程基准）

河系	站　名	设计水位（m）	1998 年实测洪峰水位（m）	洪峰水位（m）			洪峰流量（m³/s）		
				藕池口建闸	现状方案	差值	藕池口建闸	现状方案	差值
长江	监利	35.26	36.21	34.99	35.01	−0.02	41916	42150	−234
藕池水系	藕池口闸上	38.07	—	37.81	37.77	0.04	6203	6034	169
	康家岗	37.87	38.44	37.12	37.41	−0.29	472	560	−88
	管家铺	37.50	38.28	36.85	37.05	−0.20	5847	5473	374
	三岔河	34.33	35.58	34.35	34.37	−0.02	2026	2266	−240
	北景港	34.40	35.79	34.60	34.63	−0.03	4320	3790	530
	注滋口	33.24	34.67	33.34	33.37	−0.03	4311	3790	521
	南嘴	34.20	35.36	34.46	34.47	−0.01	11453	11389	64
	西支沈家洲	37.87	—	34.41	34.43	−0.02	484	577	−93
	陈家岭进口	37.50	—	35.64	35.70	−0.06	435	467	−32
	陈家岭天心洲	34.87	—	34.78	34.81	−0.03	423	459	−36
	施家渡河进口	36.33	—	35.56	35.62	−0.06	1102	1215	−113
	鲇鱼须进口	35.57	—	35.99	35.95	0.04	1542	1586	−44
	鲇鱼须出口	35.53	—	34.78	34.82	−0.04	1543	1583	−40
	梅田湖断面	36.32	—	35.93	35.88	0.05	2897	2305	592

3. 2026 年地形条件

选用 1954 年经过三峡水库防洪调度后的泄水排沙过程作为模型的上边界，在 2026 年地形条件下，并考虑按照沙市 45.00m（冻结高程）、莲花塘 34.40m（冻结高程）、汉口 29.73m（冻结高程）和鄱阳湖口 22.50m（冻结高程）分洪条件下，开展现状方案、藕池疏挖方案和藕池口建闸方案计算。

藕池疏挖方案与现状方案计算结果对比如下表 4 - 63 所示。由表可见，藕池疏挖后，长江监利段、藕池口门段、藕池西支、康家岗、管家铺河段洪峰水位有所下降，下降幅度为 0.02～0.09m，陈家岭河、施家渡河洪峰水位抬升 0.09～0.10m，梅田湖河、鲇鱼须河、北景港至注滋口河段洪峰水位抬升 0.04～0.23m。各站具体变化如下：藕池疏挖方案相较现状方案，藕池口洪峰流量增加 878m³/s，洪峰水位下降 0.09m，相应监利洪峰水位降低 0.07m；康家岗洪峰流量减少 33m³/s，洪峰水位下降 0.09m，沈家洲洪峰流量减少 27m³/s，洪峰水位抬升 0.06m；管家铺洪峰流量增加 911m³/s，洪峰水位下降 0.02m，陈家岭河进口洪峰流量增加 15m³/s，洪峰水位抬升 0.10m，施家渡河进口洪峰流量增加 15m³/s，洪峰水位抬升 0.09m，梅田湖进口洪峰流量增加 759m³/s，洪峰水位抬升 0.23m，鲇鱼须河进口洪峰流量增加 147m³/s，洪峰水位抬升 0.22m，北景港洪峰流量增加 888m³/s，洪峰水位抬升 0.12m，注滋口洪峰流量增加 888m³/s，洪峰水位抬升 0.04m。

表 4–63 **2026 年地形条件下 1954 年典型洪水长江洪峰时藕池疏挖方案与现状方案比较（基面：1985 年国家高程基准）**

河系	站　名	设计水位（m）	1998 年实测洪峰水位（m）	洪峰水位（m）			洪峰流量（m³/s）		
				藕池疏挖	现状方案	差值	藕池疏挖	现状方案	差值
长江	监利	35.26	36.21	34.97	35.04	−0.07	41084	41871	−787
藕池水系	藕池口闸上	38.07	—	37.70	37.79	−0.09	6970	6092	878
	康家岗	37.87	38.44	37.32	37.41	−0.09	533	566	−33
	管家铺	37.50	38.28	37.04	37.06	−0.02	6436	5525	911
	三岔河	34.33	35.58	34.43	34.39	0.04	2279	2275	4
	北景港	34.40	35.79	34.77	34.65	0.12	4706	3818	888
	注滋口	33.24	34.67	33.43	33.39	0.04	4705	3817	888
	南嘴	34.20	35.36	34.48	34.49	−0.01	11341	11351	−10
	西支沈家洲	37.87	—	34.51	34.45	0.06	540	567	−27
	陈家岭进口	37.50	—	35.82	35.72	0.10	495	480	15
	陈家岭天心洲	34.87	—	34.92	34.84	0.08	481	472	9
	施家渡河进口	36.33	—	35.73	35.64	0.10	1246	1231	15
	鲇鱼须进口	35.57	—	36.18	35.96	0.22	1745	1598	147
	鲇鱼须出口	35.53	—	34.97	34.84	0.12	1743	1595	148
	梅田湖断面	36.32	—	36.12	35.89	0.23	3079	2320	759

　　表 4–64 列出了藕池口建闸方案与藕池疏挖方案在长江来水洪峰时刻对应藕池河系各站水位、流量洪峰对比值。藕池口建闸控制后，长江监利河段、藕池口门河段水位有所上升，上升幅度为 0.05～0.14m，藕池河系各站水位下降 0.01～0.24m，各站具体变化如下：藕池口闸按照天然情况（现状方案）藕池口最大过流量 6200m³/s 控制，相比藕池疏挖方案，削减洪峰流量 768m³/s，使得藕池口闸上洪峰水位抬升 0.14m，达到 37.84m，长江监利洪峰水位抬升 0.05m，达到 35.02m，与现状方案对应洪峰水位基本一致；康家岗洪峰流量减少 59m³/s，洪峰水位下降 0.24m，沈家洲洪峰流量减少 50m³/s，洪峰水位下降 0.07m；管家铺洪峰流量减少 621m³/s，洪峰水位下降 0.22m，陈家岭河进口洪峰流量减少 55m³/s，洪峰水位下降 0.19m，施家渡河进口洪峰流量减少 144m³/s，洪峰水位下降 0.18m，梅田湖进口洪峰流量减少 191m³/s，洪峰水位下降 0.21m，鲇鱼须河进口洪峰流量减少 204m³/s，洪峰水位下降 0.21m，北景港洪峰流量减少 368m³/s，洪峰水位下降 0.17m，注滋口洪峰流量减少 368m³/s，洪峰水位下降 0.08m。

　　表 4–65 列出了藕池口建闸方案与现状方案在长江来水洪峰时刻对应藕池河系各站水位、流量洪峰对比值。藕池口建闸控制后，长江监利水位下降 0.02m，藕池口门河段水位有所上升，上升幅度为 0.05m，藕池河系各站水位变化幅度 −0.33～0.02m，具体变化如下：藕池口闸按照天然情况（现状方案）藕池口最大过流量 6200m³/s 控制，相比藕池现状方案，藕池口洪峰水位升高 0.05m，达到 37.84m，长江监利洪峰水位下降 0.02m，达到

表 4-64　　　　2026 年地形条件下 1954 年典型洪水长江洪峰时
藕池口建闸方案与藕池疏挖方案比较（基面：1985 年国家高程基准）

河系	站　名	设计水位（m）	1998 年实测洪峰水位（m）	洪峰水位（m）			洪峰流量（m³/s）		
				藕池口建闸	藕池疏挖	差值	藕池口建闸	藕池疏挖	差值
长江	监利	35.26	36.21	35.02	34.97	0.05	41656	41084	572
藕池水系	藕池口闸上	38.07	—	37.84	37.70	0.14	6202	6970	-768
	康家岗	37.87	38.44	37.08	37.32	-0.24	474	533	-59
	管家铺	37.50	38.28	36.82	37.04	-0.22	5815	6436	-621
	三岔河	34.33	35.58	34.36	34.43	-0.07	2062	2279	-217
	北景港	34.40	35.79	34.60	34.77	-0.17	4338	4706	-368
	注滋口	33.24	34.67	33.35	33.43	-0.08	4337	4705	-368
	南嘴	34.20	35.36	34.47	34.48	-0.01	11418	11341	77
	西支沈家洲	37.87	—	34.44	34.51	-0.07	490	540	-50
	陈家岭进口	37.50	—	35.63	35.82	-0.19	440	495	-55
	陈家岭天心洲	34.87	—	34.80	34.92	-0.12	428	481	-53
	施家渡河进口	36.33	—	35.55	35.73	-0.18	1102	1246	-144
	鲇鱼须进口	35.57	—	35.97	36.18	-0.21	1541	1745	-204
	鲇鱼须出口	35.53	—	34.78	34.97	-0.19	1560	1743	-183
	梅田湖断面	36.32	—	35.91	36.12	-0.21	2888	3079	-191

表 4-65　　　　2026 年地形条件下 1954 年典型洪水长江洪峰时
藕池口建闸方案与现状方案比较（基面：1985 年国家高程基准）

河系	站　名	设计水位（m）	1998 年实测洪峰水位（m）	洪峰水位（m）			洪峰流量（m³/s）		
				藕池口建闸	现状方案	差值	藕池口建闸	现状方案	差值
长江	监利	35.26	36.21	35.02	35.04	-0.02	41656	41871	-215
藕池水系	藕池口闸上	38.07	—	37.84	37.79	0.05	6202	6092	110
	康家岗	37.87	38.44	37.08	37.41	-0.33	474	566	-92
	管家铺	37.50	38.28	36.82	37.06	-0.24	5815	5525	290
	三岔河	34.33	35.58	34.36	34.39	-0.03	2062	2275	-213
	北景港	34.40	35.79	34.60	34.65	-0.05	4338	3818	520
	注滋口	33.24	34.67	33.35	33.39	-0.04	4337	3817	520
	南嘴	34.20	35.36	34.47	34.49	-0.02	11418	11351	67
	西支沈家洲	37.87	—	34.44	34.45	-0.01	490	567	-77
	陈家岭进口	37.50	—	35.63	35.72	-0.09	440	480	-40
	陈家岭天心洲	34.87	—	34.80	34.84	-0.04	428	472	-44
	施家渡河进口	36.33	—	35.55	35.64	-0.09	1102	1231	-129
	鲇鱼须进口	35.57	—	35.97	35.96	0.01	1541	1598	-57
	鲇鱼须出口	35.53	—	34.78	34.85	-0.07	1560	1595	-35
	梅田湖断面	36.32	—	35.91	35.89	0.02	2888	2320	568

35.02m，与现状方案对应洪峰水位基本一致；康家岗洪峰流量减少 92m³/s，洪峰水位下降 0.33m，沈家洲洪峰流量减少 77m³/s，洪峰水位基本不变；管家铺洪峰水位下降 0.24m，陈家岭河进口洪峰流量减少 40m³/s，洪峰水位下降 0.09m，施家渡河进口洪峰流量减少 129m³/s，洪峰水位下降 0.09m，梅田湖进口洪峰水位抬升 0.02m，鲇鱼须河进口洪峰流量减少 57m³/s，洪峰水位抬升 0.01m，北景港洪峰流量增加 520m³/s，洪峰水位下降 0.05m，注滋口洪峰流量增加 520m³/s，洪峰水位下降 0.04m。

4.4 控支强干方案的防洪效果分析

在 2006 年地形条件下，利用 1998 年、1954 年经过三峡水库调蓄后的宜昌来水来沙及四水来水来沙条件，对松滋河系各控支强干方案进行了计算，并与现状方案进行对比分析。

4.4.1 松滋河系控支强干方案分析

在 2006 年地形条件下，利用 1998 年经过三峡水库调蓄后的宜昌来水来沙及四水来水来沙条件，对松滋河系控支强干方案进行计算并与现状方案计算结果进行了比较。松滋河系控支强干方案是指在松滋中支疏挖的基础上，官垸上下闸按照遭遇百年一遇洪水安全下泄流量 2000m³/s 控制，大湖口上下闸按照遭遇百年一遇洪水安全下泄流量 1800m³/s 控制（详细方案设置见 6.1 节）。

表 4-66 列出了 2006 年地形、1998 年经三峡水库调蓄后洪水条件下，松滋河系控支强干方案与现状方案在长江来水洪峰时刻对应松滋河系各站水位、流量洪峰值。由此表可见，在官垸河上下闸按照 2000m³/s 控制、大湖口河上下闸按照 1800m³/s 控制、松滋中支疏挖 1.5m 的情况下，新江口、沙道观洪峰水位基本不变，小于堤防设计水位 0.9～1.6m；自治局、汇口、石龟山、安乡等站水位下降 0.10～0.21m；苏支河水位基本不变；中河口水位升高 0.03m，比堤防设计水位低 1.24m。

表 4-66　　　　　　现状条件（2006 年）下 1998 年典型洪水
长江洪峰时松滋河系控支强干方案比较（基面：1985 年国家高程基准）

河系	站　名	设计水位（m）	1998 年实测洪峰水位（m）	洪峰水位（m）			洪峰流量（m³/s）		
				松滋水系控支强干	现状	差值	松滋水系控支强干	现状	差值
长江	沙市	42.88	43.10	41.75	41.75	0.00	47128	47113	15
松虎水系	松滋口	46.00	—	44.71	44.71	0.00	7112	7108	4
	新江口	43.69	44.10	43.05	43.05	0.00	5004	5001	3
	沙道观	43.21	43.52	42.26	42.27	−0.01	2103	2103	0
	弥陀寺	42.21	42.96	41.48	41.48	0.00	2435	2423	12
	津市	41.92	42.92	38.36	38.53	−0.17	6100	6100	0
	石龟山	38.78	39.85	37.14	37.34	−0.20	5251	5764	−513
	官垸（两闸间）	39.55	40.68	38.10	38.45	−0.35	2006	2368	−362

河系	站　名	设计水位（m）	1998年实测洪峰水位（m）	洪峰水位（m）			洪峰流量（m³/s）		
				松滋水系控支强干	现状	差值	松滋水系控支强干	现状	差值
松虎水系	汇口	38.81	39.87	37.10	37.31	−0.21	847	900	−53
	自治局	38.36	39.40	37.22	37.32	−0.10	2906	2490	416
	大湖口（两闸间）	38.12	39.14	37.27	37.49	−0.22	1807	1849	−42
	安乡	37.19	38.25	35.68	35.88	−0.20	5066	4705	361
	肖家湾	34.87	36.49	34.12	34.11	0.01	7453	7134	319
	南闸上	38.23	38.91	37.46	37.53	−0.07	2826	2834	−8
	南闸下	38.23	38.91	37.46	37.53	−0.07	2826	2834	−8
	中河口	41.10	—	39.89	39.86	0.03	718	675	43
	苏支河	41.90	—	40.66	40.67	−0.01	2203	2206	−3
	官垸青龙窖闸上	39.58	40.69	39.13	39.08	0.05	2000	2364	−364
	官垸毛家渡闸上	39.40	—	37.69	37.92	−0.23	2010	2371	−361
	大湖口王守寺闸上	39.75	—	39.45	39.47	−0.02	1800	1846	−46
	大湖口小望角闸上	37.53	—	36.25	36.48	−0.23	1812	1852	−40
	五里河跛子渡	38.31	—	36.86	37.07	−0.21	846	899	−53
	虎渡河新开口	36.45	—	35.44	35.58	−0.14	2833	2842	−9
	安乡河四分局	35.06	—	34.13	34.12	0.01	7452	7134	318

4.4.2　藕池河系控支强干方案分析

藕池河系控支强干方案为在藕池东支疏挖1.0m基础上，对藕池西支、中支陈家岭河、东支梅田湖进出口段建闸控制蓄水，计算结果与现状方案对比结果见表4-67。由此表可见，在藕池东支疏挖1.0m的基础上，藕池西支上下闸关闸、中支陈家岭河上下闸按照100m³/s控制、东支梅田湖上下闸按照1100m³/s控制，藕池口洪峰流量增加128m³/s，洪峰水位降低0.04m，管家铺洪峰水位抬升0.11m，梅田湖河段进口水位抬升0.45m，超过设计水位0.21m。

表4-67　　　　　　　　　　现状条件（2006年）下
1998年典型洪水洪峰时藕池河系控支强干方案比较（基面：1985年国家高程基准）

河系	站　名	堤防设计水位（m）	1998年实测水位（m）	洪峰水位（m）			洪峰流量（m³/s）		
				藕池水系控支强干	现状	差值	藕池水系控支强干	现状	差值
长江	监利	35.14	36.21	35.33	35.34	−0.01	41212	41310	−98
藕池水系	藕池口	38.07	—	37.80	37.84	−0.04	6361	6233	128
	康家岗（两闸内）	37.87	38.44	34.90	37.44	−2.54	0	592	−592
	管家铺	37.50	38.28	37.20	37.09	0.11	6362	5643	719
	三岔河	34.33	35.58	34.08	34.23	−0.15	1805	2397	−592

河系	站　名	堤防设计水位（m）	1998年实测水位（m）	洪峰水位（m）			洪峰流量（m³/s）		
				藕池水系控支强干	现状	差值	藕池水系控支强干	现状	差值
藕池水系	北景港	34.40	35.79	34.90	34.92	−0.02	4571	3859	712
	注滋口	33.24	34.67	33.79	33.82	−0.03	4572	3862	710
	南嘴	34.20	35.36	33.98	34.03	−0.05	6487	6281	206
	康家岗闸上	37.87	—	37.57	37.59	−0.02	0	592	−592
	沈家洲闸上	34.87	—	34.87	34.33	0.54	0	601	−601
	陈家岭进口闸上	36.33	—	36.17	35.75	0.42	100	502	−402
	陈家岭天心洲闸上	35.57	—	34.61	34.78	−0.17	103	503	−400
	施家渡河进口	35.53	—	36.03	35.65	0.38	1698	1289	409
	鲇鱼须进口闸上	36.32	—	36.53	36.08	0.45	1100	1638	−538
	鲇鱼须出口闸上	35.00	—	35.04	35.08	−0.04	1107	1640	−533
	梅田湖河进口	36.26	—	36.47	36.02	0.45	3468	2217	1251

4.4.3　虎渡河南闸以下建平原水库方案

在 2006 年地形条件下，表 4-68 列出了 1998 年典型洪水洪峰时虎渡河南闸以下建平原水库方案的计算结果，由于洪峰时刻，虎渡河南闸、新开口畅泄行洪，该方案对各站洪峰水位没有影响。

表 4-68　　现状条件（2006 年地形）1998 年典型洪水洪峰时
虎渡河下支建平原水库方案比较（基面：1985 年国家高程基准）

河系	站　名	堤防设计水位（m）	1998年实测水位（m）	洪峰水位（m）			洪峰流量（m³/s）		
				虎渡河下支建平原水库	现状	差值	虎渡河下支建平原水库	现状	差值
长江	沙市	42.88	43.10	41.75	41.75	0.00	47113	47113	0
松虎水系	松滋口	46.00	—	44.71	44.71	0.00	7108	7108	0
	新江口	43.69	44.10	43.05	43.05	0.00	5001	5001	0
	沙道观	43.21	43.52	42.27	42.27	0.00	2103	2103	0
	弥陀寺	42.21	42.96	41.48	41.48	0.00	2423	2423	0
	津市	41.92	42.92	38.53	38.53	0.00	6100	6100	0
	石龟山	38.78	39.85	37.34	37.34	0.00	5764	5764	0
	官垸	39.55	40.68	38.45	38.45	0.00	2368	2368	0
	汇口	38.81	39.87	37.31	37.31	0.00	900	900	0
	自治局	38.36	39.40	37.32	37.32	0.00	2490	2490	0
	大湖口	38.12	39.14	37.49	37.49	0.00	1849	1849	0
	安乡	37.19	38.25	35.88	35.88	0.00	4705	4705	0

河系	站　名	堤防设计水位（m）	1998年实测水位（m）	洪峰水位（m）			洪峰流量（m³/s）		
				虎渡河下支建平原水库	现状	差值	虎渡河下支建平原水库	现状	差值
松虎水系	肖家湾	34.87	36.49	34.11	34.11	0.00	7134	7134	0
	南闸上	38.23	38.91	37.53	37.53	0.00	2834	2834	0
	南闸下	38.23	38.91	37.53	37.53	0.00	2834	2834	0
	中河口	41.10	—	39.86	39.86	0.00	675	675	0
	苏支河	41.90		40.67	40.67	0.00	2206	2206	0
	官垸青龙窖	39.58	40.69	39.08	39.08	0.00	2364	2364	0
	官垸毛家渡	39.40		37.92	37.92	0.00	2371	2371	0
	大湖口王守寺	39.75	—	39.47	39.47	0.00	1846	1846	0
	大湖口小望角	37.53		36.48	36.48	0.00	1852	1852	0
	五里河跛子渡	38.31		37.07	37.07	0.00	899	899	0
	虎渡河新开口闸上	36.45		35.58	35.58	0.00	2842	2842	0
	安乡河四分局	35.06	—	34.12	34.12	0.00	7134	7134	0

4.4.4 藕池河系控支强干大包方案分析

藕池河系控支强干大包方案（藕池河系优化方案）在藕池东支疏挖 1.00m 的基础上，藕池西支、中支及东支梅田湖河段上建闸蓄水，长江大水时，藕池中支、东支梅田湖上下闸开闸行洪，藕池西支仍关闸蓄水。由表 4-69 可见，藕池中支、东支梅田湖上下闸开闸并控制行洪后，使得藕池口过流量减少 209m³/s，水位升高 0.06m，相应管家铺水位升高 0.30m，达到 37.39m，但比堤防设计水位低 0.11m。由于鲇鱼须进口闸按照 1100m³/s 过流，使得鲇鱼须进口闸上的水位升高 0.71m，相应梅田湖过流量增加 1511m³/s，梅田湖进口水位升高 0.72m，比堤防设计水位高 0.48m。值得注意的是，若加大鲇鱼须的控制流量，则可以降低鲇鱼须进口闸上水位。

表 4-69　　　　　　现状条件（2006年地形）1998年典型洪水洪峰时
藕池水系控支强干大包方案比较（基面：1985年国家高程基准）

河系	站　名	堤防设计水位（m）	1998年实测水位（m）	洪峰水位（m）			洪峰流量（m³/s）		
				藕池水系控支强干大包方案	现状	差值	藕池水系控支强干大包方案	现状	差值
长江	监利	35.14	36.21	35.36	35.34	0.02	41640	41310	330
藕池水系	藕池口	38.07	—	37.90	37.84	0.06	6024	6233	−209
	康家岗（两闸内）	37.87	38.44	34.79	37.44	−2.65	0	592	−592
	管家铺	37.50	38.28	37.39	37.09	0.30	6025	5643	382
	三岔河	34.33	35.58	33.95	34.23	−0.28	1221	2397	−1176

河系	站　名	堤防设计水位（m）	1998年实测水位（m）	洪峰水位（m）			洪峰流量（m³/s）		
				藕池水系控支强干大包方案	现状	差值	藕池水系控支强干大包方案	现状	差值
藕池水系	北景港	34.40	35.79	35.06	34.92	0.14	4841	3859	982
	注滋口	33.24	34.67	33.86	33.82	0.04	4849	3862	987
	南嘴	34.20	35.36	33.94	34.03	−0.09	6728	6281	447
	康家岗闸上	37.87	—	37.70	37.59	0.11	0	592	−592
	西支沈家洲闸上	34.87	—	34.75	34.33	0.42	0	601	−601
	中支上闸闸上	37.40	—	37.16	36.64	0.52	1200	1789	−589
	中支下柴市闸上	34.75	—	33.99	34.34	−0.35	1219	1797	−578
	施家渡河进口	35.53	—	34.85	35.65	−0.80	883	1289	−406
	鲇鱼须进口闸上	36.32	—	36.79	36.08	0.71	1100	1638	−538
	鲇鱼须出口闸上	35.00	—	35.20	35.08	0.12	1109	1640	−531
	梅田湖河进口	36.26	—	36.74	36.02	0.72	3728	2217	1511

4.4.5　四口河系控支强干大包方案分析

在 2006 年地形条件下，表 4-70 列出了 1998 年典型洪水长江大水时方案计算结果。在松滋河系、藕池河系都采取疏挖及建闸等控支强干措施下，松滋口、新江口、沙道观、藕池口等站水位变化不大；管家铺水位升高 0.30m，比堤防设计水位低 0.11m；松滋口洪峰流量增加 2m³/s，藕池口洪峰流量减少 210m³/s。由于松滋河系中支疏挖、东支大湖口河按照 1800m³/s 控制、西支官垸河按照 2000m³/s 控制使得松滋河系中河口水位升高 0.01m，苏支河水位降低 0.02m；藕池河系西支关闸蓄水，使得闸上水位升高 0.11m，藕池中支按照 1200m³/s 控制，使得中支过流量减少 589m³/s，闸上水位升高 0.52m，藕池东支鲇鱼须河按照 1100m³/s 控制，使得藕池东支梅田湖进口流量增加 1510m³/s，闸上水位升高 0.71m，北景港水位升高 0.15m。其余各站水位有所下降。值得注意的是，若加大鲇鱼须的控制流量，则可以降低鲇鱼须进口闸上水位。

表 4-70　　　　　现状条件（2006 年地形）1998 年典型洪水洪峰时
四口河系控支强干大包案比较（基面：1985 年国家高程基准）

河系	站　名	堤防设计水位（m）	1998年实测水位（m）	洪峰水位（m）			洪峰流量（m³/s）		
				四口河系控支强干方案	现状	差值	四口河系控支强干方案	现状	差值
长江	沙市	42.88	43.10	41.75	41.75	0.00	47082	47113	−31
	监利	35.26	36.21	35.36	35.34	0.02	40989	41310	−321
松虎水系	松滋口	46.00	—	44.71	44.71	0.00	7110	7108	2
	新江口	43.69	44.10	43.05	43.05	0.00	5003	5001	2
	沙道观	43.21	43.52	42.26	42.27	−0.01	2103	2103	0

河系	站　名	堤防设计水位（m）	1998年实测水位（m）	洪峰水位（m）			洪峰流量（m³/s）		
				四口河系控支强干方案	现状	差值	四口河系控支强干方案	现状	差值
松虎水系	弥陀寺	42.21	42.96	41.49	41.48	0.01	2445	2423	22
	津市	41.92	42.92	38.39	38.53	−0.14	6100	6100	0
	石龟山	38.78	39.85	37.16	37.34	−0.18	5222	5764	−542
	官垸	39.55	40.68	37.82	38.45	−0.63	2008	2368	−360
	汇口	38.81	39.87	37.10	37.31	−0.21	913	900	13
	自治局	38.36	39.40	37.18	37.32	−0.14	2971	2490	481
	大湖口	38.12	39.14	37.19	37.49	−0.30	1806	1849	−43
	安乡	37.19	38.25	35.64	35.88	−0.24	5134	4705	429
	肖家湾	34.87	36.49	34.03	34.11	−0.08	7464	7134	330
	南闸上	38.23	38.91	37.45	37.53	−0.08	2833	2834	−1
	南闸下	38.23	38.91	37.45	37.53	−0.08	2833	2834	−1
	中河口	41.10	—	39.87	39.86	0.01	723	675	48
	苏支河	41.90	—	40.65	40.67	−0.02	2202	2206	−4
	官垸青龙窖闸上	39.58	40.69	39.22	39.08	0.14	2077	2364	−287
	官垸毛家渡闸上	39.40	—	37.67	37.92	−0.25	2010	2371	−361
	大湖口王守寺闸上	39.75	—	39.51	39.47	0.04	1800	1846	−46
	大湖口小望角闸上	37.53	—	36.19	36.48	−0.29	1811	1852	−41
	五里河跛子渡	38.31	—	36.85	37.07	−0.22	910	899	11
	虎渡河新开口闸上	36.45	—	35.40	35.58	−0.18	2838	2842	−4
	安乡河四分局	35.06	—	34.04	34.12	−0.08	7463	7134	329
藕池水系	藕池口	38.07	—	37.90	37.84	0.06	6023	6233	−210
	康家岗（两闸内）	37.87	38.44	34.79	37.44	−2.65	0	592	−592
	管家铺	37.50	38.28	37.39	37.09	0.30	6024	5643	381
	三岔河	34.33	35.58	33.96	34.23	−0.27	1217	2397	−1180
	北景港	34.40	35.79	35.07	34.92	0.15	4834	3859	975
	注滋口	33.24	34.67	33.86	33.82	0.04	4839	3862	977
	南嘴	34.20	35.36	33.95	34.03	−0.08	6726	6281	445
	康家岗闸上	37.87	—	37.70	37.59	0.11	0	592	−592
	西支沈家洲闸上	34.87	—	34.75	34.33	0.42	0	601	−601
	中支上闸闸上	37.40	—	37.16	36.64	0.52	1200	1789	−589
	中支下柴市闸上	34.75	—	34.00	34.34	−0.34	1214	1797	−583
	鲇鱼须进口闸上	36.32	—	36.79	36.08	0.71	1100	1638	−538
	鲇鱼须出口闸上	35.00	—	35.21	35.08	0.13	1108	1640	−532
	梅田湖河进口	36.26	—	36.74	36.02	0.72	3727	2217	1510

4.5 典型洪水条件下的防洪形势分析

利用 1954 年经过三峡水库调蓄后的洪水，按照分洪运用控制水位分别为：沙市 45.00m（吴淞）、城陵矶 34.40m（吴淞）、汉口 29.50m（吴淞）、湖口 25.50m（吴淞），对现状方案和四口河系控支强干大包方案进行分蓄洪区分洪运用计算，蓄滞洪区运用顺序为四水尾闾区、洞庭湖湖区、四口河系区，计算结果如下。

4.5.1 现状方案分洪计算分析

表 4-71 列出了在 2006 年地形条件下，经过三峡水库调蓄后的 1954 年典型洪水不分洪与分洪情景下，长江及四口河系各站洪峰水位、洪峰流量对比情况（表中水位为 1985 年国家高程基准）。不分洪情景下莲花塘洪峰水位为 34.39m，当莲花塘水位为 32.37m（34.40m 吴淞高程）时，螺山流量为 6300m³/s，分洪情景下莲花塘最高水位为 32.38m（1985 年国家高程基准），对应螺山洪峰流量 66189m³/s。分洪后长江中下游各站水位均有不同程度的下降，下降幅度在 0.12～2.07m，四口河系各站水位下降幅度为 0.22～1.44m。表 4-72 列出了现状方案下各垸分蓄洪量情况，城陵矶附近区分洪量为 294.69 亿 m³，其中洞庭湖 24 垸共分洪 147.15 亿 m³，洪湖分洪区分洪 147.53 亿 m³。

表 4-71 现状条件（2006 年地形）现状方案

1954 年典型洪水分洪与不分洪洪峰水位流量比较（水位基面：1985 年国家高程基准）

河系	站　名	堤防设计水位（m）	1998 年实测水位（m）	洪峰水位（m）			洪峰流量（m³/s）		
				分洪	不分洪	差值	分洪	不分洪	差值
长江	宜昌	(53.68)	52.45	49.84	49.96	−0.12	54832	54832	0
	枝城	(48.55)	48.56	46.82	47.02	−0.20	56252	56239	13
	沙市	42.88	43.10	41.64	42.22	−0.58	47909	47452	457
	监利	35.26	36.21	35.05	36.28	−1.23	41927	41114	813
	城陵矶	32.46	33.86	32.38	34.39	−2.01	34543	37186	−2643
	螺山	(31.23)	33.01	31.39	33.46	−2.07	66189	75994	−9805
	说明：不分洪条件下，莲花塘水位计算值为 32.37m 时，对应螺山流量 63000m³/s								
松虎水系	松滋口	46.00	—	44.67	44.89	−0.22	6937	7291	−354
	新江口	43.69	44.10	43.08	43.34	−0.26	4872	5086	−214
	沙道观	43.21	43.52	42.33	42.68	−0.35	2078	2204	−126
	弥陀寺	42.21	42.96	41.46	42.05	−0.59	2322	2582	−260
	津市	41.92	42.92	40.25	40.25	0.00	11700	11700	0
	石龟山	38.78	39.85	38.31	39.12	−0.81	7644	7688	−44
	官垸	39.55	40.68	39.16	39.88	−0.72	2305	2431	−126
	汇口	38.81	39.87	38.22	39.08	−0.86	2075	2094	−19
	自治局	38.36	39.40	37.76	38.73	−0.97	2630	2678	−48

河系	站　名	堤防设计水位（m）	1998年实测水位（m）	洪峰水位（m）			洪峰流量（m³/s）		
				分洪	不分洪	差值	分洪	不分洪	差值
松虎水系	大湖口	38.12	39.14	37.88	38.83	−0.95	1984	1920	64
	安乡	37.19	38.25	36.44	37.70	−1.26	5199	5333	−134
	肖家湾	34.87	36.49	35.35	36.61	−1.26	8036	8350	−314
	南闸上	38.23	38.91	38.23	39.19	−0.96	3028	3209	−181
	南闸下	38.23	38.91	38.24	39.20	−0.96	3029	3211	−182
	中河口	41.10	—	40.21	40.74	−0.53	825	947	−122
	苏支河	41.90	—	40.92	41.38	−0.46	2181	2240	−59
	官垸青龙窖闸上	39.58	40.69	39.57	40.19	−0.62	2289	2421	−132
	官垸毛家渡闸上	39.40	—	38.96	39.62	−0.66	2315	2438	−123
	大湖口王守寺闸上	39.75	—	39.88	40.43	−0.55	1990	1923	67
	大湖口小望角闸上	37.53	—	36.97	38.11	−1.14	2020	1915	105
	五里河跛子渡	38.31	—	37.93	38.73	−0.80	2535	2561	−26
	虎渡河新开口闸上	36.45	—	36.14	37.47	−1.33	2954	3218	−264
	安乡河四分局	35.06	—	35.36	36.62	−1.26	8037	8351	−314
藕池水系	藕池口	38.07	—	37.79	38.48	−0.69	6092	6137	−45
	康家岗	37.87	38.44	37.42	38.15	−0.73	566	649	−83
	管家铺	37.50	38.28	37.06	37.84	−0.78	5525	5488	37
	三岔河	34.33	35.58	34.99	36.36	−1.37	2315	2460	−145
	北景港	34.40	35.79	34.66	36.10	−1.44	3819	3776	43
	注滋口	33.24	34.67	33.41	34.76	−1.35	3820	3768	52
	康家岗闸上	37.87	—	37.56	38.26	−0.70	566	649	−83
	西支沈家洲闸上	34.87	—	35.00	36.41	−1.41	668	665	3
	陈家岭进口闸	36.33	—	35.81	36.97	−1.16	485	522	−37
	陈家岭天心洲	35.57	—	35.25	36.57	−1.32	476	523	−47
	中支上闸闸上	37.40	—	36.58	37.47	−0.89	1705	1780	−75
	中支下柴市闸上	34.75	—	34.99	36.40	−1.41	1726	1793	−67
	施家渡河进口	35.53	—	35.74	36.93	−1.19	1232	1258	−26
	鲇鱼须进口闸上	36.32	—	35.96	37.03	−1.07	1599	1689	−90
	鲇鱼须出口闸上	35.00	—	34.85	36.26	−1.41	1596	1683	−87
	梅田湖河进口	36.26	—	35.90	36.99	−1.09	2347	2116	231

注　表中括号内数据为1954年实测最高水位。

4.5.2　四口河系大包方案分洪计算分析

为适应四口河系控支强干调整的需要，先使用四水尾闾区和洞庭湖湖区分洪区进行分洪，若仍不能控制城陵矶水位不超过 34.40m（吴淞），再启用四口河系区分蓄洪区分蓄洪水。按照此原则，1954 年典型洪水调度结果如下。

表 4 - 72　　　**现状条件（2006 年）现状方案下**
1954 年典型洪水长江中下游各蓄洪垸分洪量统计表

编号	蓄滞洪区	蓄水容量（亿 m³）	蓄洪量（亿 m³）	分洪分区	蓄洪量（亿 m³）
1	荆江分洪区	60.00	0.00	荆江分洪区	0.00
2	围堤湖	2.48	1.99		
3	六角山	0.94	0.94		
4	九垸	3.97	2.84		
5	西官垸	4.58	3.43		
6	安澧垸	9.86	9.21		
7	澧南垸	2.23	1.09		
8	安昌、安宏垸	8.11	6.52		
9	南汉垸	5.66	5.32		
10	安化垸	4.93	0.57		
11	南顶垸	2.57	0.84		
12	和康垸	6.41	3.47		
13	民主垸	11.20	10.36	洞庭湖 24 垸	147.15
14	共双茶	18.53	18.51		
15	城西垸	7.98	5.84		
16	屈原农场	12.34	12.34		
17	义合垸	0.78	0.73		
18	北湖垸	3.31	3.19		
19	集成、安合垸	7.08	3.97		
20	钱粮湖	24.27	24.27		
21	建设垸	6.13	6.13		
22	建新垸	2.06	2.06		
23	君山农场	5.08	5.08		
24	隆西、同兴垸	10.41	7.30		
25	江南、陆城	11.31	11.13		
26	洪湖分洪区	207.00	147.53	洪湖分洪区	147.53

　　表 4 - 73 列出了在四口河系大包方案设置及 2006 年地形条件下，经过三峡水库调蓄后的 1954 年典型洪水不分洪与分洪情景下，长江及四口河系各站洪峰水位、洪峰流量对比情况（表中水位为 1985 年国家高程基准）。不分洪情景下城陵矶洪峰水位为 34.42m，分洪情景下城陵矶最高水位为 32.40m，对应螺山洪峰流量 66395m³/s。表 4 - 74 列出了大包方案下各垸分蓄洪量情况，城陵矶附近区分洪量为 295.26 亿 m³，其中，洞庭湖 24

垸共分洪 145.60 亿 m³，洪湖分洪区分洪 149.66 亿 m³。洞庭湖蓄滞洪区中，松滋河系区安昌垸、藕池河系区安化垸、南顶垸、集成安合垸未分洪，城陵矶水位控制在 32.40m。相比现状防洪方案，洞庭湖洪峰水位升高 0.03m，相应洞庭湖蓄水增加 1.60 亿 m³。

表 4-73　　　　　　　现状条件（2006 年地形）四口河系大包方案
1954 年典型洪水分洪与不分洪洪峰水位流量比较（基面：1985 年国家高程基准）

河系	站　名	堤防设计水位（m）	1998 年实测水位（m）	洪峰水位（m）			洪峰流量（m³/s）		
				分洪	不分洪	差值	分洪	不分洪	差值
长江	宜昌	(53.68)	52.45	49.84	49.96	−0.12	54832	54832	0
	枝城	(48.55)	48.56	46.82	47.03	−0.21	56251	56238	13
	沙市	42.88	43.10	41.65	42.24	−0.59	47878	47458	420
	监利	35.26	36.21	35.07	36.31	−1.24	42016	41393	623
	城陵矶	32.46	33.86	32.40	34.41	−2.01	34485	37251	−2766
	螺山	(31.23)	33.01	31.46	33.48	−2.02	66395	76013	−9618
松虎水系	松滋口	46.00	—	44.67	44.89	−0.22	6939	7297	−358
	新江口	43.69	44.10	43.10	43.34	−0.24	4873	5090	−217
	沙道观	43.21	43.52	42.37	42.68	−0.31	2079	2206	−127
	弥陀寺	42.21	42.96	41.49	42.07	−0.58	2335	2627	−292
	津市	41.92	42.92	40.09	40.22	−0.13	11700	11700	0
	石龟山	38.78	39.85	38.06	38.95	−0.89	6876	7634	−758
	官垸	39.55	40.68	39.41	39.55	−0.14	2287	2163	124
	汇口	38.81	39.87	37.80	38.90	−1.10	2636	2636	0
	自治局	38.36	39.40	37.60	38.61	−1.01	4148	3946	202
	大湖口	38.12	39.14	37.82	38.56	−0.74	2022	1825	197
	安乡	37.19	38.25	36.37	37.56	−1.19	5211	5633	−422
	肖家湾	34.87	36.49	35.35	36.57	−1.22	8119	8731	−612
	南闸上	38.23	38.91	38.43	39.20	−0.77	2956	3214	−258
	南闸下	38.23	38.91	38.43	39.21	−0.78	2959	3216	−257
	中河口	41.10	—	40.29	40.79	−0.50	1162	1163	−1
	苏支河	41.90	—	40.99	41.42	−0.43	2190	2243	−53
	官垸青龙窖闸上	39.58	40.69	39.70	40.25	−0.55	2079	2092	−13
	官垸毛家渡闸上	39.40	—	39.40	39.43	−0.03	2637	2472	165
	大湖口王守寺闸上	39.75	—	39.98	40.66	−0.68	1872	1887	−15
	大湖口小望角闸上	37.53	—	37.53	37.94	−0.41	2087	1833	254
	五里河跛子渡	38.31	—	37.16	38.54	−1.38	3600	3600	0
	虎渡河新开口闸上	36.45	—	36.45	37.36	−0.91	2992	3244	−252
	安乡河四分局	35.06	—	35.36	36.58	−1.22	8118	8734	−616

河系	站　名	堤防设计水位（m）	1998年实测水位（m）	洪峰水位（m）			洪峰流量（m³/s）		
				分洪	不分洪	差值	分洪	不分洪	差值
藕池水系	藕池口	38.07	—	37.80	38.56	−0.76	5988	5828	160
	康家岗（两闸内）	37.87	38.44	34.79	34.79	0.00	10	10	0
	管家铺	37.50	38.28	37.27	38.11	−0.84	5987	5827	160
	三岔河	34.33	35.58	34.89	36.24	−1.35	1327	1307	20
	北景港	34.40	35.79	34.76	36.19	−1.43	4814	4625	189
	注滋口	33.24	34.67	33.44	35.16	−1.72	4820	4624	196
	康家岗闸上	37.87	—	37.61	38.39	−0.78	10	10	0
	西支沈家洲闸上	34.87	—	34.75	34.75	0.00	0	0	0
	陈家岭进口闸	36.33	—	35.66	36.68	−1.02	352	352	0
	陈家岭天心洲	35.57	—	35.43	36.38	−0.95	413	362	51
	中支上闸闸上	37.40	—	37.00	37.89	−0.89	1200	1200	0
	中支下柴市闸上	34.75	—	35.36	36.26	−0.90	1326	1298	28
	施家渡河进口	35.53	—	35.63	36.65	−1.02	884	881	3
	鲇鱼须进口闸上	36.32	—	36.60	37.56	−0.96	1100	1100	0
	鲇鱼须出口闸上	35.00	—	35.16	36.32	−1.16	1092	1136	−44
	梅田湖河进口	36.26	—	36.53	37.52	−0.99	4200	3779	421

注　表中括号内数据为1954年实测最高水位。

表 4－74　　现状条件（2006 年）四口河系大包方案下城陵矶附近区
各蓄洪垸分洪量统计表

编号	蓄滞洪区	蓄水容量（亿 m³）	蓄洪量（亿 m³）	分洪分区	蓄洪量（亿 m³）
1	荆江分洪区	60.00	0.00	荆江分洪区	0.00
2	围堤湖	2.48	1.95	洞庭湖24垸	145.60
3	六角山	0.94	0.94		
4	九垸	3.97	3.09		
5	西官垸	4.58	4.58		
6	安澧垸	9.86	9.33		
7	澧南垸	2.23	1.43		
8	安昌、安宏垸	8.11	0.00		
9	南汉垸	5.66	5.26		
10	安化垸	4.93	0.00		
11	南顶垸	2.57	0.00		
12	和康垸	6.41	5.67		
13	民主垸	11.20	11.20		

编号	蓄 滞 洪 区	蓄水容量 （亿 m³）	蓄洪量 （亿 m³）	分洪分区	蓄洪量 （亿 m³）
14	共双茶	18.53	18.53		
15	城西垸	7.98	7.98		
16	屈原农场	12.34	12.34		
17	义合垸	0.78	0.74		
18	北湖垸	3.31	3.31		
19	集成、安合垸	7.08	0.00	洞庭湖 24 垸	145.60
20	钱粮湖	24.27	24.26		
21	建设垸	6.13	6.13		
22	建新垸	2.06	2.05		
23	君山农场	5.08	5.08		
24	隆西、同兴垸	10.41	10.41		
25	江南、陆城	11.31	11.31		
26	洪湖分洪区	207.00	149.66	洪湖分洪区	149.66

从上述计算结果可以看出，在三峡水库对城陵矶补偿调度情况下，荆江附近区不需要分洪，城陵矶超额洪量为 295 亿 m³，因此，以目前长江中游城陵矶附近区超额洪量，四口河系中部的安昌垸、安化垸、南顶垸和集成安合四个蓄洪垸可以不分洪。

4.6 小结

在洞庭湖综合调控体系研究中，采用逐河段、逐河系、逐分蓄洪垸及其组合研究思路，以 1998 年、1954 年典型洪水为例，在 2006 年实测地形和 2016 年、2026 年预测水沙和地形条件下，通过模型计算进行逐方案比较分析，在不影响长江中游防洪格局的前提下，提出了四口河系防洪总体方案。本章的主要结论如下：

（1）松滋口、藕池口建闸。

松滋口闸与三峡水库配合使用，实现与澧水错峰调度，将大大提高松滋河系的防洪标准，减少蓄洪垸的分洪量，特别是为应对类似 1935 年曾发生的毁灭性洪灾提供十分有利的条件。①分流比增加：由于建闸方案考虑了松滋中支（松滋口至肖家湾）疏挖，松滋口建闸方案运行 30 年平均分流比为 9.73%，较现状方案 30 年平均分流比 7.95% 有所增加；②利用松滋口闸调度错峰，降低松虎水系高洪水：松滋口闸削减流量 4350m³/s，松滋河系各站水位除安乡河四分局站和肖家湾站基本不变，其他各站水位下降 0.09～1.77m。在长江遇百年一遇以下洪水时，三峡水库与松滋口闸联合调度，与现状方案相比，通过松滋口闸减少分流，除影响松滋口洪峰水位升高 0.36m 外，松虎河系其他各站水位下降 0.02～0.52m。③增加枯季水量：在建闸方案中考虑了松滋河系、藕池河系主要过流河道疏挖 1.0m，可使枯季 10 月至次年 5 月松滋口过流量增加 215～237m³/s，多进水量 45 亿～50

亿 m^3/s，藕池口过流量增加 $17\sim37m^3/s$，多进水量 3.7 亿～7.8 亿 m^3/s。

（2）松滋河系控支强干的防洪作用。

当沙市水位超过警戒水位时，官垸河控制闸、大湖口河控制闸开闸行洪，松滋中支河槽疏挖 1.5m，新江口、沙道观洪峰水位基本不变，河网区各站水位普遍下降 0.10～0.21m。藕池河系控支强干的防洪作用：当监利水位超过警戒水位，中支及东支鲇鱼须河上下闸开闸行洪，藕池西支仍关闸蓄水，藕池东支疏挖 1.0m，管家铺水位升高 0.11m，比堤防设计水位低 0.31m，康家岗闸上水位降低 0.02m，比堤防设计水位低 0.30m；由于鲇鱼须河控制过流减少 $538m^3/s$，梅田湖河过流增加 $1251m^3/s$，导致梅田湖河进口断面水位升高 0.45m、比堤防设计水位高 0.21m。

（3）藕池河系控支强干大包方案的防洪作用。

当监利水位超过警戒水位，中支及东支鲇鱼须河上下闸开闸行洪，藕池西支仍关闸蓄水，藕池东支疏挖 1.0m，对比现状方案表明，管家铺水位升高 0.30m、比堤防设计水位低 0.11m，康家岗闸上水位升高 0.11m，比堤防设计水位低 0.17m；由于鲇鱼须河控制过流减少 $538m^3/s$，梅田湖河过流增加 $1511m^3/s$，导致梅田湖河进口断面水位升高 0.72m，比堤防设计水位高 0.48m。

（4）四口河系综合调控方案的防洪作用。

四口河系综合调控方案的防洪作用，即在松滋河系、藕池河系都采取河道疏挖及分汊河道建闸等控支强干措施。松滋河系在松滋中支（王守寺至肖家湾）疏挖 1.5m 的基础上，松滋东支大湖口河、松滋西支官垸河建闸控制，松滋口洪峰流量增加 $2m^3/s$，太平口流量增加 $22m^3/s$，松滋口、太平口水位变化不大，新江口、沙道观流量基本不变，水位也变化不大；藕池河系在藕池东支（藕池口至注滋口）疏挖 1.0m 的基础上，藕池西支、中支和东支鲇鱼须河建闸控制过流量，藕池口洪峰流量减少 $210m^3/s$，藕池口水位变化不大，管家铺流量增加 $381m^3/s$，水位升高 0.30m；四口河系河网区除中河口、苏支河水位基本不变，支流控制闸上水位有所抬升外，其余各站水位均有所下降。

（5）在三峡水库对城陵矶补偿调度优化方式下，利用 1954 年经过三峡水库调蓄后的洪水，按照沙市水位 45.00m、城陵矶水位 34.40m、汉口水位 29.50m、湖口水位 25.50m（均为吴淞高程）控制分洪。在 2006 地形条件下，现状方案城陵矶附近区超额洪量减少到 294.65 亿 m^3，再结合四口河系建闸、控支强干综合运用，可以减少安昌垸、安化垸、南顶垸和集成、安合垸的蓄洪运用几率。

第5章 洞庭湖四口河系水资源供需分析

总体来说，洞庭湖四口河系地区降水相对丰富，水资源总量的供需矛盾不突出。受制于洪水灾害，当地社会经济发展相对滞后，但人口总量仍呈增加趋势，当地工业生产也有一定规模的发展。农业用水方面，四口河系地区总播种面积近1300万亩（含复种面积），主要农作物包括水稻、棉花、油菜、苎麻、蔬菜等，在春季（4、5月）和秋季（10、11月）仍有灌溉需求。由于长江来水多在汛期，而当地缺少工程调控措施，四口河系地区在枯水季节就存在一定的水资源短缺问题。三峡工程运行后，一方面汛末水库蓄水导致长江流量减少，另一方面清水下泄引起的河道冲刷使得长江干流水位下降导致流经四口地区进入洞庭湖的水量减少，这两方面的因素共同导致枯水季节的水资源短缺形势更加严峻，已经威胁到当地的群众生活用水和工农业生产。因此，需要了解四口河系的水资源供需现状，预测未来水资源供需形势，分析三峡工程对四口河系地区水资源情势的影响，采取必要的工程与非工程措施，保障水资源安全。

5.1 水资源供需分析方法

5.1.1 水平年选择

根据收集及调查资料，参考湖南省及洞庭湖区相关水资源综合规划，本研究以2008年为现状基本年，2020年为中期水平年，2030年为远期水平年。水资源开发利用和经济社会发展以2008年为基准年。

5.1.2 水资源分区

在已有的湖南省与洞庭湖区的水资源相关规划中，对四口河系均按照县一级进行水资源规划与配置，由于本项目要求细化到堤垸进行水资源供需分析以满足从河系的角度进行水资源调控，因此需要进行四口河系的水资源规划分区。项目研究过程中，收集了四口河系涉及的湖南省相关县市（岳阳市的华容县与君山区，益阳市的南县、沅江与大通湖农场，常德市的安乡县与澧县）统计年鉴，考虑到乡镇与堤垸基本对应，因此将社会经济资料分解到乡镇，进一步考虑调弦口对应的华容河水系、太平口对应的虎渡河水系、藕池口对应的藕池水系、松滋口对应的松滋水系，从水资源利用的角度把四口河系分为7个水资源分区，分别为华容河区、藕池东区、藕池中区、荆江区、松滋中区、松滋西区和松滋区。7个分区中，荆江区和松滋区完全在湖北境内，且处于长江沿岸，认为供水能力足够大，不存在水资源短缺；华容河区中包括湖北石首市的一部分，也认为供水能力充足，在水资源供需平衡中未予考虑，只考虑湖南省华容县域内的水资源供需平衡。

水资源规划分区原则包括以下几项。

（1）根据流域及行政区划进行初步划分。

（2）根据取水条件进一步划分。

（3）符合水资源统一管理的实际需要。

按照上述原则，水资源规划和计算分区按照归属分为五个层次，分别为流域、河流、省份、市、县及最小的统计单元堤垸。最终的规划分区结果如图5-1及表5-1所示，各规划区三口来水控制站点如表5-2所示。

图5-1 四口河系规划分区图

表5-1　　　　　　　　　　　　　统 计 分 区 结 果

规划层次	1	2	3	4	5	水资源规划片
所属关系	流域	河流	省份	市	县	堤垸	
华容河	华容河系	华容河（南支）	湖南省	岳阳市	华容县	护城大垸/2	I：华容河规划区
						人民大垸	
		华容河		荆州市	石首市	陈公西垸	
						石戈垸	
						顾复垸	
						罗成垸	
荆江	华容河、荆江	华容河、荆江				胜利垸	
						张城垸	
						南碾垸	
						三合垸	
				岳阳市	君山区、华容县	钱粮湖垸/2	

154

规划层次	1	2	3		4	5	水资源规划片
所属关系	流域	河流	省份	市	县	堤垸	
藕池河	藕滋河系	藕池东支鲇鱼须河	湖南省	岳阳市	华容县	护城大垸/2	Ⅱ：藕池东规划区
		藕池东支			君山区、华容县	钱粮湖垸/2	
		藕池东支鲇鱼须河、梅田湖河			华容县	集成、安合垸	
		藕池中支			华容县	永固垸	
		藕池东		益阳市	南县	育乐垸	
					南县、沅江、大通湖	大通湖垸	
				益阳市、岳阳市	南县、华容县	大通湖东垸	
		藕池东、西支	湖北省	荆州市	石首市	谦吉垸/2	
		藕池东				金城垸	
						丢家垸	
						永福垸	
						兴学垸	
						新民外垸	
						横堤垸	
		藕池中、东支				久合院	
		藕滋中支、陈家岭河	湖南省	益阳市	南县	南鼎垸	Ⅲ：藕池中规划区
		藕池东、西支	湖北省	荆州市	石首市	谦吉垸/2	
		藕池中支陈家岭河、藕滋西支		益阳市	南县	安文、安化、和康垸	
		藕池西支	湖南省	常德市	安乡县	安生、安昌、南汉垸/2	
虎渡河	虎渡河系	虎渡河				安生、安昌、南汉垸/2	Ⅳ：荆江规划区
		虎渡河、荆江、藕滋西支	湖北省	荆州市	公安县	荆江分洪区/4	
	荆江	荆江			石首市	荆江分洪区3/4	
	虎渡河系	虎渡河			公安县	南五洲	
						黄金大垸/2	
松滋河	松滋河系	松滋东支	湖南省	常德市	安乡县	安造、安尤垸/2	Ⅴ：松滋东规划区
		松滋中支、松滋东支				安造、安尤垸/2	
		松滋河	湖北省	荆州市	公安县	安澧垸	
		松滋西支	湖南省	常德市	澧县	黄金大垸/2	Ⅵ：松滋西规划区
						澧松垸/2	
						九垸/2	
						七里湖垸/2	
		松滋中支、松滋西支				西官垸	
		松虎合流			安乡县	安保垸/2	
		松滋河	湖北省	荆州市	公安县	保合垸	Ⅶ：松滋规划区
						同丰垸	
					松滋市	长寿垸	
						顺河垸	
					松滋市荆州区公安县	大同东成垸	
				宜昌市	枝江市	上百里洲垸	
				荆州市	松滋市	涴市备蓄区	
						老城镇	
						新江口镇	
						南海镇	

155

表 5 - 2

表 5 - 2 各规划区对应水资源控制站及气象站

分 区	供水河道	水资源控制站	计算气象站点
Ⅰ华容河规划区	湖北部分：长江 湖南部分：华容河	调弦口闸	南县、沅江、岳阳、常德四站平均
Ⅱ藕池东规划区	藕池东支、藕池中支	管家铺	
Ⅲ藕池中规划区	藕池西、虎渡河	康家岗、黄山头	
Ⅳ荆江规划区	长江、虎渡河	弥陀寺	荆州站
Ⅴ松滋东规划区	松滋河、虎渡河	安乡、黄山头	南县、沅江、岳阳、常德四站平均
Ⅵ松滋西规划区	松虎合流、澧水洪道	石龟山、安乡	
Ⅶ松滋规划区	长江、松滋河	新江口、沙道观	荆州站

洞庭湖四口河系地区是全国重要的商品粮基地，耕地面积占到洞庭湖区总面积的一半，渔业及畜牧养殖也较为发达，第一产业在社会经济中所占比重大。2008 年四口河系地区总人口 458.8 万，其中城镇人口 122 万，占 27%，城镇化率较低。2008 年国民生产总值 511 亿元，第一产业、第二产业、第三产业比例大体相当，各水资源分区的社会经济状况差异不大。2008 年各分区主要社会经济指标如表 5-3 和表 5-4 所示。

表 5 - 3 2008 年各分区人口及城镇化现状

水资源规划片	分区编号	人口（万人）			城镇化率（%）
		总人口	城市人口	农村人口	
华容河规划区	Ⅰ	75.2	26.0	48.7	35
藕池东规划区	Ⅱ	151.9	39.3	112.7	26
藕池中规划区	Ⅲ	43.1	10.4	32.7	24
荆江规划区	Ⅳ	49.2	15.9	33.3	32
松滋东规划区	Ⅴ	34.9	10.4	24.5	30
松滋西规划区	Ⅵ	17.8	1.2	16.5	7
松滋规划区	Ⅶ	86.7	20.4	66.3	24
合 计		458.8	124.8	334.0	27

表 5 - 4 2008 年各分区产业结构数据

水资源规划片	分区编号	国民生产总值（亿元）			
		总量	第一产业	第二产业	第三产业
华容河规划区	Ⅰ	103.6	33.5	41.3	28.8
藕池东规划区	Ⅱ	183.4	64.9	60.6	58.0
藕池中规划区	Ⅲ	45.4	15.5	11.8	18.1
荆江规划区	Ⅳ	40.7	14.5	12.6	13.5
松滋东规划区	Ⅴ	29.0	7.0	8.5	13.5
松滋西规划区	Ⅵ	21.7	5.7	6.9	9.1
松滋规划区	Ⅶ	87.2	33.3	23.8	30.1
合 计		511.0	174.4	165.5	171.0

5.2 四口河系地区水资源现状分析

5.2.1 现状水资源供给

5.2.1.1 四口来水水资源

长江干流洞庭湖四口来水、澧水来水是四口河系地区地表水资源的主要来源。长江干流洞庭湖四口包括松滋口、藕池口、太平口和调弦口,其中调弦口已堵塞,只在每年汛期有少量引水,因此四口来水指三口五站(松滋口的松滋水系对应新江口、沙道观两站,太平口的虎渡河对应弥陀寺,藕池口的藕池水系对应的康家岗、管家铺两站)。长江三口1956~2008年多年平均年来水量859亿 m³,其中2008年来水量529亿 m³,主要集中在松滋水系和虎渡河水系;澧水1956~2008年多年平均年来水量146亿 m³。三口来水中汛期(5~10月)水资源量占全年的95%左右,非汛期水资源量集中在松滋水系,具有典型的时空分布不均匀性。总体而言,松滋水系与虎渡河水系水资源供需矛盾不大,华容河水系与藕池水系在枯水季节水资源供需矛盾尖锐。

现状水资源供需平衡分析中,采用表5-5中2008年三口五站来水量。

表 5-5   **2008 年三口来水资源量表**   单位:万 m³

水系	新江口	沙道观	弥陀寺	康家岗	管家铺
1 月	4034	0	0	0	0
2 月	2333	0	0	0	0
3 月	6001	0	0	0	0
4 月	82318	2867	25253	0	7085
5 月	135229	2781	44092	0	14524
6 月	253250	29376	91430	553	89093
7 月	483419	119262	177870	6413	217025
8 月	636540	191697	254659	15910	343304
9 月	570300	167709	251235	15245	322697
10 月	162133	15431	58286	110	50995
11 月	222456	32619	83726	1400	85169
12 月	14590	0	1511	0	48
全年	2558013	561742	986551	39631	1129892

5.2.1.2 内河、湖泊可调蓄水资源

研究区内分布了大量的内河、天然湖泊,蓄水工程地表水资源是除河道堤水外现状供水的又一主要来源。这部分水资源不但包括垸内产汇水,还包括了诸如华容河、大通湖等通过闸坝控制,丰水期从外河道及湖泊获得的部分水资源。其中湖南省部分有详细的内湖哑河统计数据,湖北省部分仅有总可调蓄量数据,统计结果如表5-6和表5-7所示。四口河系湖南部分总的调蓄能力为3.4亿 m³,主要集中在藕池东区(Ⅱ区)的大通湖,水资源供需矛盾突出的藕池中区(Ⅲ区)则几乎不具备调蓄能力。

　　　　　　　　　　　　　　　湖南省蓄水河湖分布及年可调蓄水量

圩 垸	分 区	内 湖 哑 河	年可调蓄水量 （万 m³）
护城大垸	Ⅰ，Ⅱ	塌西湖	980
		赤眼湖	287
		蔡田湖	300
		罗帐湖	300
		中下西湖	777
		牛氏湖	400
		华容河	调弦口开闸控制
钱粮湖垸	Ⅰ，Ⅱ	东湖	4640
		七星湖	241
		东北湖	166
		中北湖	112
		西北湖	66
		悦来河	253
		良心堡水库	96
		麻石水库	80
		沙山水库	70
		方台湖	238
		观音湖	37
		采桑湖	772
集成、安和垸	Ⅱ	上下东湾湖	479
育乐垸	Ⅱ	上菱角湖	161
		下菱角湖	77
		调蓄湖	122
		南茅运河	356
		沱江	1340
大通湖垸	Ⅱ	大通湖	13000
		瓦缸湖	138
		塞阳运河	800
		五七泄洪道	700
		五七运河	400
		老二运河	200
		湖子口哑河	800
大通湖东垸	Ⅱ	光复湖	424
		隆庆河	840

圩 垸	分 区	内 湖 哑 河	年可调蓄水量 （万 m³）
安昌	Ⅲ	大兴湖	40
		鸭踏湖	38
安造	Ⅴ	李公堰	35
		蔡家溪	45
		哑河	45
		明塘湖	45
安澧	Ⅴ	黄天湖	217
		米湖哑河	39
安保	Ⅵ	珊珀湖	450
		大溶湖	85
		哑河	92

表 5-7　　　　　　　　　　　各分区年可调蓄水量

分 区	Ⅰ（湖南）	Ⅱ	Ⅲ	Ⅴ	Ⅵ	Ⅰ（湖北）、 Ⅳ、Ⅶ
年可调蓄水量	8335	24754	78	426	627	30500

5.2.1.3　地下水水资源

地下水资源是指与降雨和地表水有直接水力联系的浅层地下水。整个洞庭湖区多年平均地下水资源模数为 15.09 万 m³/km²，其中四口河系区地下水资源与地表水资源部重复计算水量约为 3.91 亿 m³。由于常年形成的用水习惯及地下水水质不佳（铁锰含量严重超标）等原因，地下水不作为主要供水水源。区内不同区域地下水取水比例如表 5-8 和表5-9 所示。

表 5-8　　　　　　　　岳阳市华容县 1980～2000 年地下水供水情况

年 份	1980	1985	1990	1995	2000
供水量（万 m³）	1770	2023	2255	2582	2802
供水比（%）	4.0	4.3	4.8	4.7	4.4

表 5-9　　　　　　　　现状年洞庭湖区各市地下水供水情况

城 市	常德	益阳	岳阳	荆州
供水量（亿 m³）	0.62	0.06	0.94	0.04
供水比（%）	3.2	0.4	7.6	0.4

统计数据显示，现状年地下水供水量和供水比率均很小，除现状地表水资源短缺比较严重的Ⅰ区（属岳阳）外，其余地区不足 3%，且地下水水资源使用并未有上升趋势。由于当地地下水水资源的细化资料有限，在水资源供需平衡计算时，不考虑地下水资源量。

5.2.2　现状水资源需求

《全国水资源综合规划技术大纲》中需水预测的基本要求为：需水预测及相关部分的

用水户分为生活、生产和生态环境三大类。

（1）生活需水指城镇居民生活用水和农村生活用水。

（2）生产需水指有经济产出的各类生产活动所需的水量，包括第一产业、第二产业和第三产业，要求按城乡地域分别统计。对河道内其他生产活动如水电、航运等，因其用水一般不消耗水资源的数量，要求单独列项统计，经协调后与河道内生态需水一并取外包作为河道内需水考虑。生产需水要求按生产部门分类进行预测，并按城镇与农村范围分别统计，城市单列。

（3）生态环境需水分为维护生态环境功能和生态环境建设两类，按河道内与河道外用水划分。

5.2.2.1 生活需水

生活需水采用定额法估算，其中现状定额参考《洞庭湖区综合规划》推荐值，如表5-10所示。

表5-10   现状年生活用水定额

分区	对应地市	城镇 [m³/(人·天)]	农村 [m³/(人·天)]	分区	对应地市	城镇 [m³/(人·天)]	农村 [m³/(人·天)]
Ⅰ	岳阳	143	103	Ⅴ	常德	148	111
Ⅱ	益阳	136	100	Ⅵ	常德	148	111
Ⅲ	益阳	136	100	Ⅶ	荆州	157	56
Ⅳ	荆州	157	56				

根据郑义滔、蒋祖安等对中部地区小型城市生活需水年内分布相关研究数据，将全年分为用水高峰期（7～9月）和一般用水期（10月至次年6月）两个用水过程。月均用水量采用1.3∶1的比例进行年内分配。

现状生活用水估算结果如表5-11所示，生活用水总量约为1.85亿 m³。

表5-11   现状年生活需水量   单位：万 m³

月份	Ⅰ	Ⅱ	Ⅲ	Ⅳ	Ⅴ	Ⅵ	Ⅶ
1	204	527	155	144	141	67	228
2	204	527	155	144	141	67	228
3	204	527	155	144	141	67	228
4	204	527	155	144	141	67	228
5	204	527	155	144	141	67	228
6	204	527	155	144	141	67	228
7	266	685	201	187	183	87	297
8	266	685	201	187	183	87	297
9	266	685	201	187	183	87	297
10	204	527	155	144	141	67	228
11	204	527	155	144	141	67	228
12	204	527	155	144	141	67	228
全年	2634	6798	1998	1857	1818	864	2943

5.2.2.2 种植业需水

需水预测的关键是种植业需水量，刘钰等（2009）给出方法如下。

（1）潜在作物腾发量：以 FAO 推荐的 Penman - Monteith 法计算。

（2）主要作物需水量：由作物系数法计算，作物系数利用联合国粮农组织（FAO）推荐的 84 种作物的标准作物系数和修正公式，根据当地气候、土壤、作物和灌溉条件进行修正。FAO 推荐在规划中确定作物系数的方法为分段单值平均法，即把全生育期作物系数变化过程概化为在四个阶段的三个值（Kc_{ini}、Kc_{mid}、Kc_{end}）。时段平均作物系数的变化过程如图 5-2 所示。

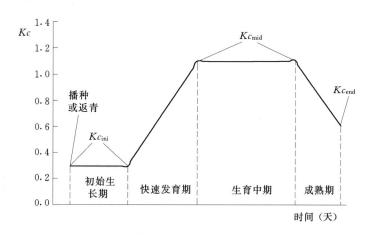

图 5-2 时段平均作物系数变化过程

（3）净灌溉需水量：作物需水量中的一部分可由降雨供给，降雨供给不足的部分需由灌溉补充，作物生长过程中需依靠灌溉补充的水量为作物的净灌溉需水量。计量单位通常以水深表示，单位为 mm 或 m^3/亩。

（4）作物灌溉需水量：考虑田间灌溉水利用系数与渠系水利用系数，估算灌溉需水量与灌溉定额。

四口河系地区种植业主要包括水田作物早稻、中稻、晚稻，旱田作物棉花、油菜以及经济作物蔬菜和苎麻。本研究中计算采用的数据包括：南县、常德、岳阳、沅江、荆州五个国家气象站 1959～2007 年长系列气温、湿度、风速和降雨数据；不同生长阶段作物系数值 K_c 参考《Crop evapotranspiration》（FAO）提供的估算方法；种植类型、作物面积参考华容、南县、安乡等县市各年统计年鉴。研究区主要作物类型及种植面积如表 5-12 所示。

表 5-12　　　　　　　　　　各统计分区主要作物类型种植面积　　　　　　　　单位：亩

统计分区	水稻	棉花	油菜	苎麻	蔬菜
Ⅰ	1115977	242857	443055	18200	242416.0
Ⅱ	2154217	558510	991601	277412	793655.0
Ⅲ	512849	179693	310255	36675	222372.7
Ⅳ	343614	194982	212648	1217	348178.8
Ⅴ	349934	141574	251621	2080	104502.6
Ⅵ	191993	141895	198566	6107.5	77130.5
Ⅶ	573438	568823	446545	1233	681935.1

其中现状年灌区灌溉水综合利用系数取 0.47。

灌溉需水计算结果如表 5-13 所示。

表 5-13　　　　　　　　现状年（2008 年）分区种植业需水　　　　　　　　单位：万 m³

月份	Ⅰ	Ⅱ	Ⅲ	Ⅳ	Ⅴ	Ⅵ	Ⅶ	净需水	灌溉需水
1	0	0	0	0	0	0	0	0	0
2	0	0	0	0	0	0	0	0	0
3	1185	2006	551	810	255	181	1486	6473	13772
4	1185	2006	551	810	255	181	1486	6473	13772
5	2601	4739	1202	810	699	424	1486	11961	25449
6	1185	2006	551	1885	255	181	3280	9341	19876
7	1185	2006	551	853	255	181	1558	6589	14018
8	2441	4430	1129	810	649	397	1486	11341	24130
9	1695	2992	786	1601	415	268	2806	10564	22476
10	1185	2006	551	810	255	181	1486	6473	13772
11	1185	2006	551	810	255	181	1486	6473	13772
12	0	0	0	0	0	0	0	0	0
全年	13845	24195	6426	9200	3290	2172	16558	75687	161035

根据表 5-13 的计算结果，现状年（2008 年）种植业充分灌溉需水总量约为 16.1 亿 m³。其中蔬菜由于全年种植，采用定额法计算，灌溉需水进行月平均。其他主要作物需水采用 FAO 推荐的 Penman-Monteith 公式计算，灌溉高峰为 4、5 月春灌期及 8、9 月秋灌期。

5.2.2.3 渔业和畜牧业需水

渔业和畜牧业是四口河系地区第一产业的重要组成部分，当地尤以渔业发达著称，池塘养鱼面积颇具规模，渔业换水也是需水的重要部分；当地畜牧业主要以牛、猪和禽类为主，需水量相对较小。

1. 畜牧需水

畜牧需水量只与养殖规模有关，所以本研究中，畜牧业需水采用普通定额法计算。用水定额引用《湖南省用水定额》，计算中采用的需水定额指标如下。

（1）大牲畜：牛为 60L/（天·头）。

（2）小牲畜：猪为 25L/（天·头）；羊为 10L/（天·头）。

（3）家禽：鸡为 1.5L/（天·头）。

畜牧业统计数据来源为三县年鉴。估算结果如表 5-14 所示。

表 5-14　　　　　　　　现状年畜牧需水结果　　　　　　　　单位：万 m³

规划区	年需水	月均需水	规划区	年需水	月均需水
Ⅰ	240	20	Ⅴ	90	8
Ⅱ	531	44	Ⅵ	68	6
Ⅲ	138	12	Ⅶ	272	23
Ⅳ	146	12	总和	1485	153

2. 渔业换水

研究区渔业主要包括湖泊、水库及池塘养鱼，利用定额法对池塘养鱼换水量进行估算，规模养殖池塘换水定额在南方省份差异不大，参考资料包括《湖南省农业用水定额》，取年换水定额 700 方/亩。根据取水条件及鱼类养殖习惯，在冬季（12 月至次年 3 月）不进行换水，池塘养鱼面积及需水计算结果如表 5-15 所示。

表 5-15 渔 业 换 水 需 水 量 单位：万 m³

规划区	池塘养鱼面积	渔业换水	4~11月均需水	规划区	池塘养鱼面积	渔业换水	4~11月均需水
Ⅰ	73762.5	3647	456	Ⅴ	49983.5	3499	437
Ⅱ	145524	10187	1273	Ⅵ	54020	3781	473
Ⅲ	70626.5	4944	618	Ⅶ	66750	4673	584
Ⅳ	39671.5	2777	347	总和	500338	33507	4188

5.2.2.4 第二、三产业需水

第二、三产业需水采用定额法计算，需水定额参考了《洞庭湖区综合规划》以及现状年用水统计结果反推值，如表 5-16 所示。

表 5-16 第二产业和第三产业需水定额

分区	对应地市	工业 (m³/万元)	三产 (m³/万元)	分区	对应地市	工业 (m³/万元)	三产 (m³/万元)
Ⅰ	岳阳	184	15	Ⅴ	常德	135	15
Ⅱ	益阳	174	15	Ⅵ	常德	135	15
Ⅲ	益阳	174	15	Ⅶ	荆州	166	15
Ⅳ	荆州	166	15				

需水计算结果如表 5-17 所示，第二产业总需水量约为 2.66 亿 m³，第三产业总需水量为 2400 万 m³。

表 5-17 现状年工业及三产需水量 单位：万 m³

分类	Ⅰ	Ⅱ	Ⅲ	Ⅳ	Ⅴ	Ⅵ	总需水
二产需水	5929	10539	2057	2097	1146	931	26653
三产需水	305	870	271	203	203	136	2438

5.2.2.5 现状年总需水

综合上述估算结果得到现状年研究区需水总量 24.4 亿 m³，其中生活需水 1.85 亿 m³，工业需水 2.66 亿 m³，三产需水 0.24 亿 m³，灌溉需水 16.1 亿 m³，牧渔需水 3.49 亿 m³。

各分区月均需水量如表 5-18 所示。

表 5－18			现状年分区需水量表				单位：万 m³
月份	I	II	III	IV	V	VI	VII
1	744	1520	359	347	260	161	618
2	740	1520	359	347	260	161	618
3	3262	5788	1532	2071	802	546	3780
4	3718	7061	2150	2418	1240	1019	4364
5	6730	12876	3535	2418	2184	1536	4364
6	3718	7061	2150	4705	1240	1019	8181
7	3779	7219	2196	2552	1282	1039	4585
8	6451	12377	3426	2461	2120	1498	4432
9	4864	9317	2696	4144	1622	1224	7241
10	3718	7061	2150	2418	1240	1019	4364
11	3718	7061	2150	2418	1240	1019	4364
12	740	1520	359	347	260	161	618
全年	42181	80379	23061	26645	13750	10399	47527

5.2.3 现状水资源供需平衡分析

研究区现状年供水水源主要包括三口来水与内河、湖泊和水库可调蓄水资源两个部分，三口来水考虑工程引水能力与生态需水的要求以来水的 90% 作为可调蓄水量。结合当地实际情况，在汛期的 6～9 月，考虑水田调蓄、内河湖泊水库等调蓄以及过境水量的渗漏补给等，认为水资源供给可以满足水资源需求，不存在水资源短缺。非汛期水资源配置原则为：首先满足生活用水，其次满足第二、三产业用水，最后满足农业用水要求。利用现状年分月需水数据进行水资源供需平衡分析，得到现状年各区供需平衡结果如表 5-19 所示。

表 5－19			现状年分区缺水量表				单位：万 m³
月份	I	II	III	IV	V	VI	VII
1	0	0	359	0	0	0	0
2	0	0	359	0	0	0	0
3	0	0	1532	0	0	0	0
4	471	0	2150	0	0	0	0
5	5010	0	3535	0	0	0	0
6	0	0	0	0	0	0	0
7	0	0	0	0	0	0	0
8	0	0	0	0	0	0	0
9	0	0	0	0	0	0	0
10	2586	0	1520	0	0	0	0
11	2586	0	2150	0	0	0	0
12	20	0	359	0	0	0	0
全年	10674	0	11963	0	0	0	0

从各月供需平衡结果可以看出，基准年条件下，主要缺水的区域为Ⅰ区和Ⅲ区，缺水总量分别为 1.07 亿 m³ 和 1.20 亿 m³。Ⅰ区有 8300 万 m³ 的调蓄能力，可以满足生活与第二、三产业用水要求，主要以农业缺水为主；Ⅲ区几乎没有调蓄能力，用水主要依靠藕池西支和虎渡河的过水量，但由于过流时间较短，该区枯水季节需水完全得不到保障。

5.3 四口河系地区未来需水预测

5.3.1 生活用水预测

5.3.1.1 人口及城镇化现状

生活需水与研究区人口、城镇化水平、用水习惯、节水设备和理念的推广普及以及城市管网建设等多种因素有关，而各种因素又存在不确定性，所以本研究根据现有的统计资料，设定不同情景，进行生活用水的计算和预测，现状年分区人口及城镇化率统计结果如表 5-20 所示。

表 5-20　　　　　　　　　现状年分区人口及城镇化率统计结果

水资源规划片	分区编号	人口（万人）			城镇化率（％）
		总人口	城市人口	农村人口	
华容河规划区	Ⅰ	75.2	26.5	48.7	35
藕池东规划区	Ⅱ	146.2	37.5	108.6	26
藕池中规划区	Ⅲ	43.1	10.4	32.7	24
荆江规划区	Ⅳ	49.2	15.9	33.3	32
松滋东规划区	Ⅴ	34.9	10.4	24.5	30
松滋西规划区	Ⅵ	17.8	1.2	16.5	7
松滋规划区	Ⅶ	86.7	20.4	66.3	24
合　计		453.1	121.8	330.4	27

5.3.1.2 人口增长预测

各分区人口增长历史资料对应参考分区所属县的 2003～2007 年年鉴中人口的变化规律统计，设定高低两种人口增长方案。

高方案：2008～2020 年采用现状年增长率，2020～2030 年每年递减 0.1％。

低方案：2008～2020 年在现状年基础上每年递减 0.1％，2020～2030 年每年递减 0.2％。

不同方案各分区近、远期人口增长率，如表 5-21 所示。

表 5-21　　　　　　　　　不同方案各分区近、远期人口增长率

分　区	参考县	2008～2020 年（高）	2020～2030 年（高）	2008～2020 年（低）	2020～2030 年（低）
Ⅰ	华容	3.77％	2.77％	2.77％	0.77％
Ⅱ	南县	4.36％	3.36％	3.36％	1.36％
Ⅲ	南县	4.36％	3.36％	3.36％	1.36％
Ⅳ	全区平均	5.00％	4.00％	4.00％	2.00％
Ⅴ	安乡	4.51％	3.51％	3.36％	1.36％
Ⅵ	安乡	4.51％	3.51％	3.36％	1.36％
Ⅶ	全区平均	5.00％	4.00％	4.00％	2.00％

5.3.1.3 城镇化水平预测

研究区的现状城镇化水平较低,根据国内发达地区和其他国家的发展经验以及近年统计数据,现阶段该区正处于城镇化加速期,基于这样的基本预计,并参考由水科院负责编制的《安阳市水资源规划》以及由清华大学负责编制的《敦煌水资源规划》等规划中城镇化部分的内容,设定高、低两种城镇化率方案。

高速度方案:无县城分区年增长率0.3%,有县城区年均增长率1.5%。

低速度方案:无县城分区年增长率0.1%,有县城区年均增长率1%。

5.3.1.4 生活需水预测

生活需水定额预测采用了《洞庭湖区综合规划》中2020年及2030年城镇及农村需水定额预测的相关研究成果,如表5-22所示。

表 5-22		生 活 需 水 定 额 预 测		单位:L/(人·天)
分 区	对应地市	水平年	城 镇	农 村
I	岳阳	基准年	143	103
		2020	143	105
		2030	147	110
II	益阳	基准年	136	100
		2020	142	118
		2030	157	120
III	益阳	基准年	136	100
		2020	142	118
		2030	157	120
IV	荆州	基准年	157	56
		2020	166	97
		2030	177	108
V	常德	基准年	148	111
		2020	154	115
		2030	164	118
VI	常德	基准年	148	111
		2020	154	115
		2030	164	118
VII	荆州	基准年	157	56
		2020	166	97
		2030	177	108

管网漏失率分别取现状年15%,2020年12%,2030年10%。根据人口城镇化水平预测方案,可设定不同的人口及城镇化增长组合,为简化后期水资源供需平衡需水组合数,设定高、低两种增长情景进行生活需水估算,相关结果如表5-23和表5-24所示。

(1)高增长情景:人口、城镇化都高增长。

166

表 5-23 <center>**高 增 长 生 活 需 水 表**</center> 单位：万 m³

分区	现状年		2020 年		2030 年	
	城镇	农村	城镇	农村	城镇	农村
Ⅰ	824	1424	1382	1106	1939	810
Ⅱ	2148	4587	3886	4175	5838	3151
Ⅲ	609	1405	743	1608	921	1584
Ⅳ	1073	802	1811	1045	2551	827
Ⅴ	661	1166	786	1168	924	1159
Ⅵ	77	788	298	672	515	559
Ⅶ	1374	1595	2631	2167	3886	1826
总量	6765	11768	11536	11941	16573	9916
全年	18533		23477		26489	

（2）低增长情景：人口、城镇化都低增长。

表 5-24 <center>**低 增 长 情 景 生 活 需 水 表**</center> 单位：万 m³

分区	现状年		2020 年		2030 年	
	城镇	农村	城镇	农村	城镇	农村
Ⅰ	824	1424	1365	1093	1878	785
Ⅱ	2148	4587	3840	4126	5655	3052
Ⅲ	609	1405	663	1622	755	1613
Ⅳ	1073	802	1790	1033	2471	801
Ⅴ	661	1166	721	1196	787	1200
Ⅵ	77	788	294	664	498	541
Ⅶ	1374	1595	2600	2141	3764	1768
总量	6765	11768	11272	11874	15808	9761
全年	18533		23146		25569	

从预测结果可知，不同方案下，研究区生活需水总量都呈上升趋势，但总量相差不大，高方案生活需水总量较低方案仅多出不到 1000 万 m³。

5.3.2 生产用水预测

5.3.2.1 种植业

种植业需水与种植面积、作物总类及气象条件相关，根据年鉴资料，当地近些年耕地面积呈基本稳定的状态，多年统计变化量小，未来种植业需水主要考虑不同气象条件情景下的需水。为更好地反映当地种植需水的规律，本研究采用可获取的最长系列（1959～2007 年）气象条件作为计算条件，利用彭曼—蒙特斯公式进行计算，得到 50% 及 75% 的降雨频率对应的灌溉需水量。

考虑耕地复种系数从现状的 1.9～2.1，增加到 2020 年的 2.2，并在 2030 年保持不变；考虑灌溉水综合利用系数分别在 2020 年和 2030 年提高至 0.55 及 0.6。得到在长系列气象条件下研究区灌溉需水估算结果，如表5-25～表5-28所示。

由表5-25～表5-28可知，在50%的降雨保证率下，2020年农业灌溉需水为19.0亿 m^3，2030年农业灌溉需水为17.4亿 m^3，需水量的下降主要得益于灌溉水综合利用系数的提高。在75%的降雨保证率下，2020年农业灌溉需水为33.3亿 m^3，2030年农业灌溉需水为30.5亿 m^3，在充分灌溉条件下，较50%降雨保证率下的农业灌溉需水有较大幅度增加，若干旱年实际供水无法满足需水时，一般会导致农作物减产。

表 5-25　　　　　　　2020年长系列50%降雨保证率下全区域农业需水　　　　　单位：万 m^3

月份	I	II	III	IV	V	VI	VII	净需水	毛需水
1	0	0	0	0	0	0	0	0	0
2	0	0	0	0	0	0	0	0	0
3	1185	2006	551	863	259	191	1700	6755	12282
4	1185	2006	551	863	259	191	1700	6755	12282
5	1185	2006	551	869	259	191	1712	6774	12316
6	1185	2006	551	863	259	191	1700	6755	12282
7	4315	8047	1990	1016	1258	762	1976	19364	35207
8	4295	8105	2054	1594	1323	872	3011	21254	38644
9	4450	8855	2404	1540	1633	1318	3170	23370	42490
10	1192	2118	566	863	260	194	1700	6894	12534
11	1185	2006	551	863	259	191	1700	6755	12282
12	0	0	0	0	0	0	0	0	0
全年	20175	37154	9771	9333	5770	4102	18371	104676	190321

表 5-26　　　　　　　2020年长系列75%降雨保证率下大全区域农业需水　　　　　单位：万 m^3

月份	I	II	III	IV	V	VI	VII	净需水	毛需水
1	0	0	0	0	0	0	0	0	0
2	0	0	0	0	0	0	0	0	0
3	1185	2006	551	1021	259	191	1984	7196	13084
4	1185	2006	551	1030	259	191	2001	7223	13133
5	1673	2948	776	1533	415	280	2903	10529	19144
6	2280	4120	1055	1646	609	391	3104	13205	24009
7	8202	15551	3776	2897	2499	1471	5348	39744	72261
8	7391	15186	3965	3541	2718	2105	8239	43145	78446
9	5658	12640	3208	2921	2090	1703	7023	35242	64077
10	1536	3435	872	1550	444	396	3491	11724	21317
11	1200	2242	583	1241	261	197	2553	8277	15049
12	917	2174	654	581	526	434	1310	6596	11993
全年	31225	62307	15993	17960	10080	7359	37957	182882	332512

表 5 - 27 **2030 年长系列 50％降雨保证率下全区域农业需水** 单位：万 m³

月份	Ⅰ	Ⅱ	Ⅲ	Ⅳ	Ⅴ	Ⅵ	Ⅶ	净需水	毛需水
1	0	0	0	0	0	0	0	0	0
2	0	0	0	0	0	0	0	0	0
3	1185	2006	551	863	259	191	1700	6755	11259
4	1185	2006	551	863	259	191	1700	6755	11259
5	1185	2006	551	869	259	191	1712	6774	11290
6	1185	2006	551	863	259	191	1700	6755	11259
7	4315	8047	1990	1016	1258	762	1976	19364	32273
8	4295	8105	2054	1594	1323	872	3011	21254	35423
9	4450	8855	2404	1540	1633	1318	3170	23370	38949
10	1192	2118	566	863	260	194	1700	6894	11490
11	1185	2006	551	863	259	191	1700	6755	11259
12	0	0	0	0	0	0	0	0	0
全年	20175	37154	9771	9333	5770	4102	18371	104676	174461

表 5 - 28 **2030 年长系列 75％降雨保证率下全区域农业需水** 单位：万 m³

月份	Ⅰ	Ⅱ	Ⅲ	Ⅳ	Ⅴ	Ⅵ	Ⅶ	净需水	毛需水
1	0	0	0	0	0	0	0	0	0
2	0	0	0	0	0	0	0	0	0
3	1185	2006	551	1021	259	191	1984	7196	11994
4	1185	2006	551	1030	259	191	2001	7223	12038
5	1673	2948	776	1533	415	280	2903	10529	17548
6	2280	4120	1055	1646	609	391	3104	13205	22009
7	8202	15551	3776	2897	2499	1471	5348	39744	66239
8	7391	15186	3965	3541	2718	2105	8239	43145	71908
9	5658	12640	3208	2921	2090	1703	7023	35242	58737
10	1536	3435	872	1550	444	396	3491	11724	19541
11	1200	2242	583	1241	261	197	2553	8277	13795
12	917	2174	654	581	526	434	1310	6596	10994
全年	31225	62307	15993	17960	10080	7359	37957	182882	304803

5.3.2.2 渔业和畜牧业

渔业和畜牧业未来需水主要与产业规模有关，研究区内渔业发展呈稳定状态，畜牧业非主要产业，需水量较小，年鉴统计显示其年波动范围在 2％～5％之间，需水差异仅为 50 万～120 万 m³，相较来水变化及工农业需水变化而言影响非常小；区内池塘面积也无大规模扩大或减少的预期。故渔业和畜牧业仍然采用现状年需水进行后续供需平衡计算。

5.3.2.3 二产（工业）及三产需水

研究区现状年各分区产业现状如表5-29所示。

现 状 年 各 产 业 比 例

水资源规划片	分区编号	国民生成总值（GDP）			
		总计（亿元）	一产（亿元）	二产（亿元）	三产（亿元）
华容河规划区	Ⅰ	103.6	33.5	41.3	28.8
藕池东规划区	Ⅱ	183.4	64.9	60.6	58.0
藕池中规划区	Ⅲ	45.4	15.5	11.8	18.1
荆江规划区	Ⅳ	40.7	14.5	12.6	13.5
松滋东规划区	Ⅴ	29.0	7.0	8.5	13.5
松滋西规划区	Ⅵ	21.7	5.7	6.9	9.1
松滋规划区	Ⅶ	87.2	33.3	23.8	30.1
合 计		511.0	174.4	165.5	171.0

第二、三产业需水采用定额法计算，需水定额参考了《洞庭湖区综合规划》以及现状年用水统计结果反推值，如表5-30所示。

研究区划分的主要原则是以圩垸为基本单位，优先考虑以供水河道为边界。第二、三产业规划及统计资料只细化到县级单位，故在进行第二、三产业增长预测时，各分区仅对照相应县市的现状及发展规划进行预测，相应的行政归属范围如表5-31所示。

表 5-30 二产及三产需水定额预测

分 区	对应地市	水平年	二产（工业）	三 产
Ⅰ	岳阳	基准年	184	15
		2020	88	10
		2030	45	7
Ⅱ	益阳	基准年	174	15
		2020	78	10
		2030	39	7
Ⅲ	益阳	基准年	174	15
		2020	78	10
		2030	39	7
Ⅳ	荆州	基准年	166	15
		2020	70	10
		2030	37	7
Ⅴ	常德	基准年	135	15
		2020	64	10
		2030	34	7
Ⅵ	常德	基准年	135	15
		2020	64	10
		2030	34	7
Ⅶ	荆州	基准年	166	15
		2020	70	10
		2030	37	7

表 5-31 **各分区相应行政归属范围**

分 区	供水河道	行政归属
Ⅰ华容河规划区	湖北部分：长江 湖南部分：华容河	华容（含县城）、石首部分
Ⅱ藕池东规划区	藕池东支、藕池中支	南县（含县城）、沅江、华容部分
Ⅲ藕池中规划区	藕池西、虎渡河	南县、安乡、公安部分
Ⅳ荆江规划区	长江、虎渡河	公安（含县城）
Ⅴ松滋东规划区	松滋河、虎渡河	安乡部分
Ⅵ松滋西规划区	松虎合流、澧水洪道	安乡（含县城）、澧县部分
Ⅶ松滋规划区	长江、松滋河	松滋、荆州部分

各分区第二、三产业增长根据当地"十二五"规划设定目标以及经济发展规律，设定以下方案，其中，高方案：2008～2020 年三产业平均增长率采用 2005～2010 年平均值，2020～2030 年在 2008～2020 年基础上递减 20％；低方案：2008～2020 年三产业平均增长率在 2005～2010 年平均值基础上递减 20％，2020～2030 年在 2008～2020 年基础上递减 20％。

（1）Ⅰ区参照华容县（见表 5-32）。

表 5-32 **Ⅰ 区 增 长 方 案**

增长情景	产业	2008～2020 年增长率（％）	2020～2030 年增长率（％）
高方案	第一产业	5.5	4.4
	第二产业	15	12.0
	第三产业	13.5	10.8
低方案	第一产业	4.4	3.5
	第二产业	12.0	9.6
	第三产业	10.8	8.6

（2）Ⅱ区参照南县及华容县（见表 5-33）。

表 5-33 **Ⅱ 区 增 长 方 案**

增长情景	产业	2008～2020 年增长率（％）	2020～2030 年增长率（％）
高方案	第一产业	5.4	4.3
	第二产业	18	14.4
	第三产业	12	9.6
低方案	第一产业	4.3	3.5
	第二产业	14.4	11.5
	第三产业	9.6	7.7

（3）Ⅲ区参照南县（见表 5-34）。

表 5－34   Ⅲ 区 增 长 方 案

增长情景	产业	2008～2020 年增长率（％）	2020～2030 年增长率（％）
高方案	第一产业	5.4	4.3
	第二产业	25	20
	第三产业	12	9.6
低方案	第一产业	4.3	3.5
	第二产业	20	16
	第三产业	9.6	7.7

（4）Ⅳ区和Ⅶ区。

Ⅳ区与Ⅶ区处于湖北省部分，无"十二五"规划相关报告，根据《洞庭湖区综合规划报告》可知，该区域农村比重大，产业结构相对处于较低水平，现状年三产比为 26.6：35.15：38.25。采用洞庭湖区 2008～2030 年平均增长率 7.9％，2020 年三产比为 4：53：42，2030 年三产比为 4：51：45 来计算，不另行设定增长方案。

（5）Ⅴ区和Ⅵ区参照安乡（见表 5－35）。

表 5－35   Ⅴ 区 增 长 方 案

增长情景	产　业	2008～2020 年增长率（％）	2020～2030 年增长率（％）
高方案	第一产业	9	7.2
	第二产业	18	14.4
	第三产业	14.7	11.76
低方案	第一产业	7.2	5.8
	第二产业	14.4	11.5
	第三产业	11.76	9.4

设定不同增长率方案，计算各区第二、三产业年需水量如表 5－36 和表 5－37 所示。在第二产业用水定额大幅度下降（2020 年较现状减少一半，2030 年只有现状的 1/4）的前提下，由于年增长速度超过 10％，使得第二产业的需水有较大幅度的增加，高方案下从现状的 2.6 亿方增长到 2030 年的 16.2 亿方，增长了近 5 倍，低方案也增加至现状需水的 3 倍以上。第三产业的情况与第二产业类似。

表 5－36   工 业 需 水 预 测 结 果   单位：万 m³

分　区	现状年	高方案		低方案	
		2020 年	2030 年	2020 年	2030 年
Ⅰ	5929	15171	24095	11048	14129
Ⅱ	10539	34430	69644	23739	35569
Ⅲ	2057	13416	41534	8220	18131
Ⅳ	2097	3757	3607	3757	3607
Ⅴ	1146	3959	8075	2730	4315
Ⅵ	931	3217	6561	2218	3506
Ⅶ	3954	8055	8764	8055	8764
总量	26653	82005	162280	59767	88020

第三产业需水预测结果 单位：万 m³

分　区	现状年	高方案		低方案	
		2020 年	2030 年	2020 年	2030 年
Ⅰ	305	930	1816	697	1117
Ⅱ	870	2259	3954	1742	2555
Ⅲ	271	704	1232	543	796
Ⅳ	203	425	682	425	682
Ⅴ	203	701	1492	514	883
Ⅵ	136	471	1002	345	593
Ⅶ	451	912	1463	912	1463
总量	2438	6402	11641	5177	8090

5.3.3 河道生态用水计算

利用 Tennant 法进行计算，洪水期采用"很好"标准，枯水期采用"最小"标准，得到年平均值计算结果如表 5－38 所示。

表 5－38 Tennant 法年均值计算结果

河系	断面	计算流量（m³/s）	归整流量（m³/s）
藕池河东、中支	南县	4～9 月：448.0 10～3 月：224.0	4～9 月：450 10～3 月：220
	管家铺	4～9 月：472.2 10～3 月：236.1	4～9 月：470 10～3 月：230
藕池河西支	康家岗	4～9 月：42.2 10～3 月：21.1	4～9 月：40 10～3 月：20
虎渡河	黄山头（下）	4～9 月：0 10～3 月：0	4～9 月：0 10～3 月：0
松滋河东支	安乡	4～9 月：394.0 10～3 月：197.0	4～9 月：400 10～3 月：200

利用同期均值流量功能区划法进行生态需水估算，得到主要断面生态流量结果如表 5－39 所示。

表 5－39 同期平均生态需水计算结果

河　系	水生态环境功能区	断面	计算流量（m³/s）	归整流量（m³/s）
藕池河东、中支	城市景观	南县	5～10 月：210.4 11～4 月：10.7	5～10 月：200 11～4 月：10
	城市景观	管家铺	5～10 月：259.0 11～4 月：9.0	5～10 月：260 11～4 月：10

河　系	水生态环境功能区	断面	计算流量（m³/s）	归整流量（m³/s）
藕池河西支	一般功能区	康家岗	5～10月：6.0 11～4月：0	5～10月：5 11～4月：0
虎渡河	一般功能区	黄山头（下）	5～10月：0 11～4月：0	5～10月：0 11～4月：0
松滋河东支	城市景观，鱼类产卵栖息地， 南洞庭自然保护区水源	安乡	5～10月：998.4 11～4月：88.4	5～10月：1000 11～4月：90

5.3.4　总需水量

除河道内生态需水以外的其他需水为河道外总需水，这部分水需要通过河道堤水、引水及蓄水工程来满足，主要的影响因素是降雨保证率及社会经济增长模式。不同降水保证率与不同增长模式对应的各分区近期及远期河道外的总需水量如表 5－40 和表 5－41 所示。

表 5－40　　　　　不同降水频率下高增长模式分区总需水量　　　单位：万 m³

分区需水	预测年份	I	II	III	IV	V	VI	VII	总计
50％保证率	2020	59616	123082	39283	26900	20755	15908	52067	337611
	2030	66680	155300	66602	26110	25017	19213	51450	410373
75％保证率	2020	79707	168814	50596	42586	28593	21832	87680	479807
	2030	85097	197222	76972	40488	32202	24643	84095	540719

表 5－41　　　　　不同降水频率下低增长模式分区总需水量　　　单位：万 m³

分区需水	预测年份	I	II	III	IV	V	VI	VII	总计
50％保证率	2020	55224	111777	33860	26867	19314	14765	52010	313818
	2030	55912	119541	42627	26005	20577	15703	51272	331638
75％保证率	2020	75315	157510	45173	42552	27152	20689	87623	456014
	2030	74329	161463	52997	40383	27762	21133	83917	461985

各种模式下研究区总需水都呈现增长态势，其中枯水年高增长条件需水总量超过 54 亿 m³，为现状年的 2 倍多。需水量有如此大幅度的增加，说明现有的产业结构与增长方式下，水资源为满足社会经济发展需要存在较大挑战。

以第一种增长模式近期规划年 2020 年为例说明各分区月均需水分布，如图 5－3 所示。结果表明，各个分区的需水高峰为 7～9 月，但在枯水季节仍有较大的水资源需求；I 区和 II 区由于面积较大、工业较发达，总需水量较多。

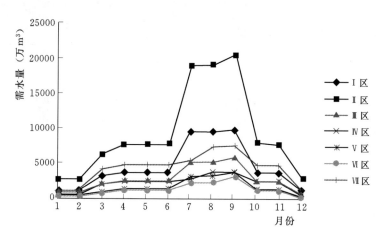

图 5-3 50%降雨保证率下 2020 年分区月需水

5.4 未来四口河系地区水资源供需分析

5.4.1 三峡运行对四口河系径流的影响

本研究利用水沙模型，以 1991～2000 年水文资料为基准，对洞庭湖四口河系地区 5 个主要水文站 2003～2033 年的来流量进行滚动模拟，获得该时段内 5 个水文站在有无三峡条件下的来流量。根据水沙模型模拟结果，以 1981～2000 年系列的年均流量作为基准年，对比在有无三峡运行条件下洞庭湖四口河系地区 5 个主要水文站未来 30 年的来水总量，结果如图 5-4～图 5-8 所示。

分析以上预测数据可知，不管是否有三峡，三口五站中未来年均来水都呈下降趋势，三峡工程的运行加剧了下降趋势但并不明显。康家岗未来来水减少最明显，远期 10 年系列年来水总量只占基准年的 15.5%；新江口来水量减少最少，远期 10 年系列年来水总量占基准年的 58.1%。有三峡条件下，重点站康家岗和管家铺的来水将决定研究区北部未来的水资源，来水减少将导致该地区供需矛盾加大。

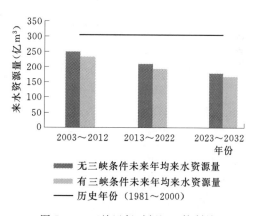

图 5-4 三峡运行对新江口控制站
年径流量的影响

通过对三口上游长江干流宜昌站的多年流量进行排频，选取三峡工程建成前自然条件下来水典型年。长江干流来水典型年选取如下：大洪水年（1998 年），25%（1993 年），50%（1991 年），75%（2002 年），95%（1997 年），98%（2006 年）。对三口五站流量日过程预测结果进行对比分析，判断水资源年内分布变化规律，三峡运行前后水资源控制站点康家岗及管家铺日流量过程对比如图 5-9～图 5-12 所示。

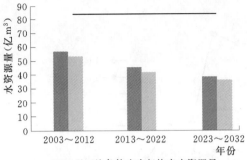

图 5-5　三峡运行对沙道观控制站
年径流量的影响

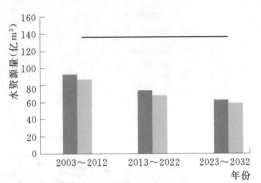

图 5-6　三峡运行对弥陀寺控制站
年径流量的影响

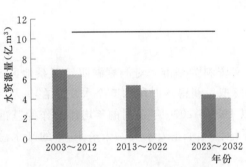

图 5-7　三峡运行对康家岗控制站
年径流量的影响

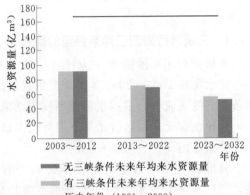

图 5-8　三峡运行对管家铺控制站
年径流量的影响

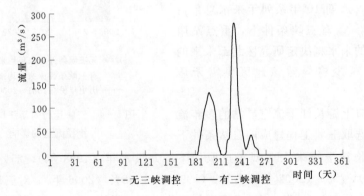

图 5-9　50％来水（1991 年）康家岗有无三峡运行年内流量分布

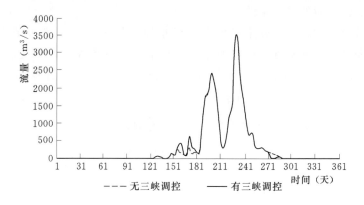

图 5-10　50％来水（1991年）管家铺有无三峡运行年内流量分布

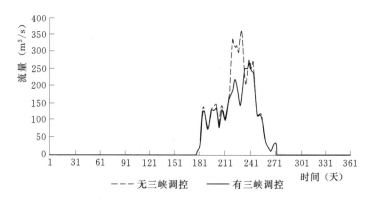

图 5-11　典型洪水（1998年）康家岗有无三峡年内流量分布

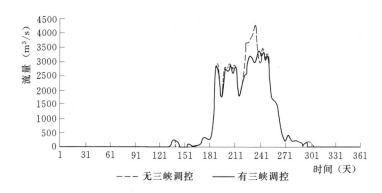

图 5-12　典型洪水（1998年）管家铺有无三峡年内流量分布

　　分析不同来水频率以及有无三峡条件下藕池口两站未来来水年年内日流量数据可知，丰水年条件下，三峡调节将减小洪峰流量，减轻藕池水系防洪压力；平水年条件下，三峡工程对藕池来水影响较小，蓄水期减小了管家铺来流流量，在一定程度上加剧了藕池水系水资源供需矛盾。

5.4.2　不同来水频率的四口河系水资源

　　洞庭湖四口河系地区未来水资源供需平衡研究中，三口来水是重要的部分，而三口来水主要取决于长江上游的来水条件。

以 20 世纪 90 年代来水条件作为水沙模拟模型输入,得到未来节点年份(2020、2030)的沙床条件,在此基础上以典型年的长江来流流量条件作为输入,模拟得到 2020 年及 2030 年典型来水条件下的四口水系各水文站日流量结果,再计算得出各站点各月平均水资源量如表 5-42~表 5-51 所示。

表 5-42　　　　　**2020 年 25%典型年(1993)各控制站月均水资源量**　　　单位:万 m³

月份	新江口	沙道观	弥陀寺	康家岗	管家铺	安乡	石龟山	南闸上	南闸下
1	0	0	0	0	0	29894	31303	0	0
2	0	0	0	0	0	28909	28512	0	0
3	0	0	0	0	0	31735	31596	0	0
4	294	0	0	0	0	60359	59003	0	0
5	15060	0	0	0	0	117910	96500	0	0
6	29532	0	0	0	0	92992	59244	0	0
7	284014	37368	48531	130	60921	434877	361290	78106	77708
8	572815	153438	137644	3344	177889	676685	422021	208829	208751
9	367883	83834	71591	3110	105149	523524	277983	130620	132088
10	19449	0	0	0	0	122999	46094	0	0
11	20822	0	0	0	0	66139	27518	0	0
12	1080	0	0	0	0	28858	24633	0	0

表 5-43　　　　　**2020 年 50%典型年(1991)各控制站月均水资源量**　　　单位:万 m³

月份	新江口	沙道观	弥陀寺	康家岗	管家铺	安乡	石龟山	南闸上	南闸下
1	0	0	0	0	0	48816	54829	0	0
2	0	0	0	0	0	50527	50250	0	0
3	0	0	0	0	0	52644	55495	0	0
4	475	0	0	0	0	66476	66018	0	0
5	20710	0	0	0	0	149196	138629	0	0
6	125772	1382	4389	0	86	250975	144651	5158	6083
7	415048	99481	89744	8182	175884	616689	677393	163417	162864
8	466577	77112	76905	0	29877	508075	232148	112942	116260
9	128693	2860	5063	0	553	232805	92958	7543	13668
10	7750	0	0	0	0	79471	21436	0	0
11	4026	0	0	0	0	32219	12476	0	0
12	0	0	0	0	0	22533	12355	0	0

表 5－44　　　　　　2020 年 75％典型年（2002）各控制站月均水资源量　　　　单位：万 m³

月份	新江口	沙道观	弥陀寺	康家岗	管家铺	安乡	石龟山	南闸上	南闸下
1	0	0	0	0	0	16373	6834	0	0
2	0	0	0	0	0	19138	15630	0	0
3	0	0	0	0	0	69932	67893	0	0
4	1987	0	0	0	0	118567	141324	0	0
5	61102	0	0	0	276	245938	221538	0	0
6	185734	4968	19155	0	2825	301182	205926	22153	25860
7	148202	207	14472	0	11128	278856	129911	22395	24633
8	426574	75324	88854	2748	91428	425071	240849	114584	114013
9	26819	121	2134	0	5884	117435	23069	5115	5167
10	4467	0	0	0	0	64791	5279	0	0
11	795	0	0	0	0	43252	22369	0	0
12	0	0	0	0	0	35217	30197	0	0

表 5－45　　　　　　2020 年 95％典型年（1997）各控制站月均水资源量　　　　单位：万 m³

月份	新江口	沙道观	弥陀寺	康家岗	管家铺	安乡	石龟山	南闸上	南闸下
1	0	0	0	0	0	25998	16338	0	0
2	0	0	0	0	0	33558	31510	0	0
3	1149	0	0	0	0	74356	69725	0	0
4	6385	0	0	0	0	48038	47183	0	0
5	38111	0	0	0	0	103956	69284	0	0
6	118230	26	1495	0	86	173500	86115	1184	1166
7	475070	109572	79229	570	58622	542557	331811	133479	135881
8	127976	1616	6756	0	7620	198029	79505	8726	10126
9	13513	0	0	0	0	48462	17591	0	0
10	5003	0	0	0	0	46794	19354	0	0
11	1443	0	0	0	0	30499	24728	0	0
12	0	0	0	0	0	38016	36996	0	0

表 5－46　　　　　　2020 年 98％典型年（2006）各控制站月均水资源量　　　　单位：万 m³

月份	新江口	沙道观	弥陀寺	康家岗	管家铺	安乡	石龟山	南闸上	南闸下
1	0	0	0	0	0	15725	8027	0	0
2	0	0	0	0	0	17029	9720	0	0
3	631	0	0	0	0	19405	9824	0	0
4	743	0	0	0	0	21401	17004	0	0
5	14619	0	0	0	0	72697	62847	0	0
6	25281	0	0	0	0	76516	27890	0	0

月份	新江口	沙道观	弥陀寺	康家岗	管家铺	安乡	石龟山	南闸上	南闸下
7	124701	268	6204	0	233	193640	59892	4104	7638
8	5694	0	0	0	0	80006	16641	0	0
9	16347	0	112	0	0	86417	11768	0	0
10	5538	0	0	0	0	65025	5694	0	0
11	708	0	0	0	0	31087	3629	0	0
12	0	0	0	0	0	20442	9167	0	0

表 5-47　　　　　　2030 年 25%典型年（1993）各控制站月均水资源量　　　　单位：万 m³

月份	新江口	沙道观	弥陀寺	康家岗	管家铺	安乡	石龟山	南闸上	南闸下
1	0	0	0	0	0	30655	31216	0	0
2	0	0	0	0	0	29454	28477	0	0
3	0	0	0	0	0	32262	31605	0	0
4	112	0	0	0	0	59746	58467	0	0
5	14351	0	0	0	0	117478	96492	0	0
6	28279	0	0	0	0	92508	59020	0	0
7	283884	22118	44090	0	38586	403626	337280	61612	61612
8	612351	44038	130205	933	119206	651188	392230	179513	179254
9	379555	34940	67954	1011	68783	505181	255554	112812	112493
10	18766	0	0	0	0	122239	45524	0	0
11	21168	0	0	0	0	66381	27147	0	0
12	639	0	0	0	0	29523	24572	0	0

表 5-48　　　　　　2030 年 50%典型年（1991）各控制站月均水资源量　　　　单位：万 m³

月份	新江口	沙道观	弥陀寺	康家岗	管家铺	安乡	石龟山	南闸上	南闸下
1	0	0	0	0	0	49067	54899	0	0
2	0	0	0	0	0	50604	50198	0	0
3	0	0	0	0	0	52842	55417	0	0
4	285	0	0	0	0	66666	66096	0	0
5	21686	0	0	0	0	149792	139648	0	0
6	122256	1071	3689	0	26	250932	143545	4061	4501
7	436933	24088	87290	4838	135752	597698	646980	144599	144539
8	479831	22974	71315	0	13686	488074	219853	98565	101572
9	125850	259	3612	0	0	228476	90573	10040	6463
10	7491	0	0	0	0	79289	20961	0	0
11	3240	0	0	0	0	32028	12347	0	0
12	0	0	0	0	0	23302	12321	0	0

月份	新江口	沙道观	弥陀寺	康家岗	管家铺	安乡	石龟山	南闸上	南闸下
1	0	0	0	0	0	16874	6791	0	0
2	0	0	0	0	0	19596	15509	0	0
3	0	0	0	0	0	69906	66995	0	0
4	1953	0	0	0	0	118895	140763	0	0
5	58951	0	0	0	78	243959	228528	0	0
6	182529	1711	15215	0	553	300767	205416	21427	23725
7	143001	173	10316	0	3041	275806	127846	20883	20010
8	441435	23371	82754	1123	63876	409260	226860	92880	93632
9	26067	9	1538	0	3534	114929	21678	3370	3421
10	4320	0	0	0	0	64783	5003	0	0
11	717	0	0	0	0	44850	22239	0	0
12	0	0	0	0	0	35510	30119	0	0

月份	新江口	沙道观	弥陀寺	康家岗	管家铺	安乡	石龟山	南闸上	南闸下
1	0	0	0	0	0	26758	16226	0	0
2	0	0	0	0	0	34180	31337	0	0
3	242	0	0	0	0	73302	69578	0	0
4	6350	0	0	0	0	48246	47071	0	0
5	36841	0	0	0	0	103576	69284	0	0
6	114515	1797	657	0	0	172541	85450	1227	1253
7	500956	34854	77630	138	35614	509682	303722	132157	131224
8	123958	1693	4380	0	3205	194530	77691	10800	12355
9	12519	0	0	0	0	47952	17245	0	0
10	4908	0	0	0	0	46613	19103	0	0
11	1305	0	0	0	0	30819	24555	0	0
12	0	0	0	0	0	38448	36936	0	0

月份	新江口	沙道观	弥陀寺	康家岗	管家铺	安乡	石龟山	南闸上	南闸下
1	0	0	0	0	0	16217	8009	0	0
2	0	0	0	0	0	17461	9660	0	0
3	786	0	0	0	0	19950	9867	0	0
4	829	0	0	0	0	21781	16952	0	0
5	14144	0	0	0	0	73017	62916	0	0
6	24512	0	0	0	0	75989	27467	0	0

月份	新江口	沙道观	弥陀寺	康家岗	管家铺	安乡	石龟山	南闸上	南闸下
7	120709	259	4882	0	52	192102	58674	3266	5746
8	4208	0	0	0	0	79885	16191	0	0
9	16330	0	0	0	0	86806	11448	0	0
10	5270	0	0	0	0	64774	5305	0	0
11	700	0	0	0	0	31467	3603	0	0
12	0	0	0	0	0	19889	10670	0	0

从模拟结果来看，由于上游长江干流来水典型年仅从全年总量进行排频，再加上分水比等因素的影响，各口月均水量并未严格按照来水频率分布。长系列平均值可能更具规律性，但不是真实的来流过程，所以后续的供需平衡仍然采用典型年数据进行计算。

5.4.3 供需平衡分析

水资源供需平衡的情景组合主要包括需水和供水两个部分，其中需水又分为50%降雨保证率、75%降雨保证率、高增长及低增长四种组合，而供水分为5个典型年来水，故供需平衡分析中共计有20种组合情景。对应组合条件如表5-52所示。

与现状年的供需分析类似，三口来水考虑工程引水能力与生态需水的要求以来水的90%作为可调蓄水量，在汛期的6～9月不存在水资源短缺。非汛期水资源配置原则为：首先满足生活用水，其次满足第二产业和第三产业用水，最后满足农业用水要求，生活用水与二、三产业用水统称为保障性需水。

表5-52　　情景组合条件表

社会发展	降水频率（%）	典型年的来水频率（%）
高增长	50	25、50、75、95、98
	75	25、50、75、95、98
低增长	50	25、50、75、95、98
	75	25、50、75、95、98

4种需水模式与5个典型年来水组合得到组合情景下年缺水量如表5-53所示。

表5-53　　　　　　　　组合情景下年缺水量　　　　　　　　单位：亿 m^3

来水条件	需水条件							
	50%降雨低增长		50%降雨高增长		75%降雨低增长		75%降雨高增长	
	2020年	2030年	2020年	2030年	2020年	2030年	2020年	2030年
25%来水	4.42	5.97	5.82	10.66	5.97	7.18	7.15	11.88
50%来水	4.52	6.07	5.92	10.76	6.08	7.28	7.49	11.98
75%来水	4.64	6.16	6.00	10.86	5.92	7.38	7.33	12.07
95%来水	4.87	6.42	6.27	11.11	6.47	7.63	7.60	12.33
98%来水	5.47	6.75	6.60	11.44	6.52	7.66	7.93	12.66

从研究区水资源总量平衡结果来看，由于水资源分布的时空不均匀，研究区中的Ⅰ、Ⅱ、Ⅲ区的缺水导致了整个区域的水资源不平衡，在不同组合情景下，研究区近期年将从现状的总缺水2.27亿 m^3，增长到降雨平水年的4.4亿～11.4亿 m^3，或者降雨枯水年的6.0亿～12.7亿 m^3。远期年水资源缺口在低增长情景下增长相对缓慢，但在高增长情况下仍然存在

较大缺口，最大水资源缺口达到 12.66 亿 m³。长江干流不同来水频率对缺水量的影响较小，主要是由于不同频率对应的枯水季节来水量差异较小，而缺水主要发生在枯水季节。

分别以未来水资源供需一般情景（50％来水，50％降雨保证率，低速发展）及极端情景（98％来水，75％降雨保证率，高速发展）为例，分析各分区年内水资源供需状况。50％来水典型年近期及远期年缺水区枯水期月水资源供需过程线如图 5-13～图 5-15 所示，缺水量表见表 5-54 和表 5-55。

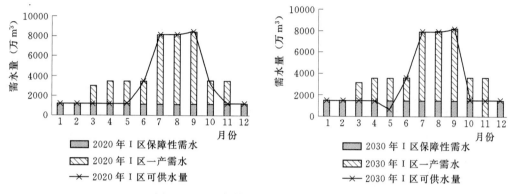

图 5-13　一般情景下Ⅰ区月供需水过程

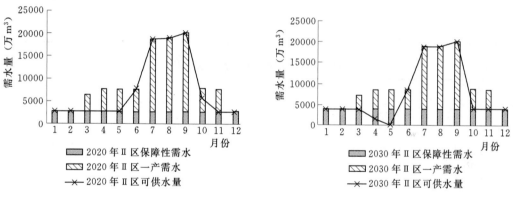

图 5-14　一般情景下Ⅱ区月供需水过程

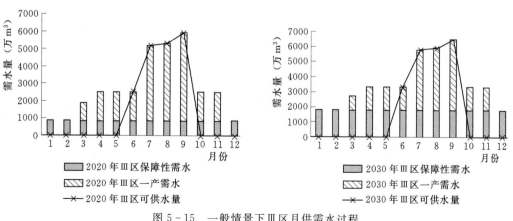

图 5-15　一般情景下Ⅲ区月供需水过程

表 5-54

近期年 2020 年 50% 来水各区缺水量表　　　　单位：万 m³

月缺水	Ⅰ	Ⅱ	Ⅲ	Ⅳ	Ⅴ	Ⅵ	Ⅶ
1	20	42	916	0	0	0	0
2	20	42	916	0	0	0	0
3	1824	3689	1919	0	0	0	0
4	2280	4962	2537	0	0	0	0
5	2280	4962	2537	0	0	0	0
6	0	0	0	0	0	0	0
7	0	0	0	0	0	0	0
8	0	0	0	0	0	0	0
9	0	0	0	0	0	0	0
10	590	2391	2486	0	0	0	0
11	2280	4962	2537	0	0	0	0
12	20	42	916	0	0	0	0
总缺水	9313	21093	14766	0	0	0	0
全区	45172						

表 5-55　　　　远期年 2030 年 50% 来水各区缺水量表　　　　单位：万 m³

月缺水	Ⅰ	Ⅱ	Ⅲ	Ⅳ	Ⅴ	Ⅵ	Ⅶ
1	20	42	1770	0	0	0	0
2	20	42	1770	0	0	0	0
3	1673	3385	2689	0	0	0	0
4	2129	6917	3307	0	0	0	0
5	2912	8517	3307	0	0	0	0
6	0	0	0	0	0	0	0
7	0	0	0	0	0	0	0
8	0	0	0	0	0	0	0
9	0	0	0	0	0	0	0
10	2142	4846	3254	0	0	0	0
11	2129	4658	3307	0	0	0	0
12	20	42	1770	0	0	0	0
总缺水	11045	28451	21173	0	0	0	0
全区	60670						

98%来水典型年近期及远期年缺水区枯水期月水资源供需过程线如图 5-16～图 5-18 所示，缺水量表见表 5-56 和表 5-57。

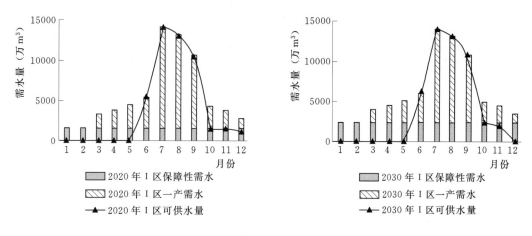

图 5-16　极端情景 I 区月供需水过程

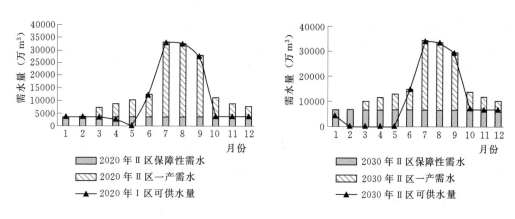

图 5-17　极端情景 II 区月供需水过程

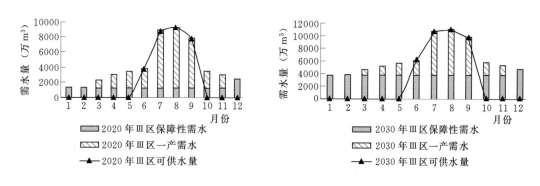

图 5-18　极端情景下 III 区月供需水过程

表 5 - 56　　　　　　　　近期年 2020 年极端枯水条件各区缺水量表　　　　　单位：万 m³

月缺水	I	II	III	IV	V	VI	VII
1	1590	42	1368	0	0	0	0
2	1590	42	1368	0	0	0	0
3	3394	3689	2371	0	0	0	0
4	3850	6029	2989	0	0	0	0
5	4564	10365	3397	0	0	0	0
6	0	0	0	0	0	0	0
7	0	0	0	0	0	0	0
8	0	0	0	0	0	0	0
9	0	0	0	0	0	0	0
10	2847	7561	3494	0	0	0	0
11	2308	5391	3045	0	0	0	0
12	1469	3995	2558	0	0	0	0
总缺水	21610	37114	20589	0	0	0	0
全区	79313						

表 5 - 57　　　　　　　　远期年 2030 年极端枯水条件各区缺水量表　　　　　单位：万 m³

月缺水	I	II	III	IV	V	VI	VII
1	2432	2638	3767	0	0	0	0
2	2432	6880	3767	0	0	0	0
3	4085	10222	4686	0	0	0	0
4	4541	11496	5304	0	0	0	0
5	5195	13066	5678	0	0	0	0
6	0	0	0	0	0	0	0
7	0	0	0	0	0	0	0
8	0	0	0	0	0	0	0
9	0	0	0	0	0	0	0
10	2649	7041	5761	0	0	0	0
11	2443	5052	5356	0	0	0	0
12	3600	3666	4858	0	0	0	0
总缺水	27376	60059	39177	0	0	0	0
全区	126612						

根据四口河系水沙模拟模型预测结果分析，一般情景下，缺水区为 I 区华容区、II 区藕池东区、III 区藕池西区。其中 I 区华容区由于调蓄能力较大，保障性需水（生活及二、三产业需水）可基本得到满足（这里未考虑水环境要求），但农业用水缺口较大；II 区藕池东区也可基本满足保障性需水要求，但远期水平年存在 2 个月的缺口；藕池西区由于无

调蓄水库，在枯水期全面缺水；一产（农业及渔业）主要的缺水月份为4～5月春灌期以及10～11月秋灌期。98％来水极端枯水年条件下，藕池口康家岗及管家铺站过流时间小于一个月，Ⅰ、Ⅱ、Ⅲ区均无法保证保障性供水要求，未来极端条件水资源供需矛盾突出，需要增加调蓄及水资源供给能力。

5.5 水资源配置分析

受资料限制，本研究没有开展各分区的供水能力分析，以上水资源供需分析中，将河道过境水量的90％作为引水与提水的上限，未考虑供水能力的限制。根据《洞庭湖区综合规划报告》，整个洞庭湖区现状（2008年）供水能力为66.8亿 m³，其中地表水中蓄、引、提水工程供水量分别为10.88亿 m³、14.77亿 m³ 和38.93亿 m³，地下水工程供水量为2.22亿 m³。四口河系地区面积大体上为整个洞庭湖的一半，因此粗略考虑四口河系地区现状供水能力为整个洞庭湖区的一半，即：总供水能力为33.4亿 m³，其中地表水中蓄、引、提水工程供水能力分别为5.44亿 m³、7.39亿 m³ 和19.46亿 m³，地下水工程供水能力为1.11亿 m³。四口河系地区现状年水资源需求为24.4亿 m³，总供水量为22.1亿 m³，因此现状供水能力基本可以满足现状供水要求。规划水平年中，不同增长模式与不同降水频率对应的总需水量与总供水量见表5-58。在平水年（50％降水保证率），现有供水能力可基本满足供水要求，但在枯水年（75％降水保证率），现有供水能力将无法满足供水要求，需要通过对现有工程进行改造和新增供水工程，提高供水能力以满足供水要求。

表5-58　　　　　不同增长模式与不同降雨频率对应的总需水量/总供水量　　　　单位：亿 m³

情　景	现状年	2020年	2030年
50％降雨低增长		31.4/25.93～26.98	33.2/26.45～27.23
50％降雨高增长	24.4/22.1	33.8/27.2～27.98	41.0/29.56～30.34
75％降雨低增长		45.6/39.08～39.63	46.2/38.54～39.02
75％降雨高增长		48.0/40.07～40.85	54.1/41.44～42.22

5.6 小结

本研究根据行政区划与水资源的关系，将洞庭湖四口河系地区分为7个分区（分别为Ⅰ华容河区、Ⅱ藕池东区、Ⅲ藕池中区、Ⅳ荆江区、Ⅴ松滋中区、Ⅵ松滋西区和Ⅶ松滋区），并以2008年为现状基本年、2020年为近期规划水平年、2030为远期规划水平年，分别开展了各分区现状（2008年）水资源供需分析以及不同水平年（2020年、2030年）、不同增长方式（高增长、低增长）、不同降雨保证率（50％、75％）、不同长江干流（宜昌站）来水频率（25％、50％、75％、95％、98％）的水资源供需分析。主要结论包括：

（1）现状年Ⅰ区与Ⅲ区存在水资源短缺。

（2）四口河系地区未来水平年水资源需求增加幅度较大，未来条件下四口河系地区生活需水略有增加、一产需水变化不大、二产、三产需水有较大幅度增加，近期水平年50％降水频率下低增长方案水资源需求较现状增加30％，75％降水频率下高增长方案水资源需求较现状增加100％以上。

（3）在现有水资源工程条件下，四口河系未来水平年的水资源供需矛盾较大并集中在Ⅰ区、Ⅱ区、Ⅲ区，一般情况（50％长江来水、50％降雨频率、低增长方案）条件下，2020年与2030年的缺水量分别达到4.52亿 m^3 与6.07亿 m^3 ；最不利组合（98％长江来水、75％降雨频率、高增长方案）条件下，2020年与2030年的缺水量分别达到7.93亿 m^3 与12.66亿 m^3 。

水资源供需分析表明，Ⅰ区、Ⅱ区与Ⅲ区在枯水季节（10月至来年5月）存在水资源短缺，可能的解决途径：一是增加调蓄能力（如通过控支强干兴建平原水库）；二是跨水系调水（如调弦口提水、松滋调水、华洪运河调水等）。

第6章　洞庭湖四口河系地区
水生态环境分析

6.1　四口河系地区水环境模型

随着四口河系地区社会经济的迅速发展以及人口和工矿企业的增加，点源与非点源污染向湖区的排放量也不断增加，使洞庭湖区水质及周边湿地生态环境受到污染。因此，建立四口河系地区的水环境模型，对堤垸区的非点源污染负荷排放以及污染物在河网中的运移进行模拟，为区域的水环境保护和治理提供参考。

6.1.1　堤垸区非点源污染负荷计算

对于堤垸区的非点源污染负荷，建立分布式非点源污染负荷估算模型进行计算。模型从结构上分为污染物产生模块和污染物入河模块两部分。污染物产生模块用于计算流域内水、泥沙以及各种污染物质的产生量，污染物入河模块计算水、泥沙和各种污染物质从堤垸输出进入河湖水体的负荷量。

6.1.1.1　污染物产生模块

非点源污染物产生模块包括水文子模型、土壤侵蚀产沙模型和污染物质迁移转化模型，其中污染物质主要考虑氮和磷。模型以栅格单元为基本运行单位。

污染物产生模块的计算过程分为3个部分，具体流程见图6-1。

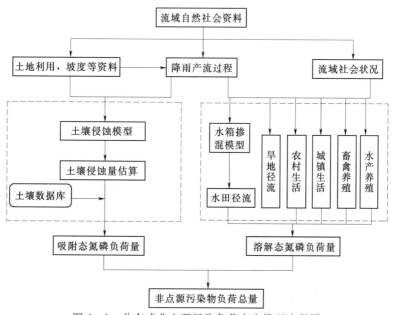

图 6-1　分布式非点源污染负荷产生模型流程图

1. 水文子模型

堤垸区的产流计算采用基于栅格型的新安江三水源模型。该模型将研究流域中的每个栅格作为一个单元处理，根据新安江模型的三层蒸散发、蓄满产流及自由水蓄水库结构的水源划分等理论（赵人俊，1984；朱求安，2004），计算出每个栅格上的张力水蓄水容量与自由水蓄水容量，得到每个栅格单元的产流量和地表流、壤中流、地下水流。模型结构及相关参数见 2.1 节区间洪水模型部分。

在水文子模型中，基于流域内降雨、DEM 高程、土地利用、土壤类型等基础资料信息，依照新安江模型（三水源）的原理模拟所有网格单元的降雨产流过程，计算栅格单元的地表径流深。

2. 土壤侵蚀产沙模型

在土壤侵蚀产沙模型中，结合流域内土地利用、土壤类型、DEM 等流域自然资料和计算得到的地表径流深，利用修正的通用土壤侵蚀方程（MUSLE，the Modified Universal Soil Loss Equation，Williams，1975）计算泥沙流失量。

降雨侵蚀产沙包括两个连续的过程，一是土壤颗粒的剥蚀过程，二是泥沙在径流中的输移过程。在 USLE 方程中，认为土壤侵蚀量是降雨能量的函数，它只能反映土壤颗粒的剥蚀过程，对于泥沙的输移过程则需要用输移比来描述。而在 MUSLE 方程中用径流因子代替降雨能量因子，不再需要输移比（Delivery Ratio）参数，从而提高了产沙量预测的精度。MUSLE 中径流的流量和流速不仅反映了降雨能量因子，而且能更好地反映泥沙的输移过程（Neitsch et al.，2001）。

MUSLE 方程如下

$$S_{ed} = 11.8 \times (Q \cdot q_{peak} \cdot a_{rea})^{0.56} \cdot K \cdot C \cdot P \cdot LS \cdot C_{FRC} \tag{6-1}$$

式中　　S_{ed}——土壤流失量，t；

Q——地表径流量，mm；

q_{peak}——洪峰流量，$\mathrm{m^3/s}$；

a_{rea}——计算单元面积；

K——土壤可蚀性因子；

C——植被覆盖和管理因子；

P——水土保持措施因子；

LS——地形因子；

C_{FRG}——粗碎屑因子。

3. 污染物迁移转化模型

暴雨径流对表层土壤发生作用主要表现为浸透和冲洗两种方式：一方面，随着径流的形成，在径流沿坡面冲刷的作用下，一些土壤颗粒被径流携带流出坡面。在这种方式中，与土壤颗粒结合的养分因侵蚀而流失；另一方面，土壤可溶性养分因径流浸透而向径流扩散，土壤颗粒表面吸附的养分离子因径流的冲洗作用而解吸。因此，暴雨径流所携带的污染物以吸附于泥沙颗粒和溶解于水这两种形式输入地表水域，因而其非点源污染负荷量等于吸附态污染负荷量（吸附于泥沙颗粒）和溶解态污染负荷量（溶解于水）之和，计算如式（6-2）所示

$$W = W_c + W_s \tag{6-2}$$

式中　W——非点源污染负荷量，t；

　　　W_s——吸附态污染负荷量，t；

　　　W_c——溶解态污染负荷量，t。

（1）吸附态污染物质的估算方法。

当地表径流流过土壤表面并对土壤颗粒造成冲刷和携带，一部分污染物吸附于土壤颗粒，进而随地表径流从子流域进入河道，因而产沙量的变化会影响吸附态污染负荷的产生量。

吸附态非点源污染负荷受土壤侵蚀状况的控制，其计算模型为

$$W_c = S_{ed} \cdot C \cdot E_R \tag{6-3}$$

式中　W_c——吸附态非点源污染负荷，t；

　　　S_{ed}——土壤流失量，t；

　　　C——土壤中氮磷养分含量，查阅土壤类型表可得；

　　　E_R——富集系数，即在输移的泥沙中污染物质的含量和表层土壤中污染物质含量之比。

（2）溶解态污染物质的估算方法。

在暴雨径流的作用下，土壤可溶性养分因径流浸透而向径流扩散，溶解态污染物溶解在地表径流中一同进入河道。非点源污染负荷产生模块中对于溶解态污染物的计算包括水田径流、旱地径流、林地径流、城镇居民、农村居民、畜禽养殖、水产养殖等7种流失途径。

1）水田径流。

根据水田产污机理，利用"水箱"充分掺混模型模拟水田的产污过程（见图6-2），假设水田具有某一初始水深和初始泡田水浓度，每日降雨与灌溉水进入水田后，与原始泡田水充分掺混后，经植物蒸腾、淋溶下渗、植物根系吸收等作用，得到一个新的水深和泡田水浓度，当该水深 h 小于耐淹水深 h_c 时，水田不产流，产污量为0；否则，产污量按式（6-4）～式（6-6）计算。

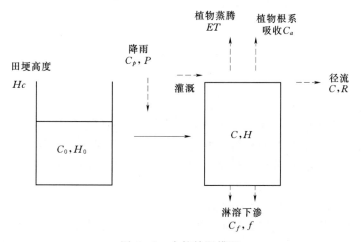

图6-2　水箱掺混模型

191

当 $h_j < h_c$ 时 $$R_j = 0 \qquad (6-4)$$

当 $h_j > h_c$ 时 $$R_j = P_j + h_{j-1} + I_j - f_j - ET_j - h_c \qquad (6-5)$$

$$C_j = \frac{h_{j-1} \cdot C_{j-1} + P_j \cdot C_p - C_{j-1} \cdot f_j - Abs_j}{h_j} \qquad (6-6)$$

$$W_{ij} = R_j \cdot C_j \cdot A_{rea} \qquad (6-7)$$

式中 j——天数；

      R_j——出流径流深，mm；

P_j，I_j，f_j，ET_j——水田日降雨量、灌溉量、淋溶下渗量、作物蒸腾量，mm；

      h_c——水田日水深，mm；

      C_p——雨水浓度，mg/L；

      C_j——充分掺混后的浓度，mg/L；

     Abs_j——作物日吸收氮磷养分量，mg/(L·mm)；

     A_{rea}——计算面积，km²；

     W_{ij}——水田产生的溶解态的污染物负荷量，kg。

2）旱地径流、林地径流、城镇居民、农村居民、畜禽养殖、水产养殖。

采用当量模式，计算公式如式（6-8）

$$W_i = \sum_{i}^{5} \rho_i \cdot Q_i \cdot S_i \cdot A_{rea} \qquad (6-8)$$

式中 i——非点源污染类型，分别是旱地径流、林地径流、城镇居民、农村居民、畜禽养殖和水产养殖；

   W_i——非点源污染负荷量，kg；

   Q_i——单位面积非点源污染源强，kg/km²；

   ρ_i——非点源产污系数；

   S_i——社会因子修正系数，表示社会发展程度对非点源污染源强的削弱作用；

   A_{rea}——计算面积，km²。

3）溶解态非点源污染负荷总量。

将计算得到的水田径流、旱地径流、林地径流、城镇居民、农村居民、畜禽养殖和水产养殖等不同流失途径下产生的溶解态非点源污染量相加，即得到溶解态非点源污染负荷总量，见式（6-9）

$$W_s = \sum_{i}^{6} W_i \qquad (6-9)$$

式中 W_i——不同流失途径下的溶解态非点源污染量，kg。

6.1.1.2 污染物入河模块

累积在地表的污染物随着降雨径流形成产污，随着流域汇流过程进入河道的过程称为入河过程。污染物产生模块计算出每个栅格单元上的水、泥沙和污染物质的产生量，而污染物入河模块则要考虑水、泥沙和污染物质经过运移从堤垸向河道的排出量，因此与堤垸内设置的工程排水系统的运行方式有关。

结合洞庭湖堤垸地区的实际工程措施，堤垸一般采用泵站将垸内涝渍水抽入外河（湖）的抽排方式来防治洪涝灾害。抽水泵站以动力机（如内燃机、电动机等）带动水泵抽水，多选择在排水区下游便于集中涝渍水的低洼地点或排水渠末端、地质条件较好的地

192

方。当堤垸内集中的涝渍水水位高于启排水位（泵站的临界水位）时，泵站启动抽水，堤垸内涝渍水被排入外河（湖），涝渍水水位下降；当堤垸内集中的涝渍水水位低于启排水位时，泵站停止抽水。因此，污染物入河模块中采用了区间洪水模型中的电排泵站排水模型来模拟堤垸区的排水入河过程，详见 2.1 节。

根据质量守恒原理，排入河道的污染物质浓度计算为

$$C_j = \frac{C_{j-1} \cdot V_{j-1} + C_{rj} \cdot W_{Rj} + C_{pj} \cdot W_{Pj}}{V_j + Q_泵 \cdot t} \tag{6-10}$$

排入河道的污染物质质量为

$$D_j = C_j \cdot Q_泵 \cdot t \tag{6-11}$$

式中 C_j——虚拟水库内污染物质浓度，mg/L；

C_{rj}——虚拟水库来流中污染物质浓度，mg/L；

C_{pj}——降雨中污染物质浓度，mg/L；

D_j——排入河道的污染物质质量，g。

6.1.2 四口河网水质模型的建立

污染物入河后，将在河道中发生输移、扩散、转化等物理、化学及生物过程。要准确地描述污染物在水体中的输移、扩散、转化的规律，需要建立河网水动力模型和水质模型。水动力模型用于计算河道中的水位、流量、过流面积、流速等水力学变量；在水动力模型基础上建立起来的水质模型用于分析污染物的输移、扩散、转化过程，通过计算得出各种污染物的浓度变化。

6.1.2.1 河网水动力模型

1. 基本方程组

河流中的非恒定渐变流可采用一维圣维南方程组描述，包括运动方程和连续性方程（赵振新等，2010）

$$\frac{\partial A}{\partial t} + \frac{\partial Q}{\partial x} = q \tag{6-12}$$

$$\frac{\partial Q}{\partial t} + \frac{\partial}{\partial x}\left(\alpha \frac{Q^2}{A}\right) + gA \frac{\partial Z}{\partial x} + g \frac{Q|Q|}{C^2 AR} = 0 \tag{6-13}$$

式中 x——距离坐标；

t——时间坐标；

A——过水断面面积；

Q——流量；

Z——水位；

q——单位河长上的侧向入流强度；

C——谢才系数；

R——水力半径；

g——重力加速度常量。

2. 方程组的离散和求解

利用 Abbott 六点隐式格式离散上述控制方程组，该离散格式在网格点上交替布置水位和流量节点，可分别称为 h 点和 Q 点（见图 6-3）。该格式具有无条件稳定的特点，可以在较大的 Counant 数下保持计算的稳定性，因此可以有效节省计算时间（DHI，2007）。

离散后得到的连续方程和动量方程的线性方程组，可采用消元法求解。

6.1.2.2 河网水质模型

污染物在自然水体（如河流）中的迁移转化是一个复杂的物理、化学和生物过程，包括污染物随水流的输移、紊动扩散和弥散、与泥沙悬浮颗粒的吸附与解吸、沉淀和再悬浮、好氧分解和厌氧分解等（张华峰，2008）。

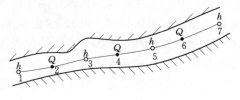

图 6-3　Abbott 格式水位、流量节点交替
布置示意图

1. 基本方程

水质模型建立在质量守恒定律的基础上，基本方程包括对流输运项、扩散弥散项、动力反应项和外部源汇项等，其中对流输运项反应污染物随水流的迁移现象；扩散弥散项代表由紊动扩散和分子扩散引起的扩散或由流速沿横向不均匀分布引起的弥散现象；动力反应项指由物理、化学和生物作用引起的水质浓度的增加或减少；外部源汇项指从系统外部加入的源项，例如点污染源等。

本研究中采用一维对流扩散方程，其基本假定为：物质在断面上完全混合；物质守恒或符合一级反应动力学（即线性衰减）；符合 Fick 扩散定律，即扩散与浓度梯度成正比。可模拟在水流和浓度梯度影响下，传输扩散过程中的溶解或悬浮物质（如盐分、热量、沙、溶解氧、无机物、有机物及其他水质组分）在时间和空间上的分布（陈栋，2008）为

$$\frac{\partial AC}{\partial t} + \frac{\partial QC}{\partial x} - \frac{\partial}{\partial x}\left(AD\frac{\partial C}{\partial x}\right) = -AKC + C_2 q \qquad (6-14)$$

式中　C——物质浓度；

　　　D——纵向扩散系数；

　　　C_2——源汇浓度；

　　　K——线性衰减系数；其余变量同水动力学方程。

2. 边界条件

开放边界出流条件为

$$\frac{\partial^2 C}{\partial x^2} = 0 \qquad (6-15)$$

出流边界变为入流边界时，可以根据下式计算

$$C = C_{bf} + (C_{out} - C_{bf})e^{t_{mix} K_{mix}} \qquad (6-16)$$

式中　C_{bf}——输入的边界浓度；

　　　C_{out}——水流方向改变前的边界浓度；

　　　K_{mix}——在输入中确定的时间比尺；

　　　t_{mix}——自流向改变时刻起算的时间。

闭合边界条件的特点是在边界上不存在流量和物质交换，即 $Q = 0$ 和 $\frac{\partial C}{\partial x} = 0$。

6.1.3　四口河系水环境模型率定与验证

6.1.3.1　水环境模型的建立

洞庭湖四口河系水环境模型由堤垸地区的污染负荷模型和河网水质模型组成。由污染

负荷模型模拟得到的点源及非点源污染负荷经电排泵站和排水口排入河道，作为河网水环境模型的源项，在河道中进行演进计算，从而实现对四口河系水环境的模拟。

模型所需的数据可分为描述流域空间差异性的空间数据和用来表征流域物质差异的属性数据。空间数据主要包括 DEM 数字高程图、土壤类型图、土地利用类型图等基础空间地理信息；而属性数据主要包括人口、畜禽养殖、水产养殖、施肥水平和灌溉制度等社会调查资料。将以上数据资料在 ArcGIS 软件下处理为模型所需要的格式。

1. 非点源污染物产生模块

堤垸分布式非点源污染负荷模型将研究区划分为 1km×1km 的网格，共约 21290 个单元，在堤垸范围内汇流至电排口，通过泵站进入河网。模型计算的污染物考虑 TN 和 TP，计算模拟时间步长为日。概化的计算区域示意如图 6-4 所示。

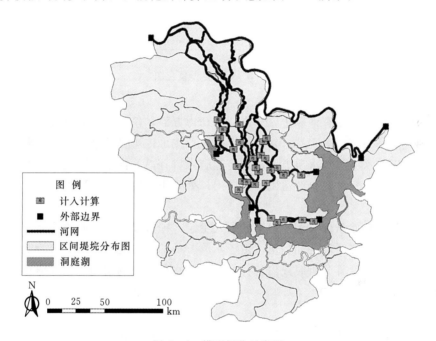

图 6-4　模型概化示意图

2. 非点源污染物入河模块

堤垸中各网格单元产生的污染负荷随着水流运动，并经过电排站向河网和洞庭湖中排放，此入河过程计算得到的排水量和污染负荷量即作为河道水环境模型的输入。排水口的具体位置由堤垸虚拟水位和外河水位共同决定。计算模拟时段与污染物产生模块一致。

3. 河网水环境模型

（1）一维河网概化。

本研究中涉及的长江中游和洞庭湖地区的河网概化如图 6-5 所示。模型计算河段总长约 1100km，概化为一维河道共 38 条，河网节点 541 个。根据实际情况和模型精度需要，共生成计算节点 2072 个，其中水位点 1064 个，流量点 1008 个，平均每 500m 有一个计算节点。

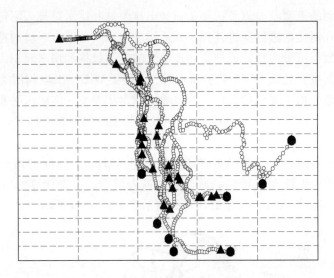

图 6-5　河网模型概化图

（2）边界条件。

一维河网计算域中共有计算边界 9 个。水动力方面，仅在荆江上游入流处给定流量边界条件，其代表站为枝城水文站，其余计算边界均按水位边界条件给定，代表站分别取为距相应边界最近的水文站。水质方面，选定上游入口宜昌站污染物浓度实测值作为边界条件；在南咀、小河咀、注滋口、岳阳等下游出口处采用浓度零梯度边界条件。

（3）初始条件。

水动力计算的初始条件采用冷启动的方式给定，即假设某一初始静止流场，然后令边界条件缓慢过渡到研究时段的初始值。由于水流方程的能量耗散性质，初始误差的影响会逐渐消除，并不影响计算分析时段内的计算结果。水质计算的初始条件根据相应的实测水质指标数据给出。

（4）源（汇）项。

非点源和点源污染负荷经过堤垸的电排泵站和排水口的排水过程进入河道中，作为河网水质计算的源（汇）项。

6.1.3.2　水环境模型的率定和验证

根据实测径流和水质资料收集情况，以 1991 - 01 - 01～2000 - 12 - 31 为模拟时段，进行模型参数的率定和验证。

1. 非点源污染的计算

由于流域非点源污染无相应的监测数据，区间的产流计算根据水量平衡进行分析验证；非点源污染的计算参考有关文献中的负荷模数，以 1996 年的计算结果为例，分析模型中参数取值的合理性。

根据流域水量平衡公式 $P = E + R + \Delta W$，计算得到水量计算的相对误差为

$$\Delta R = \frac{P - (E + R + \Delta W)}{P} = -0.82\%$$

水量相对误差较小，说明模型计算闭合，各分项结果见表 6-1。

表 6 - 1　　　　　　　　　　　　　　新 安 江 模 型 的 检 验

项　　目	1996 年	项　　目	1996 年
降雨量 P (mm)	1451.15	地表径流系数	0.376
蒸发量 E (mm)	572.33	土壤水蓄变量 ΔW (mm)	68.15
总径流量 R (mm)	822.57	水量平衡误差 ΔR (mm)	−11.90
地表径流量 R_S (mm)	546.12	相对误差 $\Delta R/P$	−0.82%
径流系数	0.567		

对于非点源污染负荷的计算，参考谢小立等（2008）在洞庭湖区桃源站的侵蚀模数观测结果和郝芳华等（2006）计算的长江流域的氮磷负荷模数，结果见表 6 - 2。

表 6 - 2　　　　　　　1996 年洞庭湖堤垸区非点源污染负荷产生量

项目	总量（t）	污染负荷模数（kg/hm²）	文献参考值（kg/hm²）
泥沙	375318.81	176.29	78～1230
总氮	12449.70	5.85	5.243
总磷	3340.72	1.57	6.334

2. 河网水环境的模拟计算

河网水动力学和水环境的模拟采用实测的断面水位、流量和污染物浓度值进行相关参数的率定与验证。

（1）模型率定。

对于水动力模型，率定的主要参数是反映河道综合阻力的河道糙率。考虑到模型中地形数据及其代表性，选择 1995～1996 年实测河道水位、流量过程作为率定的依据。

由于计算区域内不同河段河床边界组成差异较大，将河网分为荆江河道、松滋河系、虎渡河系、藕池河系等 4 个区域分别进行率定。率定后糙率的取值范围介于 0.021～0.027 之间，大致符合荆江主河道糙率小于三口河系的特征。同时，根据枯水期和丰水期河流主槽和滩地过流能力的不同，模拟中将河道分为主槽和滩地两段，经过率定，各组河段糙率取值见表 6 - 3。

表 6 - 3　　　　　　　　各河段主槽和糙率率定结果

糙率 n	荆江河道	松滋河系	虎渡河系	藕池河系
主槽	0.021	0.023	0.024	0.022
滩地	0.023	0.025	0.027	0.027

模型率定和验证的主要控制站选择松滋河系的新江口站和沙道观站、虎渡河系的弥陀寺站、藕池河系管家铺站等站点。图 6 - 6～图 6 - 9 分别为模拟时段河网地区 4 个主要控制站点的水位、流量的模拟值与实测值的比较。

计算值和实测值的对比表明，模型模拟在三口河系河网中的重要水文控制站能达到较高精度，且能够模拟出河网地区断流和断流以后恢复（如管家铺）的情况。

对于水质模型，率定的主要参数是纵向扩散系数 D 和 TN、TP 的衰减系数 K_{TN}、K_{TP}。模型中纵向扩散系数通过公式 $D = aV^b$ 计算，其中 V 为流速，a 和 b 是系数。衰减系数 K_{TN} 和 K_{TP} 反映了河流水体中发生的化学和生物化学等动力过程。

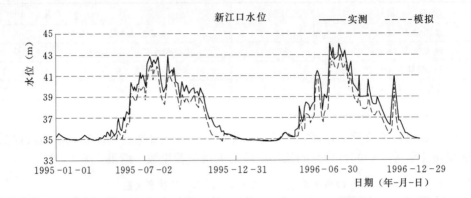

图 6-6　1995~1996 年新江口水位计算值与实测值对比

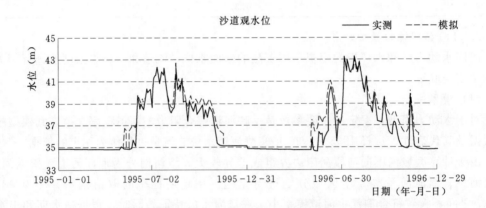

图 6-7　1995~1996 年沙道观水位计算值与实测值对比

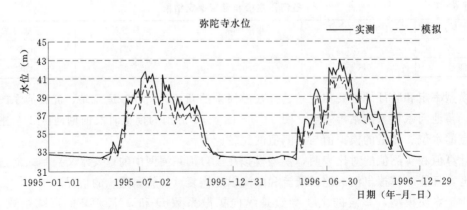

图 6-8　1995~1996 年弥陀寺水位计算值与实测值对比

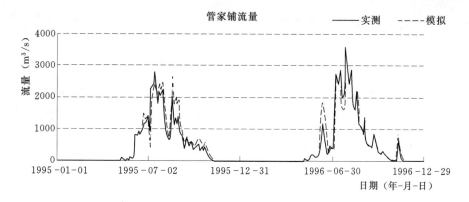

图6-9 1995~1996年管家铺流量计算值与实测值对比

同样选取 1995-01-01~1996-12-31 作为水质参数的率定时段，通过比较南嘴、小河咀和注滋口三个站点的 TN 和 TP 浓度的模拟值与实测值进行率定。得出纵向扩散系数 D 的取值范围为 $5\sim25m^2/s$，衰减系数 K_{TN}、K_{TP} 的取值为 $0.0008/h$。率定后得到的水质浓度模拟值与实测值的比较见图6-10~图6-12。

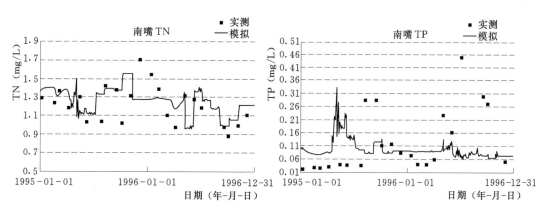

图6-10 1995~1996年南嘴 TN、TP 浓度计算值与实测值对比

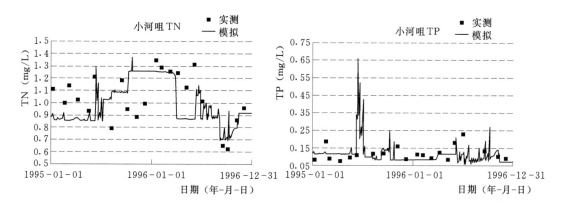

图6-11 1995~1996年小河咀 TN、TP 浓度计算值与实测值对比

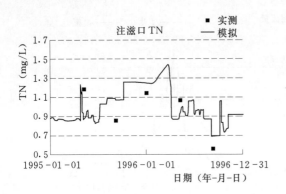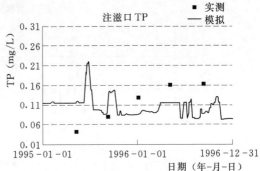

图 6-12 1995~1996 年注滋口 TN、TP 浓度计算值与实测值对比

从图中可以看出，率定结果中各监测站点的模拟值与实测值趋势相符，结果较为接近，且实测值落在计算结果的浮动区间内，率定结果符合要求。

（2）模型验证。

验证期选取 1997-01-01~1998-12-31。图 6-13~图 6-16 分别给出 1997~1998 年河网地区 4 个主要控制站点的水位、流量的模拟值与实测值的比较。

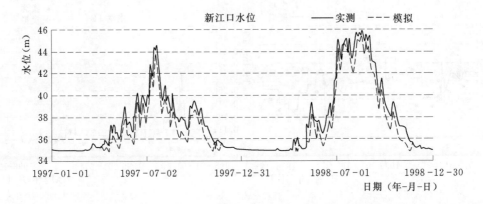

图 6-13 1997~1998 年新江口水位计算值与实测值对比

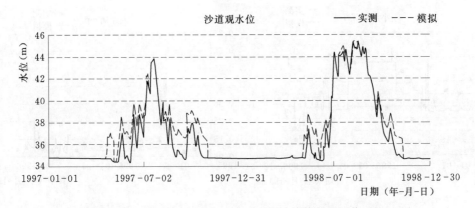

图 6-14 1997~1998 年沙道观水位计算值与实测值对比

200

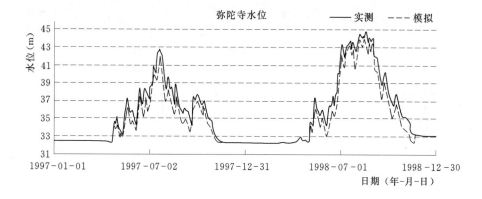

图 6-15 1997～1998 年弥陀寺水位计算值与实测值对比

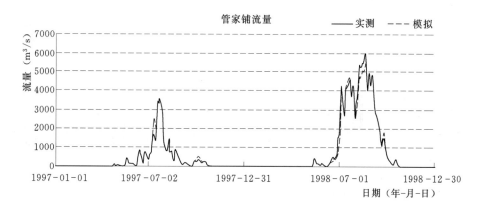

图 6-16 1997～1998 年管家铺流量计算值与实测值对比

图 6-17～图 6-19 分别给出验证期三个站点的 TN 和 TP 浓度的模拟值与实测值的比较。

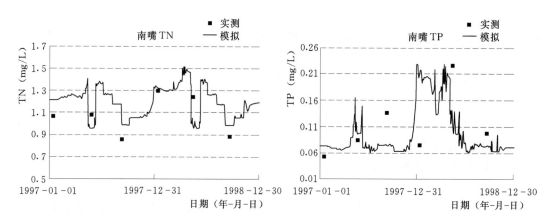

图 6-17 1997～1998 年南嘴 TN、TP 浓度计算值与实测值对比

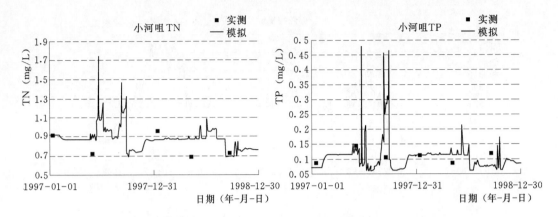

图 6-18　1997～1998 年小河咀 TN、TP 浓度计算值与实测值对比

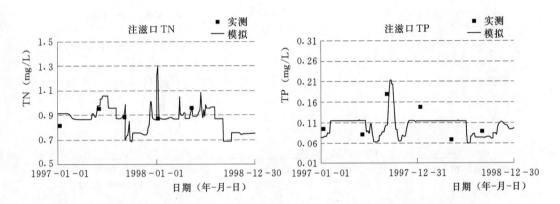

图 6-19　1997～1998 年注滋口 TN、TP 浓度计算值与实测值对比

可以看出，各个监测站点水位、流量及 TN 和 TP 浓度的模拟结果与实测结果较为接近，模拟结果较为合理，说明所建立的模型能够较好地反映河网系统的水质变化情况，可用于水环境演变规律的分析及不同情景的预测。

6.2　四口河系地区水环境现状模拟与分析

应用率定验证后的堤垸区水环境模拟模型，计算得到 1991～2000 年共 10 年的非点源和点源污染负荷产生量、入河量及河段中的水质变化等数据。本节对非点源污染负荷产生的时空变化规律、入河污染负荷及河道水质演变情况进行了统计和分析，研究四口河系地区水环境的变化规律。

6.2.1　非点源污染负荷分析

6.2.1.1　非点源污染负荷产生总量

根据分布式非点源污染负荷模型，计算得到洞庭湖堤垸地区的 TN 污染负荷模数为 4.83t/（hm²·年），TP 污染负荷模数为 1.19t/（hm²·年）。TN 和 TP 的溶解态污染物多于吸附态污染物，吸附态约占总量的 30％，溶解态占总量的 70％（见图 6-20 和图 6-

21）。这是由于堤垸地区地势比较平缓，水土流失不严重，大部分的氮、磷污染物来自于农业活动带来的溶解态营养物流失。

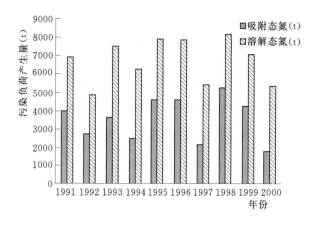

图 6-20　不同形态 TN 比较

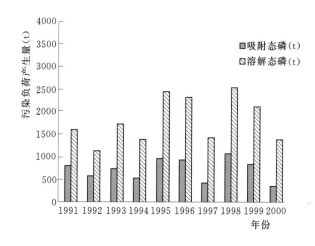

图 6-21　不同形态 TP 比较

6.2.1.2　非点源污染负荷的时间分布规律

降雨为非点源污染的发生提供直接驱动力，因此非点源污染的年负荷量与年降雨量之间有较好的相关关系，如图 6-22 所示。

从年内变化来看，以 1996 年为例进行分析（见图 6-23）。堤垸地区全年的降雨量约 1307.5mm，其中 49.2% 的降雨集中在汛期 5～8 月，造成汛期的污染负荷高，TN 和 TP 达到 9556t 和 2115t，分别占全年总量的 77% 和 65%。其中，7 月产生的非点源污染负荷最大，TN 和 TP 分别达到 3780t 和 841.3t，分别占全年总量的 30% 和 26%；而同期降雨量为 264.5mm，占全年降雨量的 20.2%。冬季枯水期降水量少，非点源污染负荷量也相应较低。

6.2.1.3　非点源污染负荷的空间分布规律

1. 总量分布

将各栅格上的模拟结果在 ArcGIS 中显示，得到堤垸地区非点源污染负荷 TN、TP 的空间分布。图 6-24 为 1996 年非点源 TN、TP 产生量的空间分布图。负荷量较高的区域主要分布在西北部山区和东北部农田集中区域。

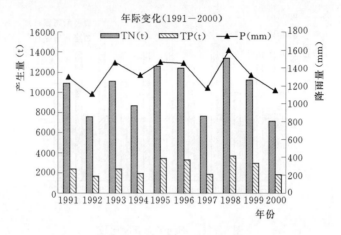

图 6-22 TN 和 TP 的年际变化

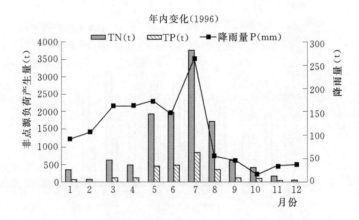

图 6-23 非点源污染负荷年内变化

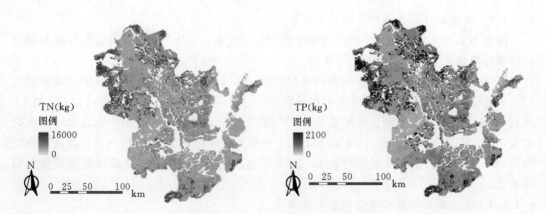

图 6-24 1996 年 TN 和 TP 空间分布

2. 不同土地利用条件下的非点源污染负荷

不同下垫面条件对于非点源污染负荷的产生有不同的影响。研究区内的主要土地利用类型为农田、草地和林地，其面积占区域总面积的94.2%；水域面积占总面积的5.8%，城镇面积占0.06%。非点源污染的分析主要针对农田、草地和林地三种土地利用类型。

由表6-4可以看出，在降雨径流产生的非点源污染物中，农田径流产生的TN、TP污染负荷量最大，分别占总量的61%和67%，见图6-25。而林地所产生的氮磷污染物总量都是最小的。

表6-4 　　　　　　　　　　　　　不同流失途径下非点源TN污染负荷量

项　目	农　田	草　地	林　地	总　计
TN多年平均值（t）	4428.37	2540.27	292.94	7261.57
TN负荷模数（kg/hm²）	4.68	4.44	0.48	3.41
TP多年平均值（t）	1749.23	794.58	72.76	2616.57
TP负荷模数（kg/hm²）	1.85	1.39	0.12	1.23

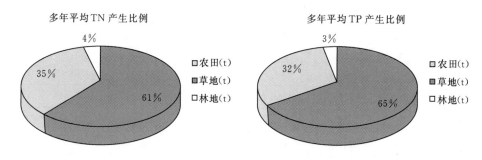

图6-25　总氮和总磷各流失途径所占比例

由以上结果可以看出，堤垸内的非点源污染物产生量与堤垸内的土地利用变化有很大关系，污染物负荷总量和单位面积负荷量的大小依次是农田、草地和林地。

3. 不同流失途径下溶解态污染负荷

溶解态污染物的流失途径分为旱地径流、水田径流、林地径流、农村居民生活、城镇居民生活、畜禽养殖、水产养殖等7种流失途径，各自的源强不同。以1996年为例，计算得到不同流失途径下溶解态污染负荷量如表6-5所示。

表6-5 　　　　　　　　　　　　　　不同流失途径下溶解态污染负荷量

项　目	TN（t）	所占比例（%）	TP（t）	所占比例（%）
溶解态	7834.87	100.00	2405.30	100.00
旱地径流	3010.23	38.42	1106.29	45.99
水田径流	2271.72	29.00	486.98	20.25
林地径流	363.58	4.64	69.98	2.91
农村居民生活	395.10	5.04	21.62	0.90
城镇居民生活	215.18	2.75	13.25	0.55
畜禽养殖	1026.95	13.11	596.75	24.81
水产养殖	552.11	7.04	110.42	4.59

在暴雨径流作用下产生的溶解态污染物中，农田径流（水田＋旱地）产生的 TN、TP 污染物的比例最大，分别占总量的 67％和 66％。其次是畜禽养殖产生的 TN、TP 污染物，分别达到 13％和 25％，也是一项重要的非点源污染来源。因此，在农业生产十分发达的洞庭湖堤垸地区，农田径流依旧是溶解态非点源污染的主要来源，此外，畜禽养殖直接排放出的大量粪便排泄物对溶解态 TN、TP 污染量的贡献也很可观。

6.2.2 污染负荷入河量估算

6.2.2.1 非点源污染负荷入河总量

结合各堤垸 DEM 高程等地理情况、水文和来流情况等，并查阅《洞庭湖堤垸大中型泵站基本情况表》等工程手册，模拟计算得到各个堤垸的排水量和 TN、TP 污染负荷的年内排放变化过程。通过电排模型模拟得到 1991～2000 年 68 个堤垸的排水总量和 TN、TP 污染负荷入河量的变化过程。表 6-6 和图 6-26 显示了非点源污染负荷入河量的逐年变化过程。

表 6-6　　　　　　　　　　　堤垸排水量及污染负荷入河量

年　份	排水量 （亿 m^3）	TN （t）	TP （t）	年　份	排水量 （亿 m^3）	TN （t）	TP （t）
1991	59.21	7667.02	1016.42	1997	35.23	5485.22	637.29
1992	42.59	5899.01	743.00	1998	79.36	10070.43	1726.20
1993	59.06	8911.74	1231.12	1999	60.80	9489.21	1489.10
1994	42.80	6904.65	822.49	2000	30.23	4751.64	529.95
1995	72.84	9710.24	1625.44	平均值	55.06	7885.61	1145.70
1996	68.50	9966.92	1636.03				

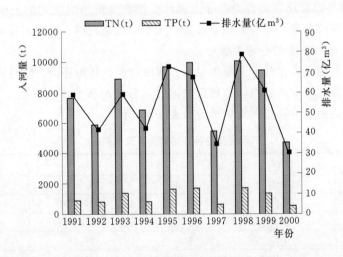

图 6-26　污染负荷入河量年际变化

由于污染负荷都是随着堤垸排水进入河网，因此堤垸内污染负荷的入河量与排水量随时间变化的规律相同，TN 和 TP 入河量都与排水量成正比关系。

6.2.2.2 污染负荷入河总量

堤垸地区污染负荷的总量为非点源污染与点源污染之和,见表 6-7。氮磷污染负荷的年际变化见图 6-27。

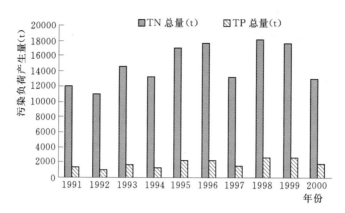

图 6-27 洞庭湖区氮磷污染负荷入河量年际变化

表 6-7 　　　　　　　　　　1991～2000 年洞庭湖堤垸污染负荷总量　　　　　　　　　单位:t

年　份	TN			TP		
	非点源	点源	总量	非点源	点源	总量
1991	7667.02	4429.0	12096.61	1016.42	402.7	1419.11
1992	5899.01	5143.0	11042.52	743.00	467.6	1210.59
1993	8911.74	5818.4	14730.1	1231.12	528.9	1760.06
1994	6904.65	6589.0	13493.63	822.49	599.0	1421.49
1995	9710.24	7470.0	17180.23	1625.44	679.1	2304.53
1996	9966.92	7630.5	17597.44	1636.03	770.8	2406.79
1997	5485.22	7803.4	13288.62	637.29	875.8	1513.09
1998	10070.43	7989.4	18059.85	1726.2	996.3	2722.51
1999	9489.21	8189.4	17678.62	1489.1	1134.7	2623.82
2000	4751.64	8285.6	13037.2	529.95	1275.6	1805.56
平均值	7885.61	6934.87	14820.48	1918.76	773.05	1918.76

6.2.3 四口河道水质变化分析

6.2.3.1 典型年的水质状况

根据河道水质模拟结果,采用单指标评价方法,以 TN、TP 为指标,参照地表水环境质量标准 (GB 3838—2002),对河网水质等级进行评价。以 1996 年为例,分别评价其汛期及非汛期的水质情况,得到河网水质级别见图 6-28～图 6-31(单位为 mg/L)。

结果表明,以 TN 为评价指标,整个河网在 1996 年汛期以Ⅲ、Ⅳ类水质为主,部分河道如松滋西支、松滋中支,水质偏好为Ⅲ类,而部分下游河道,如藕池中支、藕池西支、藕池东支、沱江和曹魏河,水质较差为Ⅳ类及Ⅳ类以上。而在非汛期内,大部分河道水质为Ⅳ类水,部分河道水质甚至达到了Ⅴ类及劣Ⅴ类水平。

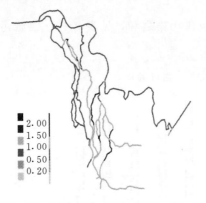
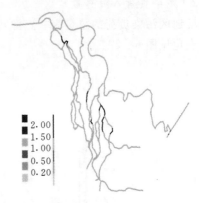

图 6-28　河道水质（TN，1996-05-31）　　　　图 6-29　河道水质（TN，1996-11-31）

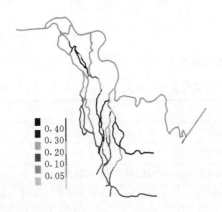
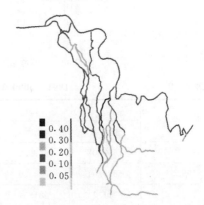

图 6-30　河道水质（TP，1996-05-31）　　　　图 6-31　河道水质（TP，1996-11-31）

以 TP 为评价指标，整个河网在 1996 年汛期以 II、III 类水质为主，部分下游河道如藕池中支、藕池西支、藕池东支和沱江，水质较差，为 IV 类及 IV 类以上，甚至在藕池中支的中下游和沱江中段达到了劣 V 类。而在非汛期内，大部分河道水质为 III 类水，部分河道水质达到了 IV 类及 IV 类以上。

总体来讲，堤垸地区河网内主要以 III 类水质为主，部分河段污染较为严重，如藕池中支和沱江；汛期水质优于非汛期水质，原因在于汛期的大流量进入河道，使污染物浓度得到稀释；而非汛期内河道来水量小，甚至出现断流，基本没有稀释能力，因此水质较差。

6.2.3.2　水环境演变状况

根据 1991～2000 年的一维河网 TN、TP 浓度模拟结果，得到一维河网水质变化过程。图 6-32～图 6-41 为南嘴、小河咀、注滋口、管家铺、安乡五个站点的月平均水质变化情况。

从模拟结果可以看出，各站点的污染物月平均浓度变化呈周期性分布规律。最大的月平均浓度出现时间各不相同，但大多处于非汛期水量较小时期。参照地表水环境质量标准（GB 3838—2002），根据各个站点污染物的年平均浓度，对各个站点水质等级进行了单因子水质评价。评价结果见表 6-8，可以看出，TN 浓度基本在 III～IV 类范围，TP 浓度在 II～III 类范围。

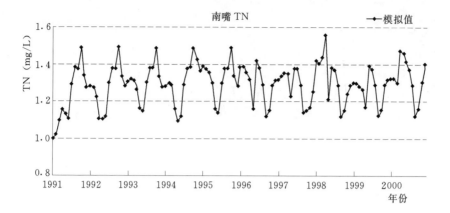

图 6 - 32 1991～2000 年 1 月南嘴 TN 浓度变化过程

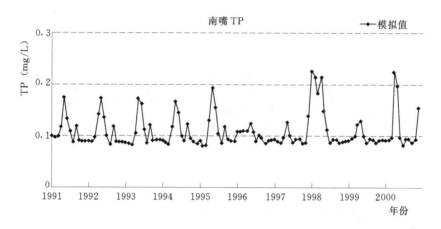

图 6 - 33 1991～2000 年 1 月南嘴 TP 浓度变化过程

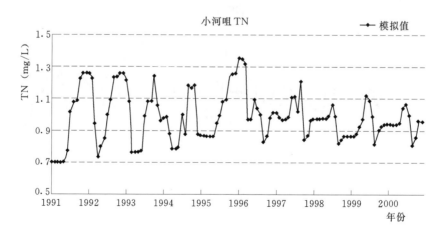

图 6 - 34 1991～2000 年 1 月小河咀 TN 浓度变化过程

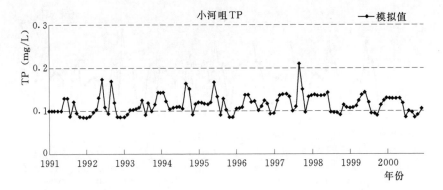

图 6-35 1991～2000 年 1 月小河咀 TP 浓度变化过程

图 6-36 1991～2000 年 1 月注滋口 TN 浓度变化过程

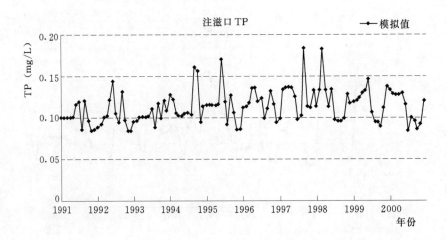

图 6-37 1991～2000 年 1 月注滋口 TP 浓度变化过程

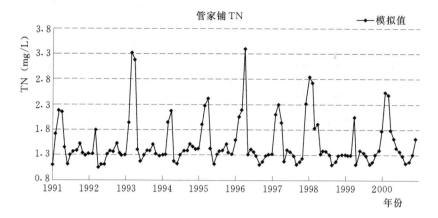

图 6-38　1991～2000 年 1 月管家铺 TN 浓度变化过程

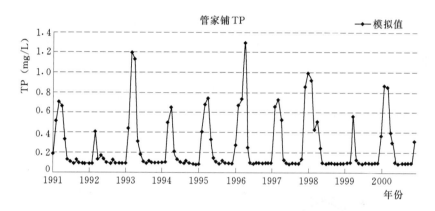

图 6-39　1991～2000 年 1 月管家铺 TP 浓度变化过程

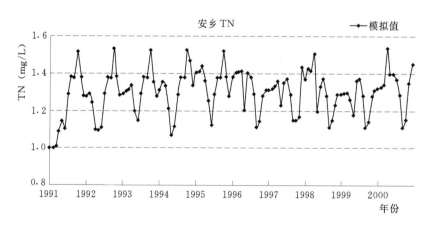

图 6-40　1991～2000 年 1 月安乡 TN 浓度变化过程

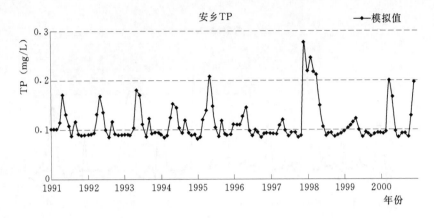

图 6-41　1991～2000 年 1 月安乡 TP 浓度变化过程

表 6-8　　　　　　　　　　　　　水 质 评 价 结 果

断面	TN	TP	断面	TN	TP
南　咀	Ⅳ类	Ⅲ类	管家铺	Ⅳ～Ⅴ类	Ⅳ类
小河咀	Ⅲ～Ⅳ类	Ⅲ类	安　乡	Ⅳ类	Ⅲ类
注滋口	Ⅲ～Ⅳ类	Ⅲ类			

取典型年 1996 年南咀、注滋口、安乡三个站点的流量过程和污染物 TN、TP 浓度月变化过程，见图 6-42～图 6-47。

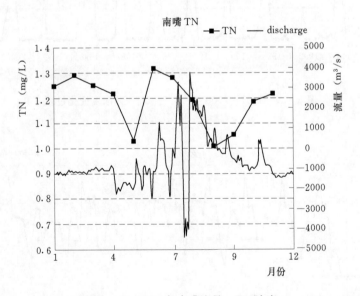

图 6-42　1996 年南嘴流量—TN 浓度

从典型年的年内模拟结果可以看出，污染物浓度与流量呈反比关系。高流量对 TN、TP 均有稀释作用，汛期内流量较大，导致 TN、TP 浓度明显降低。而非汛期内流量几乎为 0，此时 TN、TP 浓度维持在较高水平。

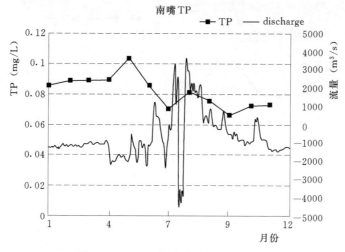

图 6-43 1996 年南嘴流量—TP 浓度

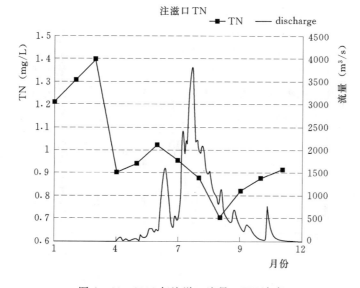

图 6-44 1996 年注滋口流量—TN 浓度

6.2.4 华容河水环境模拟与分析

由于调弦口淤塞，2000 年以来断流天数都超过了 300 天/年，只在汛期有少量来水，2003～2010 年上游平均来流量仅为 4700 万 m³。由于水量急剧减少，华容河有些河滩也已淤积成高高的土堆，加剧了其断流状态的形成，水质污染严重，同时对东洞庭湖的湿地生态环境造成了恶劣影响，候鸟大幅减少，鱼虾产量降低。

建立华容河的水环境模型，可对华容河水环境状况进行模拟，分析其变化趋势，并根据实际条件开展水环境的调控措施。现状模拟中暂不考虑华容河上游的来水量。根据水质现状，设初始 TN 浓度为 1.5mg/L，TP 浓度为 0.3mg/L。

河道内污染负荷的输入是经过模拟计算得到华容护城垸、新太垸和钱粮湖垸排放入河的氮磷污染负荷量，见表 6-9。

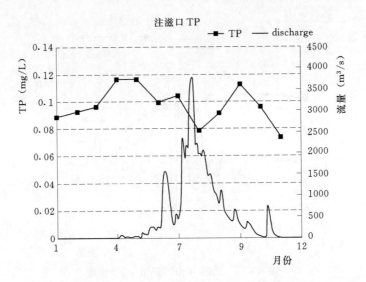

图 6-45　1996 年注滋口流量—TP 浓度

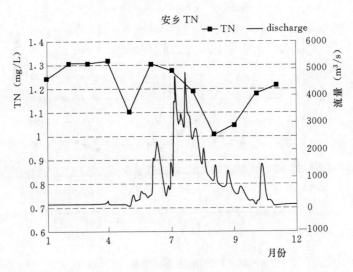

图 6-46　1996 年安乡流量—TN 浓度

表 6-9　　　　　　　　　　　　堤垸排放入河污染负荷量

年份	总排水量 （亿 m³）	TN （t）	TP （t）	年份	总排水量 （亿 m³）	TN （t）	TP （t）
2003	2.28	1467.58	224.69	2007	2.24	1484.58	221.97
2004	2.31	1501.26	227.55	2008	3.30	2618.89	378.40
2005	2.90	2199.77	326.86	2009	2.95	2095.11	316.12
2006	3.13	2149.47	317.20				

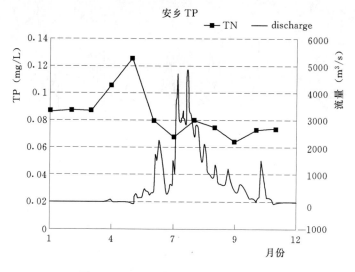

图 6-47 1996 年安乡流量—TP 浓度

其中 2006 年的 TN、TP 污染负荷逐日排放过程见图 6-48。

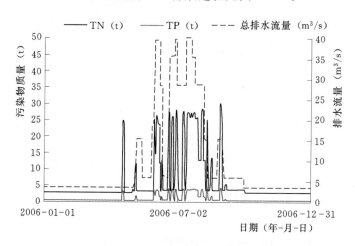

图 6-48 2006 年污染负荷逐日排放过程

在模拟时段内，不同河段的水质状况与堤垸内的污染排入量有关。由河道沿程 TN、TP 浓度的分布图可见，华容护城垸排放的点源和非点源污染较大，因此其附近河段的水质最差，TN 浓度超过了 2mg/L，为劣 V 类水；TP 浓度超过了 0.4mg/L，为劣 V 类水。

选取污染最严重的河道断面（TN、TP 浓度最大处）以及下游出口处，观察其污染负荷浓度的逐日变化，见图 6-49 和图 6-50。

从图中可以看出，由于没有足够的稀释水量，TN 和 TP 的浓度均呈上升状态，河道水质呈不断恶化趋势。重点污染断面处的 TN 浓度最大达到 4mg/L 左右，为劣 V 类水标准；TP 浓度最大达到 0.5mg/L，为劣 V 类水标准。下游出口断面的 TN 浓度约为 1.4～1.6mg/L 左右，为 V 类水，TP 浓度约为 0.2～0.3mg/L，为 IV 类水。

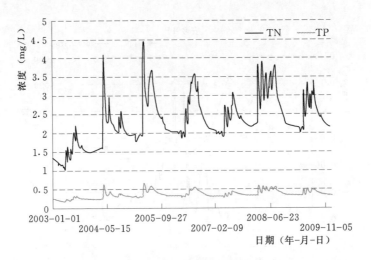

图 6-49　重点污染河段断面污染变化过程

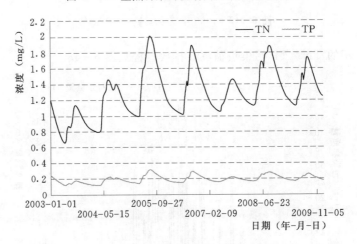

图 6-50　下游出口处污染变化过程

6.3　三峡工程运用后四口河系水环境变化分析

6.3.1　四口河系地区污染负荷预测

6.3.1.1　社会经济发展情景

工业污水及城镇和农村的生活排污等与社会经济发展指标（如人口和 GDP 等）有密切关系，可通过定额法建立负荷量与人口和社会经济发展之间的关系进行预测。首先对未来人口、GDP 等社会经济指标进行预测。参考水利部长江水利委员会编写的《洞庭湖区综合规划报告》，以 2008 年为基准年，对未来 20 年（2010～2030 年）湖区的人口及 GDP 增长预测如表 6-10 所示。

表 6-10　　　　人口及 GDP 增长方案

年　份	2009～2020	2021～2030
人口增长率（％）	0.492	0.324
GDP 增长率（％）	8.7	6.9

6.3.1.2 污染负荷预测

结合表 6-8 提出的三峡运行后研究区内的社会经济增长方案，按照 6.2 节中的计算方法，以 2008 年为基准年，预测 2009～2030 年堤垸地区的点源污染负荷和非点源负荷产生量和入河量，得到结果分别见图 6-51 和图 6-52。

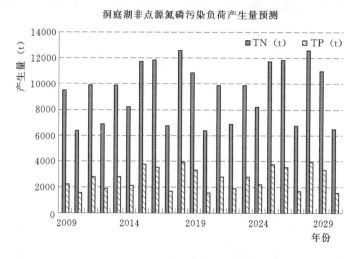

图 6-51　2009～2030 年洞庭湖堤垸区非点源污染负荷产生量

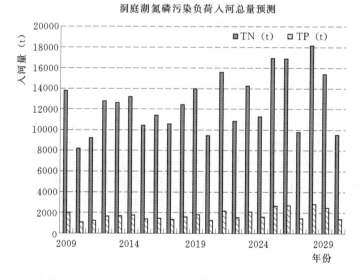

图 6-52　2009～2030 年洞庭湖堤垸区污染负荷入河总量

通过对 2009～2030 年洞庭湖堤垸区非点源和点源污染负荷产生量及入河量的预测，可以得出，在人口增长和经济发展的影响下，点源和非点源污染负荷均呈增长趋势，其中点源污染的增长相对较快。预计到 2030 年，点源污染所产生的 TN 入河量将占总入河量的 56%，点源 TP 入河量将占总入河量的 53%。因此，控制点源污染，尤其是控制工业点源污染的排放是保护洞庭湖水环境的重要措施。

6.3.2　四口河系水质变化预测

三峡工程运行后，进入四口河系的水文过程发生了变化。由于水位、流速及流量等水文条件的改变，河道的挟沙能力、水体自净能力等条件也会受到影响，从而带来水生态环境的变化，并对湖区湿地生态系统中的鸟类、鱼类等自然资源产生影响。

结合未来 20 年洞庭湖堤垸地区的点源污染和非点源污染负荷排放预测，利用建立的水环境模型，对三峡工程运行后的 2003～2030 年洞庭湖四口河系的水质变化情况进行模拟。其中水动力学计算所需的水位、流量等边界条件（枝城站、螺山站等）采用南科院模拟计算的结果。

图 6-53～图 6-62 为三峡运行后南嘴、小河咀、注滋口、管家铺、安乡 5 个站点的月平均水质模拟结果。

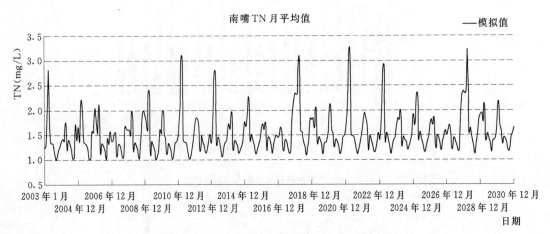

图 6-53　2003～2030 年南嘴 TN 浓度变化过程

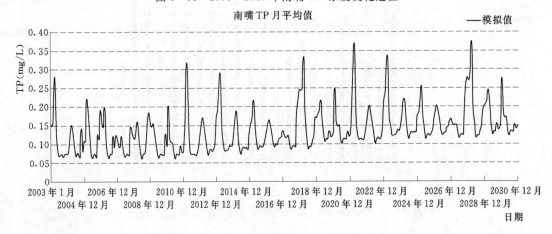

图 6-54　2003～2030 年南嘴 TP 浓度变化过程

由结果可以得出，汛期内的污染负荷浓度远小于非汛期，主要是因为汛期内来流量较大，河道内污染物浓度得到稀释，故污染浓度值较低；而非汛期水流量较小，污染物浓度较高。同时，还可以看出，污染浓度随年份呈逐渐增长的趋势，这与点源和非点源污染排放量的增长有关。

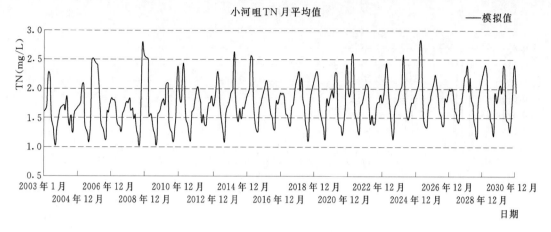

图 6-55 2003～2030 年小河咀 TN 浓度变化过程

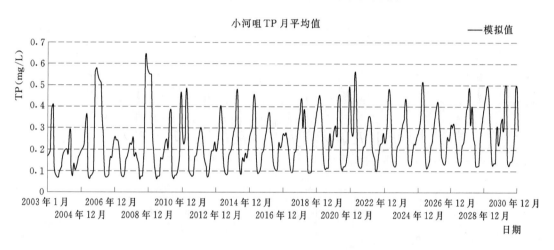

图 6-56 2003～2030 年小河咀 TP 浓度变化过程

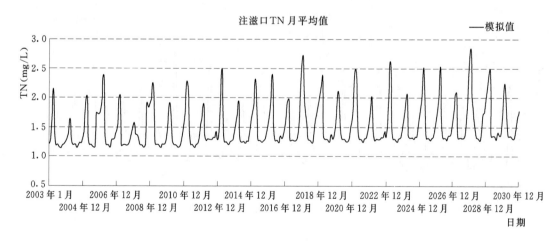

图 6-57 2003～2030 年注滋口 TN 浓度变化过程

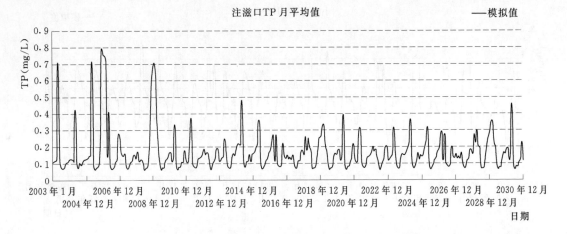

图 6-58   2003~2030 年注滋口 TP 浓度变化过程

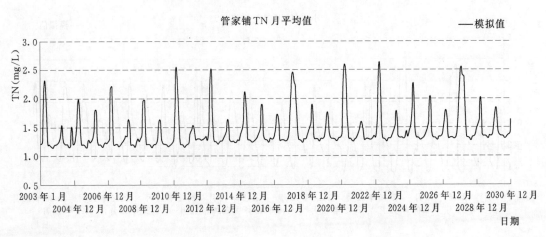

图 6-59   2003~2030 年管家铺 TN 浓度变化过程

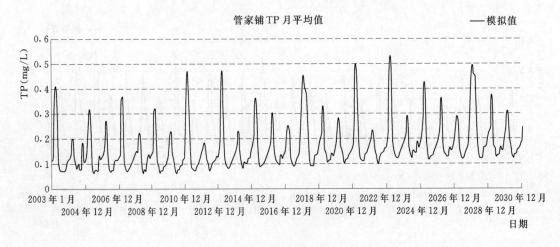

图 6-60   2003~2030 年管家铺 TP 浓度变化过程

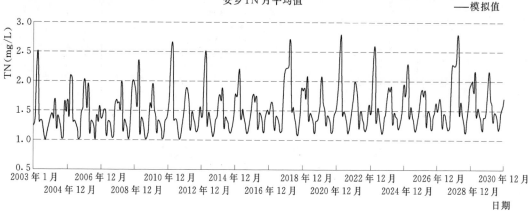

图 6 - 61 2003～2030 年安乡 TN 浓度变化过程

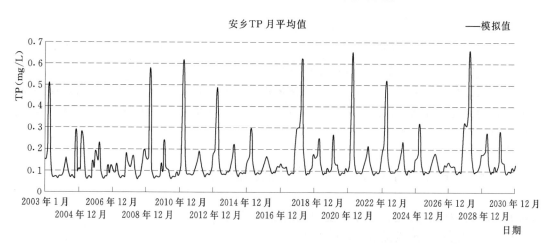

图 6 - 62 2003～2030 年安乡 TP 浓度变化过程

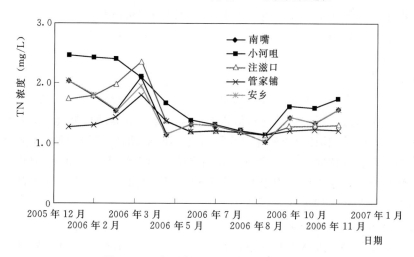

图 6 - 63 主要断面 2006 年逐月 TN 浓度

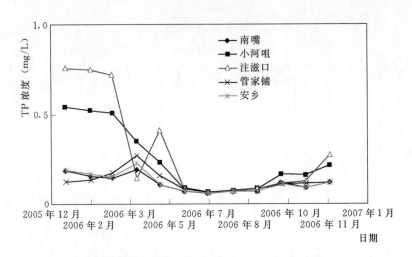

图 6-64　主要断面 2006 年逐月 TP 浓度

以 2006 年为例，分析年内的水质变化状况，5 个断面的逐月 TN 和 TP 浓度见图 6-63 和图 6-64。可以看出，各断面大部分月份的水质能在Ⅳ类水标准，而 1～4 月水质较差，小河咀和注滋口断面甚至超过了Ⅴ类水的水质标准。

根据模拟预测结果可知，河道中污染物浓度呈逐渐增长的趋势，而注滋口和小河咀断面的增长趋势尤其显著。因此，必须采取有效的措施，对堤垸区的污染排放进行控制，或采取其他调控措施等，保障研究区未来的水环境质量。

6.4　三峡工程运用后四口河系水生态变化分析

6.4.1　水文过程对维系四口河系湿地生态系统的作用

（1）水文过程对维系湿地植被的作用。

苔草和芦苇是洞庭湖湿地的主要湿地植物，其稳定性在很大程度上取决于其水源的稳定性。静水湿地或连续深水湿地的生产力很低，流动条件可以提高湿地初级生产力，很大程度上影响着养分循环和养分的有效性。但是过低的水位影响苔草及芦苇的正常生长，而且容易发生病虫害，导致大面积退化（李倩，2005）。

（2）水文过程对鱼类的作用。

长江流域家鱼的繁殖季节是 4 月下旬至 7 月，以 5、6 月最为集中。在鱼类繁殖季节，有相当数量的鱼苗通过长江三口随江水流入洞庭湖，这对洞庭湖鱼类资源的补充起着重要作用（贺建林，1997）。长江鱼类一年之中除越冬期间活动范围较小外，其他季节都有一定数量的鱼类活动在江湖间。4、5 月许多湖泊繁殖的鱼类要进湖产卵，6 月以后江河繁殖的鱼类要进湖育肥，秋季以后湖泊中的鱼类要到江河或湖泊深处越冬，鱼类的这些活动与水位的变动有一定关系（贺建林，1996）。

（3）鸟类与水文过程的关系。

洞庭湖区的夏候鸟一般从 4 月开始在湖区活动，9 月左右已开始迁往别处，在这个活动时期洞庭湖处于汛期，水位很高（贺建林，1996）。若汛期水位下降，湖区将显露大片芦苇、林丛，给夏候鸟提供了更多的食物，将有利于鸟类的活动，夏候鸟数量有可能增加。若枯水期水位上升水域扩大，可以为水禽提供良好的栖息、繁殖场所，将改变某些鸟类的迁徙途径，招引水禽到此栖息、越冬、停留或繁殖，水禽的种类和数量将会增加。冬季，若枯水期水域扩大，可使食物增多，冬候鸟数量可能增加（长江流域水资源保护局，2000）。

6.4.2 三峡工程运用对洞庭湖湿地生态系统的影响分析

三峡工程运用后，四口河系的来流量及其季节分布发生改变，湖区水位也相应产生变动。根据大量学者的研究成果，三峡工程运用会对洞庭湖湿地生态系统中的湿地植物、鱼类及鸟类等会发生不同程度的影响。

（1）对湿地植被的可能影响。

11月至次年4月，三峡水库下泄水量可能引起洞庭湖水位抬高，提前淹没原本干涸的水生生物滩地，这对于鲜体的保存和3月的种子萌发有利。5、6月，芦苇生长和生物量积累进入旺盛时期，在芦苇较多分布的四口河系洲滩区，由于水位升幅过大，植被生长可能受到不利影响。7～9月，三峡水库减泄流量对湿地水位的影响相对较小，不会对湿地植物产生明显影响。10月，由于水量减少，低位洲滩将提前露出水面，对低于杂草草甸和苔草草甸上的植物生长有利；由于芦苇的生物量积累已基本稳定，水位变化对其产量影响不大；但沉水植物分布范围可能缩小，生物量下降。

（2）对鱼类的可能影响。

由于三峡水库在5月增大下泄水量，四口河系水位抬升，将使适合鱼类生存的苔草草滩淹水深度加大，在一定程度上影响鱼类的产卵繁殖场。10月，四口河系水位和流量均比三峡建坝前下降，对鱼类生长期有不利影响。通过四口的入湖沙量减少，湖水透明度增大，有利于鱼类饵料如浮游生物、底栖无脊椎动物的生长，对草鱼、鲤鱼及小型鱼类的饵料条件会有所改善。12月至次年3月，四口河系部分河段出现断流，对鱼类的生活带来不利影响。

（3）对鸟类的可能影响。

四口河系地区的湖泊面积较少，在11月至次年3月，虽然四口河系部分河段出现断流，但对洞庭湖区的水位影响甚小，也不至于影响到候鸟的栖息地。就整个洞庭湖区而言，冬季枯水期水位上升，水域扩大，为水禽提供了良好的栖息、繁殖场所，将改变某些鸟类的迁徙途径，招引水禽到此栖息、越冬、停留或繁殖，水禽的种类和数量将会增加（贺建林，1996）。

6.5 小结

本章建立了洞庭湖四口河系的水环境模拟模型，包括堤垸区非点源污染负荷的产生、入河及河道中的水动力学和水质模拟。采用1991～2000年河道水位、流量及水质观测数据，进行了模型的率定和验证。结果表明，所建立的模型能够模拟研究区的降雨产流、非点源污染负荷产生和输移等过程，较好地反映堤垸区水环境的变化。应用率定验证后的堤垸区水环境模型，分析了堤垸区的非点源污染负荷时空分布特性及河网水质变化规律，并模拟预测了未来 20 年研究区的污染负荷排放量及水环境变化。分析结果得出，目前堤垸地区河网内主要以Ⅲ类水质为主，农田径流是最主要的污染来源，其次是畜禽养殖排污。如果按照现状的污染排放情况，未来的污染负荷将逐年增加，河道中水质呈恶化趋势，部分断面非汛期的 TN 浓度超过了Ⅴ类水标准。因此，必须采取有效的措施，对堤垸区的污染排放进行控制，或采取水环境调控等措施，保障研究区未来的水生态环境质量。针对华容河的水环境模拟分析结果表明，由于没有足够的稀释水量，华容河中的 TN 和 TP 浓度均呈上升状态，河道水质状况十分恶劣，需从水生态环境保护的角度进行水量调控措施。三峡工程运用后，四口河系及洞庭湖区的水位和流量都会发生变化，从而对湿地生态系统带来一定的影响，需在水生态环境保护工作中得到关注。

第7章 四口河系地区综合调控体系

7.1 综合调控体系的原则

四口河系综合调控体系的基本原则是，研究现状条件下四口河系地区不同区域防洪形势、水环境影响变化、水资源时空分布和供需矛盾以及其未来变化趋势，进行防洪体系布局优化、水资源供需平衡配置及水环境评价分析，比较各防洪、水资源和水环境调控体系的措施方案，提出相对合理、符合本地区实际、工程与非工程措施相结合的水资源综合调控体系方案。在此基础上，结合本地区现有河道分布、水利工程、内湖哑河和其他可采用的工程措施和非工程措施条件，论证其合理性，提出符合实际、较为完整的推荐综合方案。

根据四口河系地区防洪、水资源和水环境的特点，解决防洪问题的主要思路是：优化河网布局缩短防洪堤线、减少恶劣组合洪水遭遇、减少蓄滞洪区的应用、加固堤防提高防洪标准、疏浚河道提高泄洪能力；解决水资源问题的主要思路是：建设河道型平原水库、扩大和利用内湖、疏挖河道增加引用水源、区域调水、泵站提水、撇山洪蓄水；解决水环境问题的主要思路是：加强江湖连通、提供生态基流、加快水体交换、减少污水排放、减少农业面源污染等。围绕以上思路本研究设置了多种方案，然后分别从防洪、水资源和水环境角度进行论证比选，从而提出推荐的综合调控体系方案。

7.2 防洪调控体系

7.2.1 四口河系防洪形势

四口河系分泄长江洪水，流入洞庭湖，洪水受长江与洞庭湖的共同影响。区域内主要为平原地区，地面高程普遍低于洪水位数米，极易成灾。历史上1860年、1870年、1935年洪水均给四口河系地区造成了毁灭性的灾害。1954年出现全流域性特大洪水，四口河系地区洪涝灾害严重，共溃决大小堤垸39个，受灾人口40.8万，受灾耕地面积100.2万亩，因灾死亡127人；1998年，在全长江流域和洞庭湖高洪水位的影响下，四口河系地区受灾面积178.98万亩，安造垸、钱粮湖、大通湖东、西官垸等4个堤垸溃决，淹没耕地13.5万亩，洪灾造成的直接经济损失18.1亿元。四口河系地区以1949年至1991年实际出现的最高水位为设防标准。由于长江泄水不畅、洞庭湖区泥沙严重淤积，河道湖泊形态变化等汇流机制已经发生了改变，湖区洪水水位在不断攀升，洪水滞时不断延长，水情日益恶化，各控制站洪水位普遍抬高。1998年洪水，四口河系各控制站最高水位全面超过防洪设计水位（见表7-1）。此外，1996年、1999年、2002年、2003年，四口河系地区多个控制站最高水位均超过防洪设计水位。

表 7 - 1　　　　1998 年四口河系控制站实测最高水位与设计洪水位对照表

（城陵矶水位 35.80m）　　　　　　　　　　单位：m

站　名	堤防设计水位	1998 年实测最高水位	实测一设计	站　名	堤防设计水位	1998 年实测最高水位	实测一设计
城陵矶	34.40	35.80	1.4	安　乡	39.38	40.44	1.06
新江口	45.77	46.18	0.41	厂　窖	36.05	37.30	1.25
沙道观	45.21	45.52	0.31	弥驮寺	44.15	44.90	0.75
大湖口	40.32	41.34	1.02	管家铺	39.50	40.28	0.78
自治局	40.34	41.38	1.04	南　嘴	36.05	37.21	1.16
官　垸	41.87	43.00	1.13	北景港	36.34	37.73	1.39
石龟山	40.82	41.89	1.07	注滋口	34.95	36.38	1.43
肖家湾	36.58	38.20	1.62				

　　四口河系地区综合防洪体系主要由 2074.2km 堤防、965km 河道及西官、集成安合等 11 个蓄洪堤垸（湖南境内蓄洪垸）构成。根据近年实际出现的水情分析，三峡工程建成以前，该防洪体系防洪能力不足 10 年一遇。

　　三峡工程建成后，长江荆江河段防洪形势根本好转，重现 1954 年洪水，沙市水位可控制在 44.50m 以下（低于 1954 年实测洪水位 44.67m），对于洪水来源于荆江河段且以 1954 年洪水作为防御目标的四口河系地区亦受惠于三峡防洪调度，上中游河段水位得到控制。城陵矶（莲花塘）水位通过蓄洪控制 34.40m（1980 年 6 月长江中下游防洪座谈会确定的近期防御水位），该水位较 1954 年实测水位（33.95m）高 0.45m，以四口河系下游河段堤防实际高度情况，基本能防御 1954 年洪水。由于三峡调节后，重现 1954 年洪水下泄流量仍然有约 56700m³/s，来流量依然较大，四口河系地区依然面临较高的洪水位。

　　鉴于近年城陵矶实际洪水位多次超过 34.40m，1998 年最高达到 35.80m。从减少洞庭湖超额洪量考虑，将城陵矶控制水位适当抬高至 34.90m 或实际出现的最高水位 35.80m 成为减轻洞庭湖区防洪负担可能的控制调度方式。城陵矶控制水位抬升将使洞庭湖内水位整体抬升，受湖盆水位顶托影响，四口河系入湖河段水位将全面抬升，影响范围随湖内水位越高上溯长度越长，虽然现状堤防较 1954 年实测水位有一定的安全裕度（约 0.5m），但在城陵矶水位分别高于 1954 年实际水位（33.95m）1m 和 1.8m 的情况下，入湖河段防洪安全难以保证，需考虑入湖相当河长范围内的堤防加高。

7.2.2　防洪体系现状及存在的防洪问题

　　四口河系地区综合防洪体系主要由 2074.2km 堤防、965km 河道及西官垸、九垸、安昌垸、安化垸、安澧垸、南鼎垸、和康垸、南汉垸、大通湖东垸、集成安合垸和钱粮湖垸等 11 个蓄洪堤垸（湖南境内蓄洪垸）构成。目前，四口河系地区防洪主要存在以下问题。

7.2.2.1　一线防洪大堤长，防洪负担重

　　四口河系一线防洪堤长 2074.2km，总人口 458.8 万，人均一线防洪大堤长 0.39m。松滋河水网区一线防洪大堤长 429.335km，总人口 64.67 万，人均一线防洪大堤长 0.66m，比洞庭湖区重点垸和蓄洪垸的人均一线防洪堤长 0.27m，增加 69%。藕池河中、

西支水网区一线防洪大堤长 411.89km,总人口 55.72 万人,人均一线防洪大堤长 0.74m,比洞庭湖区重点垸和蓄洪垸的人均一线防洪堤长 0.35m,增加 90%。

7.2.2.2 堤垸防洪能力普遍偏低

由于长江泄水不畅,洞庭湖区泥沙淤积严重,河道湖泊形态变化等汇流机制已经发生了转变,使湖区洪水水位不断攀升,洪水滞时不断延长,水情日益恶化,各控制站洪水位普遍抬高。近年实际发生最高洪水位多次超过防洪水位。实测最高水位超设计水位情况如表 7-2 所示。

表 7-2   实测最高水位超设计水位情况表

水　系	站　名	设计洪水位 (m)	超过次数	备　　注
松滋河东支	沙道观	43.40	1	1998 年
	大湖口	38.12	2	1998 年、2003 年
松滋河中支	自治局	38.36	3	1991 年、1998 年、2003 年
	安　乡	37.19	3	1996 年、1998 年、2003 年
松滋河西支	新江口	44.01	1	1998 年
	瓦窑河	39.61	2	1998 年、2003 年
	官　垸	39.55	2	1998 年、2003 年
五里河	汇　口	38.81	2	1998 年、2003 年
虎渡河	弥陀寺	42.39	2	1998 年、1999 年
松虎合流	肖家湾	34.87	2	1996 年、1998 年
藕池河西支	康家港	37.87	2	1998 年、1999 年
藕池河中支	管家铺	37.50	2	1998 年、1999 年
	厂　窖	34.53	2	1996 年、1998 年
西洞庭湖	南　嘴	34.20	5	1996 年、1998 年、1999 年、2002 年、2003 年
藕池河东支	罗文窖	34.41	4	1996 年、1998 年、1999 年、2002 年

7.2.2.3 堤防质量差,险情隐患多

四口河系地区堤防大部分从 20 世纪 50 年代开始兴建,经过历年加高培厚而成。多由群众以工代赈施工。由于缺乏管理、土料控制不严、清基不彻底和碾压不密实等原因,致使堤防存在不少问题与隐患。主要隐患有:堤身断面不够;堤身质量差、鼠患严重,洞穴较多;堤身汛期散浸、渗漏严重;堤基散浸、管涌和翻砂鼓水;堤脚不稳,崩塌严重;堤身当风,浪蚀严重;建筑物破损,沉陷等。

7.2.2.4 河道淤积萎缩,河道过洪能力下降

根据 1952 年、1995 年和 2003 年三口河道地形资料量算,1952～2003 年三口洪道共淤积泥沙 6.515 亿 m³(约合 8.47 亿 t),年均淤积泥沙 0.125 亿 m³,约占三口控制站同期总输沙量的 13.1%。

由于泥沙淤积严重,再加上江湖关系变化的影响,下游水位抬高,顶托加剧,四口水系河道过流面积减小,过洪能力下降,同流量时水位抬高,同水位时流量下降。如松滋河系的

安乡水文站，1966 年洪峰流量 5190m³/s 时，对应洪峰水位为 36.91m，而 1999 年洪峰流量 5190m³/s 时，对应洪峰水位为 39.16m；又如藕池河系的北景港水文站，1963 年洪峰流量 3960m³/s 时，对应洪峰水位为 34.46m，而 1998 年洪峰流量 3680m³/s 时，对应洪峰水位为 37.73m，1998 年洪峰流量比 1963 年洪峰流量小 280m³/s，而洪峰水位反而高 3.27m。

7.2.2.5 蓄洪安全建设严重滞后

四口河系地区共有蓄洪垸 11 个，除西官垸垸民已全部安置在 3 个安全台和官垸安全区、分洪闸已经建设外，其余各垸蓄滞洪区安全建设基本上还是空白，分蓄滞洪区的分洪口门没有建控制工程，难以做到适量分洪，实现科学调度、有计划分蓄洪水十分困难。

7.2.2.6 松澧洪水相互顶托干扰，区域防洪压力大

松滋河在七里湖与澧水相会，长江大水时，松滋河向澧水分流，顶托澧水出流，抬高上游津市、澧县水位。因澧水泄流不畅，造成泥沙淤积，河床抬高，反过来顶托松滋河出流，形成恶性循环。长江洪水峰高量大，一次洪水过程时间长，澧水洪水峰型尖瘦，两条河洪水特点导致澧水洪峰遭遇长江洪水过程成为常态，导致松澧地区水位高企，防洪压力特别大。

7.2.3 防洪调控方案

20 世纪 50 年代以来，下荆江裁弯、上游葛洲坝和三峡水利枢纽的兴建等，对荆江三口分流分沙的变化产生了重要影响，四口分泄长江水沙的能力日趋衰减，四口河道断流时间延长。三峡工程建成运用后，随着清水下泄冲刷长江干流河道，四口分流分沙能力将进一步减弱。前述章节的河道分流分沙及冲淤变化分析表明，四口河系中（调弦口已于 1958 年建闸控制），藕池河淤积萎缩态势最为严重，分流量比衰减最为明显，虎渡河次之，松滋河相对较为稳定。分流量以松滋河最大，藕池河次之，虎渡河最小。藕池河内部各支中，又以藕池西支淤积最为严重，分流量最小，藕池中支次之，藕池东支为主干河道，其分流量较藕池中、西支要大很多。松滋河在湖南境内的三支河道中，西支官垸河淤积最为严重，中支相对较轻，且分流量最大，为松滋河主要行洪干道，东支冲刷发育，但由于冲刷导致的崩岸险情也最为严重。

四口河系支河、串河众多，防洪堤线漫长，防洪负担繁重，淞澧洪水频繁遭遇，松澧地区防洪压力巨大。三峡工程建成后，防洪调节能力增强，荆江河段的防洪形势发生根本好转，这为四口河系口门建闸及控支强干以减少交叉河道一般洪水时临洪堤线长度，减轻防洪负担，简化河系，延缓河道萎缩和分流能力衰减，保持主干河道的稳定分流作用提供了有利条件。

四口河系中，华容河上下口已建闸控制，虎渡河湖南境内已有南闸控制。鉴于四口河系存在的防洪问题、河道分流特性及冲淤演变趋势，主要考虑如下防洪调控方案。

7.2.3.1 松滋口建闸

松滋河在七里湖与澧水相会，长江大水时，松滋河向澧水分流，顶托澧水出流，抬高上游津市、澧县水位。因澧水泄流不畅，造成泥沙淤积，河床抬高，反过来顶托松滋河出流，形成恶性循环，两条河在西洞庭湖区的七里湖相会，洪水频繁遭遇。松滋口建闸主要目的是在长江和澧水同时发生大洪水时对松澧洪水进行错峰调度，减轻松澧地区防洪压力。此外，在应水资源引流要求，将松滋河进口段疏挖 1m 后，松滋闸兼起控制进洪流

量，保证下游防洪安全的作用。

澧水石门站和松滋口的新江口和沙道观站洪水传播至松澧地区（安乡河段）的时间均约为1天。统计分析松滋河入口新江口水文站和澧水干流控制站石门水文站1951～2008年历年最大洪峰流量及出现时间，从统计资料可以看出以下情况。

1969年7月12日新江口站和澧水石门站同日出现洪峰；两站3日内出现洪峰的年份有1951年、1968年、1969年、1982年、1988年、1990年、1996年等7年，占总年份的15.3%；两站7日内出现洪峰的年份有1951年、1968年、1969年、1972年、1976年、1982年、1988年、1990年、1996年、1997年、1999年、2007年等12年，占总年份的20.7%；两站15日内出现洪峰的年份有20年，占总年份的33.9%；两站30日内出现洪峰的年份有26年，占总年份的44.1%。

新江口站和澧水石门站年不同时段最大洪峰流量遭遇情况统计详见表7-3和表7-4。

表7-3　　　松滋河入口（新江口站）和澧水（石门站）洪水遭遇统计表

遭遇时段	当天	3天内	7天内	15天内	30天内
出现次数	1	7	12	18	26
占百分比（%）	1.7	12.1	20.7	31.0	44.8
出现年份	1969	增加年份1951、1968、1982、1988、1990、1996	增加年份1972、1976、1997、1999、2007	增加年份1958、1967、1973、1986、2006、2008	增加年份1955、1962、1980、1981、1983、1984、1987、1998

表7-4　　　　　　实测大洪水年松滋、澧水洪峰出现时间表

石门洪峰出现日期	松滋口洪峰出现日期	石门洪峰出现日期	松滋口洪峰出现日期
7月13日	7月15日	8月2日	8月30日
6月25日	8月6日	6月27日	7月17日
6月24日	7月18日	7月6日	8月15日
7月30日	7月23日	7月24日	8月31日
7月11日	5月30日	7月23日	8月17日
6月29日	9月19日	7月10日	9月5日
7月12日	7月12日		

澧水洪峰历时较短，峰型尖瘦，长江洪峰历时较长，峰型肥胖，两水洪峰遭遇几率较小，主要为过程遭遇。实测13个大洪水年份中，组合洪峰与澧水洪峰同日出现的年份有10个。说明澧水洪峰遭遇长江洪水过程是松澧地区大洪水的主要原因。

以目前松澧地区河道及堤防现状，松澧各河段的安全泄量见表7-5，松澧地区各河段的安全泄量见表7-6。

表7-5　　　　　　松澧各河段允许泄流量表

站　　名	控制水位（m）	站　　名	控制水位（m）
津　市	44.01	安　乡	39.38
石龟山	40.82	南　咀	36.05
南　咀	36.05		

表 7 - 6　　　　　　　　　　　　　　　　　　　组 合 峰 量 频 率 表

站　　名	项目	单位	$P=5\%$	$P=3.33\%$	$P=2\%$
石门＋新江口＋沙道观	最大流量	m^3/s	19903	21236	22863
	3日洪量	亿 m^3	42.38	45.09	48.37
	7日洪量	亿 m^3	77.48	81.80	87.02
	30日洪量	亿 m^3	220.03	230.63	243.36

在长江的三峡水库及澧水江垭、皂市水库建成以前，松澧地区的防洪标准只有 5～6
年一遇。江垭、皂市及三峡水库蓄水运用后，根据《澧水流域规划报告松澧地区防洪规划
专题报告》（1989 年 11 月，湖南省水利水电勘测设计院），下游防洪标准由建库前的 5～6
年一遇提高至约 17 年一遇。

在现状条件下（三峡＋江垭＋皂市水库共同作用），考虑松滋口建闸对长江和澧水洪
水进行错峰调度。

如表 7 - 7 所示，对于 1954 年洪水，天然状况下，松澧地区尚有 5.8 亿 m^3 超额洪量，
在三峡＋江垭＋皂市水库共同作用下，由于安乡安全泄量现只有 6400 m^3/s，石龟山安全
泄量为 9600 m^3/s，松澧地区超额洪量仍有 3.28 亿 m^3，主要集中在石龟山和安乡附近。
启用松滋闸错峰时，理想调度情况下，在澧水来流量较大时只需控制最大进洪流量不超过
4500 m^3/s，即可将松澧地区超额洪量减为零。

表 7 - 7　　　　　　　　　　　　　　各防洪方案超额洪量计算表

计算典型	控制水位 （m）	安全泄量 （m^3/s）	天然情况下 （亿 m^3）	三峡＋江垭 ＋皂市 （亿 m^3）	三峡＋江垭＋皂市 ＋松滋闸 （亿 m^3）
1935 年	安乡： 39.38m	津市～石龟山： 14000m^3/s	28.36	12.12	7.83
1954 年	石龟山： 40.82m	安乡～南咀： 6400m^3/s	5.8	3.61	0
1998 年	津市： 44.01m	石龟山～南咀： 9600m^3/s	8.53	5.93	3.95
2%（1998 年型）			8.8	2.73	1.36

对于 1998 年洪水，天然状况下，松澧地区尚有 8.53 亿 m^3 超额洪量，在三峡＋江垭
＋皂市水库共同作用下，松澧地区仍然有 5.93 亿 m^3 超额洪量，这是由于 1998 年洪水澧
水洪水较大，且主要为区间来水，支流水库区来水较小，澧水两水库均建在支流，对该年
洪水防洪作用不明显，加之石龟山及安乡的安全泄量均较 1989 年澧水尾闾防洪规划时有
所减小所致。在启用松滋闸进行错峰调度后，虽然对澧水来水无减小作用，但松滋和与澧
水在七里湖联通，松滋闸约束松滋来水后，原流经石龟山的洪水逆流入松滋河通过安乡下
泄，经分析计算，松滋闸如在澧水最大洪水出现时控制最大进洪流量不超过 2000 m^3/s，
松澧地区超额洪量可减为 3.95 亿 m^3。由于澧水来水太大而津市河段泄流能力不够（约为
14000m^3/s），该 3.9 亿 m^3 超额洪量集中在津市河段。

对于 1935 年型特大洪水，天然状况下，松澧地区尚有 28.36 亿 m^3 超额洪量，在三

峡＋江垭＋皂市水库共同作用下，松澧地区仍然有 12.12 亿 m³ 超额洪量，启用松滋闸错峰调度，可将松澧地区超额洪量减少为 7.83 亿 m³，超额洪量主要集中在津市河段。

对于松澧组合 50 年一遇（新江口＋沙道观＋石门）组合洪水（澧水与松澧组合洪水同频率，松滋河来水相应），天然状况下，松澧地区尚有 8.8 亿 m³ 超额洪量，在三峡＋江垭＋皂市水库共同作用下，仍然有 2.73 亿 m³ 超额洪量，松滋闸如在澧水最大洪水出现时控制最大进洪流量不超过 2000m³/s，松澧地区超额洪量可减为 1.36 亿 m³。由于澧水来水太大而津市河段泄流能力不够，该 1.36 亿 m³ 超额洪量集中在津市河段。要彻底解决松澧地区 50 年一遇洪水问题，须在津市河段保留不少于 1.36 亿 m³ 的分蓄洪容积。

分析表明，松滋口建闸对松澧洪水进行错峰调度是可行的，可有效减少松澧地区的超额洪量，减少该地区分蓄洪频率与规模。如保留该地区原有的澧南蓄洪垸，在澧水大水时松滋闸配合澧南垸分蓄洪使用，可使该地区防洪能力由不足 20 年一遇提高至 50 年一遇。

7.2.3.2 藕池口建闸

由于长江与洞庭湖水位流量关系的变化，特别是下荆江三次裁弯，使藕池河与长江的水位流量关系发生了很大的变化，三峡工程运行以来，藕池河的分流和分沙更是急剧减少，目前的分流分沙仅有 20 世纪 50 年代的 23％和 27％左右，断流天数逐渐增加，2006 年，管家铺断流天数达 235 天，康家岗断流天数达 336 天。藕池河系的日趋萎缩为藕池河建闸总体解决藕池河系防洪问题提供了条件。

藕池河系目前存在的防洪问题主要是支河众多，防洪堤线漫长，防洪负担繁重。此外，由于洪道及湖泊淤积，河道行洪能力下降，同流量下水位抬升，尤其是藕池河中、西支出口为目平湖，湖泊水位抬升顶托，导致藕池河入湖河段水位高企甚至出现逆流现象，据近年水文资料统计，1996 年、1998 年、1999 年、2002 年、2003 年藕池河出口控制站南咀站均超过了堤防设计水位，水位抬升加重了藕池河的防洪压力。

藕池口建闸的目的有两点：①配合各支河出口建闸，大洪水时关闸控制，总体解决藕池河系防洪问题；②在应水资源要求将藕池河进口段疏挖后，控制进洪流量，保证下游防洪安全。

如考虑长江大洪水时将藕池口闸及藕池河各支下游控制闸关闭，以达到藕池河系内堤防不直接临洪的目的，由于藕池河分流量必须通过长江下泄，将加大长江干流的防洪压力，尤其在长江洪峰时段，将很可能威胁到长江荆江河段的防洪安全。此外，藕池口建闸控制后，藕池东支主干处于长期不过洪状态，河道过流能力将趋向萎缩，一旦遭遇超标准洪水，需要藕池东支分泄长江流量时，藕池东支将起不到应有的分流作用。

如考虑藕池河应水资源要求从进口至东支出口疏挖后，藕池口闸起控制进洪流量作用，从藕池口门闸上下游防洪安全计，藕池口闸的控制运用条件为：控制进洪流量不大于下游河道的安全泄量。

根据数值模拟计算，在 2006 年地形条件下，重现 1998 年洪水，藕池河东支疏挖 1m 后，藕池口进洪流量增加 812m³/s，藕池口门以下各控制站水位升幅在 0～0.2m 之间，通过藕池口闸控（控制进洪流量不大于 6200m³/s），藕池口门以下水位降低 0～0.4m；重现 1954 年洪水，藕池东支疏挖 1m 后，藕池口进洪流量增加 878m³/s，藕池口门以下各控制站水位升幅在 0～0.24m 之间，通过藕池口闸控（控制进洪流量不大于 6200m³/s），藕池口门以下水位降低 0～0.33m。

从上述分析可以看出，在藕池河疏挖后，藕池口闸控流对降低藕池河系洪峰水位有一定作用。藕池河系堤防设计水位为 1954 年实测洪水位，在经历历年大洪水后，当地群众自发建设，现状堤顶高程大部分超过堤防设计水位 2m 以上，考虑三峡调节和河道疏挖后重现 1954 年洪水的计算水位值，藕池河系大部分堤防的堤顶高程仍超过该水位值 1.50m 以上。因此，从藕池河系现状堤防防洪能力来看，藕池口闸控流的实际意义不大。

7.2.3.3 藕池河系控支强干

藕池河系支流较多，从入口分为康家岗及管家铺二口，其下又分为若干支流，分东支、中支、西支 3 条支流，其中藕池河东支为过流能力最大的一支，中支次之，西支过流能力最小。

藕池河水系目前存在的主要问题是：支河众多，防洪堤线长，多年泥沙淤积严重，河床抬高，同流量下水位逐渐抬高，一遇高洪水位，本地区的防洪负担严重，随着三峡投入运行，清水下泻切深荆江河槽，荆江河道的平枯同流量水位逐渐下降，分流减少，枯水季节的水资源短缺问题又加剧。

针对以上问题，藕池河水系近期综合整治主要思路和措施是：控支强干，结合建设平原水库，减轻防汛压力，提高水资源的保障能力；疏浚河道，特别是藕池东支进行疏浚清障，扩大河道的过洪能力，减少对长江防洪的影响，增加枯水季节水资源供给。

藕池河系中，从内部各支分流情况来看，藕池河中支和西支占三支的分流比沿时程递减的趋势，中支的分流比从 1956～1966 年的 38.5% 逐渐递减至 2003～2008 年的 24.4%，西支的分流比从 1956～1966 年的 8.0% 逐步递减至 2003～2008 年的 4.3%，相应东支的分流比有沿时程递增的趋势，分流比从 1956～1966 年的 53.9% 逐渐递增至 2003～2008 年的 71.3%（见表 7-8）。

表 7-8   藕池河东、中、西支年均流量变化特性表

时　段		合计	东　支		中　支		西　支	
起止年份	编号	(m^3/s)	年均流量 (m^3/s)	占百分比 (%)	年均流量 (m^3/s)	占百分比 (%)	年均流量 (m^3/s)	占百分比 (%)
1956～1966	一	2018	1087	53.9	776	38.5	155	8.0
1967～1972	二	1237	747	60.4	422	34.1	68	5.5
1973～1980	三	783	519	66.3	228	29.1	36	4.6
1981～1998	四	598	423	70.7	142	23.7	33	5.5
1999～2002		490	353	72.0	110	22.4	27	5.5
2003～2008	五	349	249	71.3	85	24.4	15	4.3
1956～2008		957	587	61.3	310	32.4	60	6.3

藕池河东支主干是藕池河系过流能力最强、最有生命力的一条河流，为了保持四口河系分流入洞庭湖的能力，藕池河水系调整方案不考虑该支控制。藕池河西支、东支的支叉鲇鱼须淤积萎缩严重，河道演变趋势趋向消亡，藕池水系内部应首先考虑该两条河的控制，此外，藕池中支的支叉陈家岭河相对其主干分流能力较小，对其进行控制估计对防洪

影响不会很大。如上述控制方案对防洪的影响不大，可进一步考虑将藕池中支全河控制。依上所述，藕池水系控制与优化方案有以下3种：①藕池西支＋藕池中支陈家岭河建闸控制，该方案可缩短防洪堤线184km；②藕池西支＋藕池中支的陈家岭河＋藕池东支的鲇鱼须河建闸控制，该方案可缩短防洪堤线242km（藕池西支142km、鲇鱼须河58km、陈家岭河42km）；③藕池西支＋藕池中支全河＋藕池东支的鲇鱼须河，该方案可缩短防洪堤线350km（藕池西支142km，藕池中支150km，鲇鱼须河58km）。

上述三种控支强干方案的主要差别在于控制的支叉数量呈递进式增加，相应缩短的堤防长度也呈递进式增加，但高洪水位时对长江干流防洪的影响也不可避免的呈递增趋势。各方案减小防洪影响的办法可采取疏挖主过洪通道、高洪水位时开闸行洪等措施。

根据数字模拟计算，在2006年情景下重现1998年洪水时，对于方案二，在藕池河东支疏挖1m条件下，高洪水位时各控制闸全关（304-1方案），西支康家岗闸上水位升幅不大，但陈家岭河进口闸上和鲇鱼须河进口闸上水位分别升高0.42m和0.45m，且水位均超过防洪设计水位。对防洪影响较大，说明高洪水位时，必须打开各控制闸行洪。对于方案三，在藕池河东支疏挖1m的条件下，由于方案二（控制支数小于方案三）在控制闸全关时对防洪影响较大，考虑高洪水位时，打开藕池中支控制闸、鲇鱼须河控制闸按安全泄量行洪。

上述藕池河系控支强干的三个方案中，以一方案对防洪影响最小，但控制的支河及缩短的防洪堤线也最短，三方案控制的支河最多，缩短的临洪堤线最长。二方案、三方案在支河控制闸全关时对防洪的影响较大，为消除对防洪造成的影响，两控制方案均需疏挖藕池东支，并在高洪水位时打开支河控制闸按安全泄量行洪。藕池河系地区为水资源短缺较为严重的地区，从水资源供给角度考虑，控制的支河越多，利用控制闸在非汛期蓄水的能力越大。因此，从防洪和水资源角度综合考虑，藕池河系控支强干方案推荐方案三。为减小支河控制对防洪的影响，拟将藕池河东支全河疏挖1m。1954年及以下洪水，藕池河西支不开闸行洪，藕池河中支及鲇鱼须河控制闸最大泄洪流量不超过河道安全泄量。

7.2.3.4 松滋河系控支强干

松滋河在湖北省境内分为东支（沙道观水文站控制）和西支（新江口水文站控制），在湖南省境内分为东支（大湖口河）、中支（自治局河）和西支（官垸河）。湖南境内三支中，按流量大小区分，松滋中支为过流能力最大的一支，松滋河西支和东支过流能力大致相当。

目前松滋河存在的主要问题是：松滋河洪道影响范围堤垸一线防洪大堤长，防洪负担重；东支（大湖口河）由于流量逐渐增大，河道冲刷加剧，堤防险情不断；澧水洪水位抬高加重了对松滋水系的顶托，使松滋中支（自治局河）过流量减少，河床淤塞严重，同流量水位抬高；澧水在七里湖与松滋河相会，长江大水时，松滋河向澧水分流，顶托澧水出流，抬高上游津市、澧县水位，因澧水泄流不畅，造成泥沙淤积，河床抬高，水位上升，反过来顶托松滋河出流，形成恶性循环。三峡水库建成后，对松滋河的整治思路主要为：松滋河湖南境内主要对中支进行疏浚、扩卡、清障等工程，以扩大中支的过洪能力；同时考虑对松滋东、西支建闸控制结合平原水库建设。

松滋河系中，从内部各支分流情况来看，西支官垸河和东支大湖口河占三支的百分比有沿时程递增的趋势，西支官垸河的百分比从 1956～1966 年的 19.3% 逐渐递增至 2003～2008 年的 24.4%，东支大湖口河的百分比从 1956～1966 年的 24.1% 逐步递增至 2003～2008 年的 33.5%，而中支自治局河的百分比有沿时程递减的趋势，从 1956～1966 年的 56.6% 逐渐递减至 2003～2008 年的 42.1%（见表 7-9）。

表 7-9　　　　　　　　　　　松滋河东、中、西支年均流量变化特性表

时　段		合计 (m³/s)	东　支		中　支		西　支	
起止年份	编号		年均流量 (m³/s)	占百分比 (%)	年均流量 (m³/s)	占百分比 (%)	年均流量 (m³/s)	占百分比 (%)
1956～1966	一	1781	429	24.1	1008	56.6	344	19.3
1967～1972	二	1693	410	24.2	937	55.3	346	20.4
1973～1980	三	1555	396	25.5	808	52.0	351	22.6
1981～1998	四	1328	424	31.9	593	44.7	311	23.4
1999～2002		1251	404	32.3	526	42.0	321	25.7
2003～2008	五	1115	374	33.5	469	42.1	272	24.4

　　虽然松滋河中支分流能力呈衰减趋势，松滋河中支仍是松滋河系过流能力最大的一条河流，为了保持四口河系分流入洞庭湖的能力，松滋河水系调整方案不考虑该支控制。湖南境内的松滋河东支虽然是一条发育型河道，河道长期处于冲刷状态，但该河河岸冲刷特别严重，且有加剧趋势，险工险段众多，防洪问题非常突出，松滋水系内部应首先考虑该河的控制，在该河控制的基础上可进一步考虑松滋西支控制。如此，松滋河系控制方案如下：①松滋河东支大湖口河建闸控制，该方案可缩短防洪堤线 84.8km；②松滋东支大湖口河＋松滋西支官垸河建闸控制，可缩短防洪堤线 166.8km（松滋东支 84.8km，松滋西支 82km）。

　　各方案减小防洪影响的办法可采取疏挖主过洪通道、高洪水位时开闸行洪等措施。

　　根据对方案二数值模拟分析计算，在 2006 年情景下重现 1998 年洪水进行时，官垸河上下闸、大湖口河上下闸全关情况下，新江口、沙道观洪峰水位升幅较大。在官垸河上下闸、大湖口河上下闸打开行洪、松滋中支疏挖 1.5m 的情况下，新江口、沙道观洪峰水位洪峰水位基本不变，小于堤防设计水位 0.90～1.60m；自治局、汇口、石龟山、安乡等站水位下降 0.10～0.21m；苏支河水位基本不变；中河口水位升高 0.03m，比堤防设计水位低 1.24m。

　　上述方案中，方案二较方案一控制的支河多，缩短的防洪堤线长度较方案一多将近一倍。但由于两支控制较一支控制减少的分流量要多，可能对长江干流防洪造成不利影响。分析计算结果表明，方案二在 2006 年地形条件下重现 1998 年洪水和 1954 年洪水，高洪水位时松滋东支和西支开闸按安全泄量行洪，对长江干流水位影响甚微。此外，从水资源角度考虑，控制的支河越多，利用控制闸在非汛期蓄水的能力越大，有利于增加水资源供给。因此，从防洪和水资源角度综合考虑，松滋河系控制强干方案推荐方案二。为减小支河控制对防洪的影响，拟将松滋河中支全河疏挖 1.5m。1954 年及以下洪水，松滋河东、西支控制闸最大泄洪流量不超过河道安全泄量。

7.2.3.5 蓄洪垸调整

1980年长江中下游防洪座谈会研究确定了在三峡工程未建之前，城陵矶水位按34.40m控制条件下，城陵矶附近区有320亿m³超额洪量（湖南、湖北各承担160亿m³），按此分蓄洪量，洞庭湖区规划了24个蓄洪堤垸，总蓄洪容积163.91亿m³。其中四口河系地区分布有24个蓄洪堤垸中的11个。由于荆江三处裁弯取直及自然演变，江湖关系发生了较大变化，加上三峡工程的防洪调度，蓄洪格局也必然发生重大变化。根据数字模拟计算，重现1954年目标洪水，城陵矶按34.40m控制时，经三峡调节后城陵矶附近仍有约295亿m³的超额洪量，按照湖南湖北对等分洪，湖南省需承担约147.15亿m³超额洪量，较洞庭湖区现有蓄洪垸总蓄洪容积少25亿m³左右。三峡工程建成后，荆江河段防洪形势根本好转，四口河系地区亦受惠于三峡防洪调度，高洪水位基本得到控制，可考虑将四口河系腹地的安昌垸、安化垸、南顶垸和集成安合四个蓄洪垸共22.7亿m³蓄洪容积取消。

四口河系地区各蓄洪垸按照区域分布，安澧垸，西官垸、九垸位于松滋河系及松澧地区，松滋河是四口河系中分流量最大的河流，澧水是洞庭湖四水中来流量最大的河流，且松滋与澧水洪水经常遭遇，导致该区域水量大，水位高，防洪压力尤其大，区域内蓄洪垸的存在对解决该区域的防洪压力是有益的。钱粮湖垸及大通湖东垸位于城陵矶附近，蓄洪容积大，对解决城陵矶附近的超额洪量起着举足轻重的作用，目前该两个堤垸加上南洞庭湖区的共双茶垸已全面启动蓄洪安建工程。南汉垸，和康垸位于目平湖区，目平湖在洪水期水位一般较高，对松虎洪道及藕池中西支出流形成顶托，该两个蓄洪垸无论是对解决城陵矶附近超额洪量或解决松虎洪道、藕池中、西支入湖河段的高洪水位均有积极意义。

安昌垸、安化垸、南顶垸及集成安合垸位于四口河系中部区域，其中安昌垸位于虎渡河与藕池西支之间，其分洪口门对岸为洞庭湖重点堤垸安造垸，安化垸位于藕池西支与藕池中支的陈家岭河之间，南顶垸位于藕池中支的陈家岭河与中支主干之间，其右侧为洞庭湖重点堤垸育乐垸，集成安合垸位于藕池东支的煤田湖河与鲇鱼须河之间，其左右两侧为洞庭湖重点堤垸育乐垸和华容护城垸。

四个蓄洪垸中，安化垸和南顶垸所临河道分别为藕池西支和陈家岭河。目前，两河淤积萎缩严重，过流能力只有400~500m³/s，远小于两垸的设计分洪流量，基本上将无水可分（见表7-10）。

表7-10　　四口河系中部四个蓄洪垸设计分洪流量与河道过流量对比表

堤垸	分洪口所在河流	设计分洪流量 （m³/s）	重现1954年洪水河道过流量 （m³/s）
安昌	虎渡河	2739	3030
安化	藕池西支	1738	560
南顶	藕池中支陈家岭河	991	490
集成安合	藕池东支	2635	3900

安昌垸分洪口门对岸为重点堤垸安造垸，且分洪流量大于重现1954年洪水时河道分流量，集成安合垸分洪口两岸均为洞庭湖重点堤垸育乐垸和华容护城垸，其分流量约占重现1954年洪水时河道分流量的85%，一旦分洪，将造成虎渡河及藕池东支水面比降急剧

变陡，流速急剧加大，水位急速下降，河道冲刷加剧，严重威胁对岸重点堤垸堤防的安全。1999年资水尾闾的民主垸分洪就曾使对岸的长春大垸出现严重险情。

根据数字模拟计算，重现1954年洪水时，四口河系中部区域的四个蓄洪垸分蓄洪量（见表7-11）。安化、南顶、集成安合垸由于达不到设计蓄洪水位，蓄水量较少，蓄洪容积浪费较大。按照该四个蓄洪垸不分洪计算，城陵矶水位可控制在32.40m，相比分洪方案，洞庭湖水位洪峰水位仅升高0.03m。

表 7-11   四口河系中部四个蓄洪垸重现1954年洪水时蓄洪情况表

堤垸	有效蓄洪容积（亿 m³）	重现1954年洪水时蓄水量（亿 m³）	蓄水比例（%）
安　昌	8.11	6.57	81
安　化	4.93	0.57	11.6
南　顶	2.57	0.84	32.7
集成安合	7.08	3.97	56.1

综上所述，从河道安全及提高蓄洪容积使用效率，减少不必要的分蓄洪损失考虑，可将四口河系中部区域的安昌、安化、南顶、集成安合四个蓄洪垸取消。

7.2.4　四口河系理想的防洪体系布局

根据前述分析研究，四口河系地区理想的防洪调控体系如图7-1所示。

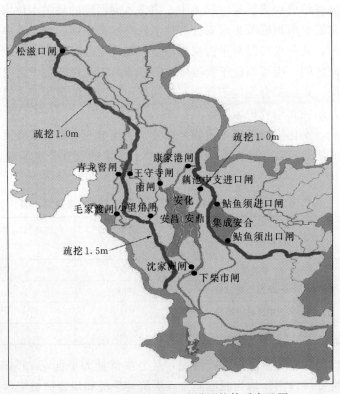

图 7-1　四口河系理想的防洪调控体系布置图

236

（1）松滋口建闸。闸的主要功能是当长江与澧水洪水遭遇时进行错峰调度，当石龟山＋安乡组合流量超过 16000m³/s（松澧地区安全泄量）时，通过松滋闸控制进洪流量，减轻松澧地区防洪压力，同时 1954 年及以下洪水条件下控制松滋口进洪流量不超过下游河道安全泄量 7500m³/s。

（2）松滋河系控支强干。松滋河湖南境内西支官垸河上下口建泄洪闸控制，松滋河湖南境内东支大湖口河上下口建泄洪闸控制，同时将松滋河中支全河疏挖 1.5m。1954 年及以下洪水条件下，泄洪闸控制泄流量不超过河道安全泄量（松滋西支官垸河 2000m³/s，东支大湖口河 1800m³/s）。

（3）藕池河系控支强干。藕池河西支上下口建灌溉闸控制，设计流量按灌溉引流要求确定；藕池河中支上下口建泄洪闸控制，藕池河东支支叉鲇鱼须河建泄洪闸控制，同时将藕池东支主干疏挖 1.0m。1954 年及以下洪水条件下，泄洪闸控制泄流量不超过河道安全泄量（藕池中支 1200～1500m³/s，鲇鱼须河 1100～1400m³/s）。

（4）蓄洪垸调整。将四口河系中部区域的安昌、安化、南顶、集成安合四个蓄洪垸取消，将其调整为一般垸或重点垸。

松滋口建闸可大大减轻松澧地区的防洪压力，减少安澧、西官、九垸及澧南四个蓄洪垸的使用几率，配合澧南蓄洪垸使用可将松澧地区防洪标准提高至 50 年一遇；松滋及藕池河系支叉控制在一般洪水条件下，可减少一线临洪堤线长度 516.8km（其中藕池河系 350km，松滋河系 166.8km），并强化了主干河道的过流能力，对长江中下游防洪总体格局和本区域水资源问题均有积极意义；将安昌、安化、南顶、集成安合四个蓄洪垸的蓄洪容积调整至城陵矶附近区以后，蓄洪布局更为合理，减轻了蓄洪垸使用给相邻重点堤垸带来的安全威胁，并可提高蓄洪容积的利用效率。

7.3 水资源调控体系

根据前面的研究，在现有水资源工程条件下，四口河系未来水平年的水资源供需矛盾较大并集中在藕池河、虎渡河下游和华容河流域（Ⅰ、Ⅱ、Ⅲ区），一般情况下（50％频率长江来水、50％降雨频率、社会经济低增长方案条件下），水平年 2020 年、2030 年，缺水量将分别达到 4.52 亿 m³ 和 6.07 亿 m³；最不利组合条件下（98％频率长江来水、75％降雨频率、社会经济高增长方案条件下），水平年 2020 年和 2030 年，缺水量将分别达到 7.93 亿 m³ 和 12.66 亿 m³（见表 7-12）。松滋河系具有稳定分流的条件，且有澧水补充，该区域（Ⅴ、Ⅵ、Ⅶ）水资源富余。

表 7-12　　　　　　　　　水资源平衡组合条件下各区缺水量表　　　　　　　　单位：万 m³

情景	缺水情况	Ⅰ	Ⅱ	Ⅲ	Ⅳ	Ⅴ	Ⅵ	Ⅶ	合计
低增长	近期 2020 年	9313	21093	14766	0	0	0	0	45172
	远期 2030 年	11045	28451	21173	0	0	0	0	60669
高增长	近期 2020 年	21610	37114	20589	0	0	0	0	79313
	远期 2030 年	27376	60059	39177	0	0	0	0	126612

解决四口河系水资源问题的主要思路是：根据水资源时空分布和供需特点，采取蓄水、引水调水、提水解决水源性缺水问题，即通过结合防洪布局优化控制的支叉河道建设平原水库，扩大和利用内湖及平原水库增加蓄水能力，通过疏浚松滋河中支、藕池河东支增加分流引水几率，通过松滋河西水东调藕池河、取长江水调华容河等一系列对策措施，提高该区域水资源保证率。

7.3.1 水源分析

7.3.1.1 四口河系断流发展趋势与水源条件

根据河道演变趋势，四口河系主要河网都将面临进一步断流的问题（见表7-13）。由90系列实测水文资料分析，现状情况下松滋河东支平均断流178天，虎渡河平均断流155天，藕池河东、西支平均断流分别为174天、252天。利用经过三峡水库优化调度后的90系列水沙系列在2006年地形下预测计算，由计算结果可见，随着长江干流冲刷的进一步发展，四口河系断流时间将进一步增加，但增加的断流天数有减缓趋势：三峡水库运行10年，松滋河东支平均断流202天，虎渡河平均断流209天，藕池河东、西支平均断流分别为234天、305天，三峡水库运行20年，松滋东支平均断流245天，虎渡河平均断流270天，藕池河东、西支平均断流分别为262天、321天，三峡水库运行30年，松滋东支平均断流257天，虎渡河平均断流284天，藕池河东、西支平均断流分别为282天、335天。

表7-13　　　　　　　　　四口河系主要河网断流分析表　　　　　　　　　单位：m^3/s

水　系		控制站	现状	三峡运用10年	三峡运用20年	三峡运用30年
松滋河	西支东支	新江口	0	0	0	0
		沙道观	178	202	245	257
虎渡河	南闸以上	弥陀寺	155	209	270	284
藕池河	西支东支	康家岗	252	305	321	335
		管家铺	174	234	262	282

这种断流发展的趋势都是在现状断流约半年以上的情况下进一步发展，汛期4～10月过流时间也在不断缩短，各河道都演化为汛期洪峰时段的1～2个月时间过流，导致区域内水源性缺水问题进一步突出。

因此，建闸控制这些断流河道，再改造成平原水库蓄水利用具有客观条件。

7.3.1.2 水源条件

四口河系北临长江，南滨洞庭湖，周边水资源充裕，但其上下相距200km，中部区域随着分流衰减，径流条件急剧恶化。

受长江出三峡南岸山岭余脉影响，四口河系低山丘岗和平原水网交织，地势在总体上北高南低、西高东低，由较高的松滋河、虎渡河、藕池河渐次向最低的华容河出口过渡，在洪水冲决、泥沙淤积、水流冲刷切割以及人类活动的影响下，河流总体由北向南流向较低的洞庭湖。故在地势上存在以松滋河引水向东自流，汇入东洞庭湖的地形条件。

三峡工程正常运用后的2006年，遭遇长江特枯来水情况，松滋河西支最小日平均流量1.88m^3/s（2月13日）。模拟计算也表明，松滋河西支分流条件稳定，三峡水库运行

30 年内松滋西支没有出现断流（见表 7-14）。三峡工程运用 10 年、20 年、30 年后，松滋河西支最小月平均流量为 218m³/s、81m³/s、32m³/s，三峡水库运行 30 年，新江口最小日平均流量为 6m³/s。

表 7-14　　　　　　　　　　　　　松滋河新江口站月平均流量　　　　　　　　　　单位：m³/s

月份	三峡水库运行 10 年	三峡水库运行 20 年	三峡水库运行 30 年	月份	三峡水库运行 10 年	三峡水库运行 20 年	三峡水库运行 30 年
1	218	81	34	7	2885	2540	2378
2	223	82	32	8	2387	2049	1914
3	235	92	44	9	1584	1286	1175
4	399	221	159	10	676	453	373
5	896	651	553	11	588	381	310
6	1612	1299	1180	12	243	98	61

供需分析计算也表明，满足松滋河系需水要求以后，三峡工程运用 20 年、30 年后，松滋河系在 2~4 月的富余水量分别有 22.4 亿 m³、21.4 亿 m³。

因此，四口河系内部的水源可以松滋河西支稳定分流长江水资源为条件，以水体自流方式，改善区域水资源衰减面临的一系列问题。

其次，疏浚四口河系干流河道，可以增加分流时间和分流水量。本研究中，为减小防洪调控方案抬升洪水水位的影响，考虑松滋西支、藕池东支分别平均疏挖 1.5m 和 1.0m 深的措施方案。长系列模拟分析表明，受三峡工程对径流调节的影响，松滋河西支疏浚 1.5m 以后，河道年平均径流增加 240m³/s，主要集中在 6~9 月，其中长系列最小流量 6m³/s 增加到 29m³/s，分流改善的趋势较为显著；但藕池河东支的分流仍然集中在汛期，仅在丰水年延长了 10 天左右的过流时间，长期的断流时间分布没有明显变化。

7.3.2　防洪调控体系下的水资源调控作用

7.3.2.1　平原水库组成与调度条件

根据防洪体系布局研究，将建闸控制藕池河中西支和东支分叉鲇鱼须河，以及已经建闸控制的华容河，均可改造成为河道型平原水库（见图 7-2）。

松滋河东支，由于该河道为窄深式冲刷河流，崩岸导致两岸堤防崩塌，防洪问题突出而需要控制，其来水条件仍然良好，控制以后可利用其调节性能，成为西水东调的"龙头"水库。

根据水资源分析，虎渡河下游为缺水区。为增加蓄水调节能力，考虑虎渡河下游出口建闸，和中游已建的南闸配合，改造形成平原水库。

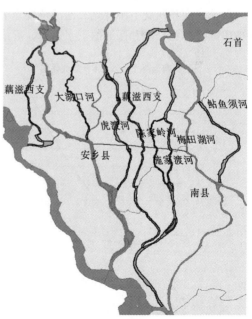

图 7-2　四口河系平原水库分布示意图

1. 鲇鱼须平原水库方案

藕池河东支鲇鱼须河长 26km，进口河段底部高程约 29.00m，出口河段底部高程约为 23.00m，正常水位 36.00m 时蓄水 4000 万 m³（见图 7-3），当梅田湖水位低于 36.50m（警戒水位）时，下闸关闭，上闸打开，让流量通过梅田湖河，当梅田湖河水位高于 37.50m（危险水位）时，下闸打开分泄洪水，下闸控制水位不超过 37.50m 当梅田湖水位低于 37.50m 时并开始下降时，上下闸关闭蓄水。

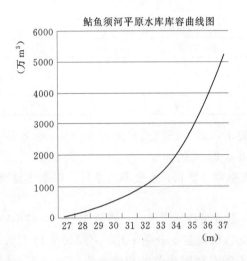
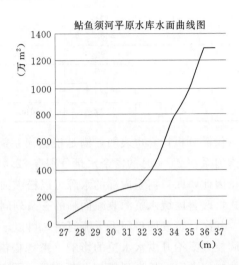

图 7-3　鲇鱼须平原水库水位库容曲线

2. 藕池河中西支平原水库方案

在鲇鱼须建平原水库的基础上，通过在藕池河上游康家岗口门及黄金咀荷花咀河建上闸，藕池中支和西支下游合流三岔河位置建下闸，形成藕池中西支平原水库，仅保留藕池东支梅田湖河作为分洪和区域的下水通道，形成一个环形平原水库（见图 7-4 和图 7-5）。

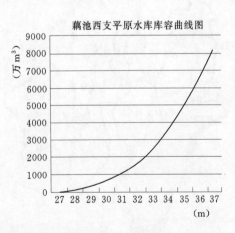
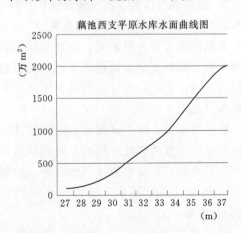

图 7-4　藕池西支平原水库库容水位曲线

藕池西支平原水库下闸建在下柴市，上闸有两个方案：①建在康家岗；②建在湖南境内腰港，在下下柴市闸上设计水位 37.00m 时，河道长度分别为 86km 和 66km。一方案

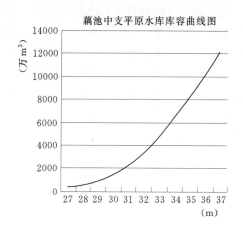

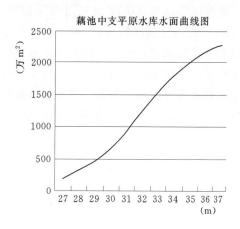

图 7-5　藕池中支平原水库库容水位曲线

最大可调蓄库容为 8300 万 m^3，二方案最大可调蓄库容为 6648 万 m^3。其防洪和水资源调度的基本方案是：汛期闸门控制以梅田湖水位为控制条件，当梅田湖水位低于 36.50m（警戒水位）时，下闸关闭，上闸打开，让流量通过梅田湖河，当梅田湖河水位高于 37.50m（危险水位）时，下闸打开分泄洪水，下闸麻河口控制水位不超过 37.00m，当梅田湖水位低于 37.50m 并开始下降时，上下闸关闭蓄水。

在藕池河西支控制的基础上，建闸控制藕池河中支，即黄金咀荷花咀河建上闸，藕池中支和西支下游合流三岔河建下闸，形成藕池中西支平原水库，中支全长 75km。藕池河仅保留东支梅田湖河作为分洪和区域的下水通道，加上鲇鱼须河平原水库和藕池西支平原水库的水，总库容可达 24676 万 m^3。

3. 虎渡河下游平原水库方案

虎渡河在湖南湖北交界，出于防洪需要已经建有南闸，近年来，南闸上游虎渡河河道淤积严重，南闸下年过流时间最长为 3~4 个月。虎渡水系平原水库方案考虑在南闸下虎渡河出口建闸，建立平原水库（见图 7-6），为Ⅲ区供水。

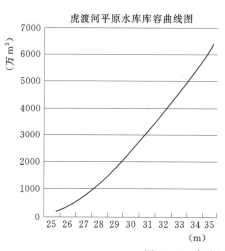

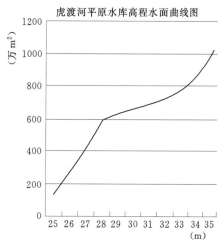

图 7-6　虎渡河平原水库库容水位曲线

虎渡河平原水库方案是通过在下游安乡小河口建闸与中游既有的南闸组成,全长42.7km,进口南闸底板高程 34.50m。小河口闸规模以南闸最大分洪量确定,以不影响虎渡河的分洪为原则,小河口闸上设计水位为 35.00m,可调蓄库容 6400 万 m³,小河口闸在虎渡河单独运用的控制方式为:每年 9 月 1 日开始蓄水,当蓄至设计水位后,来多少泄多少,枯水季节用水,当第二年来水壅高闸上水位时开闸下泄,来多少泄多少;汛期闸门控制以陆家渡水位为控制条件,闸门最大流量为 1998 年实际最大过流量(2970m³/s),当陆家渡水位超过 37.00m(警戒水位,危险水位 38.00m,最高水位 39.48m,1998 年 7月 25 日)时,南闸下泄多少,控制闸放多少,南闸水位开始下降时,控制闸调整闸门,控制陆家渡水位不超过警戒水位 37.00m。

4. 大湖口河平原水库方案

大湖口平原水库是指瓦窑河以下的松滋河东支,全长 42km。由于冲刷严重,两岸堤防垮塌导致的防洪问题突出而需要进行控制,这一区域由于松滋口分流保证具有良好的水资源条件,可作为调水补给的调节性水库。大湖口河进口河段底部高程约 29.00m(黄海85 高程),出口河段底部高程约为 23.00m(黄海 85 高程)。大湖口河平原水库下闸建在小望角,上闸建在王守寺,小望角闸上设计水位 37.00m,相应的设计库容为 5330 万 m³(见图 7-7)。

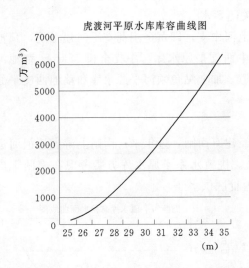
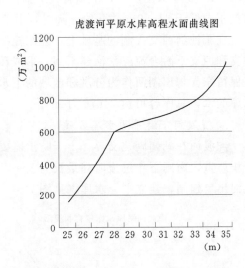

图 7-7 大湖口河平原水库示意图

汛期闸门控制以王守寺水位为控制条件,闸门最大流量为 1998 年实际最大过流量(2370m³/s),当王守寺水位低于 39.00m 警戒水位(危险水位 40.00m,最高水位42.53m,1998 年 7 月 24 日)时,下闸关闭,上闸打开,当王守寺水位超过危险水位40.00m 时,下闸打开分泄洪水,当王守寺水位低于 39.00m 并开始下降时,上下闸关闭蓄水。

5. 官垸河平原水库方案

指松滋河瓦窑河以下的松滋西支,长 35.50km,上闸建在青龙窖,出口建在毛家渡。官垸河进口河段底部高程约 29.00m,出口河段底部高程约为 23.00m。毛家渡闸上设计水位 39.00m，相应的设计库容为 5266 万 m³（见图 7-8）。

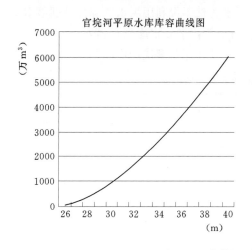
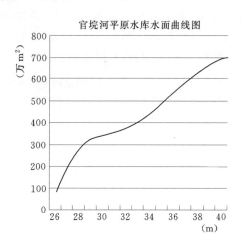

图 7-8　官垸河平原水库库容水位曲线

汛期闸门控制以官垸码头水位为控制条件，当官垸码头水位低于 39.50m 警戒水位（危险水位 40.50m，最高水位 42.78m，1998 年 7 月 24 日）时，下闸关闭，上闸打开，当官垸码头水位超过危险水位 40.50m 时，下闸闸下水位低于 40.50m，打开下闸分泄洪水，当官垸码头水位低于 40.50m，上闸水位开始下降时，上下闸关闭蓄水。

7.3.2.2　平原水库特征水位与调节库容计算

根据以上平原水库组成和调度条件，结合 2006 年地形和典型年水沙模拟计算结果，以各方案平原水库下闸闸前稳定水位为蓄满水位，通过进出水量及库容调节计算得到各个平原水库的特征指标。

1. 松滋河系

根据模拟计算结果，远期松滋水系来水量呈减少趋势，同频率来水条件下，平原水库蓄满水位也呈下降趋势（见表 7-15）。

表 7-15　　　　　　　　　　　松滋控支强干方案蓄满水位

蓄满水位（m）	来水频率（%）	25	50	75	95	98
松滋东支	2020 年	33.23	35.81	32.80	30.59	27.07
	2030 年	32.9	35.35	32.38	30.39	27.08
松滋西支	2020 年	35.41	37.34	33.88	32.43	28.67
	2030 年	35.2	37.07	33.42	32.17	28.67

松滋河东支大湖口河平原水库，2020 年遇丰、平、枯年份利用洪水资源可分别蓄水 4000 万、6000 万、3600 万 m³，到 2030 年遇丰、平、枯年份利用洪水资源可分别蓄水 3800 万、5400 万、3400 万 m³，遇 2006 年极端枯水年，平原水库仅可蓄水 740 万 m³（见表 7-16）。由于大湖口河附近堤垸没有缺水问题，大湖口河建闸的主要作用是解决防洪问题，改造成为平原水库，可作为虎渡河下游和藕池河中部（Ⅲ区）的调水水源。

松滋西支官垸河平原水库，到 2020 年遇丰、平、枯年份利用洪水资源可分别蓄水 4200 万 m^3、5600 万 m^3、2900 万 m^3，到 2030 年遇丰、平、枯年份利用洪水资源可分别蓄水 4000 万 m^3、5300 万 m^3、2700 万 m^3，遇 2006 年极端枯水年，平原水库仅可蓄水 580 万 m^3。由于官垸河河附近堤垸没有缺水问题，官垸河建闸的主要作用是解决防洪问题。

表 7-16　　　　　　　　松滋控支强干方案平原水库年调蓄库容

年调蓄库容（万 m^3）来水频率（%）		25	50	75	95	98
松滋东支	2020 年	3970	5828	3697	2391	730
	2030 年	3760	5460	3434	2281	734
松滋西支	2020 年	3914	5615	2955	2205	585
	2030 年	3760	5361	2704	2081	585

2. 藕池河系

与松滋河相似，受分流逐渐减少的影响，同频率来水条件下，藕池河平原水库蓄满水位呈下降趋势（见表 7-17）。

表 7-17　　　　　　　　藕池水系控支强干平原水库方案蓄满水位

蓄满水位（m）来水频率（%）		25	50	75	95	98
鲇鱼须河	2020 年	34.29	33.05	31.71	33.07	28.45
	2030 年	33.98	32.42	31.19	32.51	28.10
藕池中支	2020 年	34.75	33.44	32.08	33.70	28.29
	2030 年	34.26	32.59	30.52	32.98	28.26
藕池西支	2020 年	32.93	33.21	31.80	32.24	28.29
	2030 年	32.78	32.34	31.29	32.00	28.26

鲇鱼须河平原水库可蓄水量，遇丰、平、枯年份利用洪水资源可分别蓄水 3000 万 m^3、1900 万 m^3、1100 万 m^3，到 2030 年遇丰、平、枯年份利用洪水资源可分别蓄水 2600 万 m^3、1500 万 m^3、1000 万 m^3，遇 2006 年极端枯水年，平原水库无法蓄水。该方案平原水库主要供水区域为Ⅱ、Ⅲ区，丰水年调节作用较大。

藕池西支平原水库库容较大（方案一 8300 万 m^3、方案二 6648 万 m^3），但受来水条件影响很大，利用洪水资源的可蓄水量小，经水沙模型模拟计算分析，到 2020 年遇丰、平、枯年份利用洪水资源可分别蓄水 2900 万 m^3、3300 万 m^3、1800 万 m^3，到 2030 年遇丰、平、枯年份利用洪水资源可分别蓄水 2800 万 m^3、2300 万 m^3、1400 万 m^3，遇 2006 年极端枯水年，平原水库无法蓄水。该方案主要供水区域为Ⅱ、Ⅲ区，水库利用洪水资源可调蓄水量小，需考虑补充水库水源。

藕池中支平原水库到 2020 年遇丰、平、枯年份利用洪水资源可分别蓄水 10700 万 m^3、7450 万 m^3、4720 万 m^3，到 2030 年遇丰、平、枯年份利用洪水资源可分别蓄水 9390 万 m^3、5670 万 m^3、2440 万 m^3（见表 7-18）。

表 7-18 藕池水系控支强干平原水库年调蓄库容

年调蓄库容（万 m³）	来水频率（%）	25	50	75	95	98
鲇鱼须河	2020 年	3056	1904	1190	1918	0
	2030 年	2642	1511	994	1559	0
藕池中支	2020 年	10700	7447	4721	8036	0
	2030 年	9390	5670	2443	6458	0
藕池西支	2020 年	2978	3306	1845	2251	0
	2030 年	2810	2350	1443	2022	0

3. 虎渡河下游

虎渡河平原水库库容较大（6400 万 m³），利用洪水资源的可蓄水量经模拟计算，到 2020 年遇丰、平、枯、2006 特枯年份，利用洪水资源可分别蓄水 5700 万、5900 万、4000 万、3200 万 m³，到 2030 年遇丰、平、枯、2006 特枯年份，利用洪水资源可分别蓄水，5300 万、5600 万、3800 万、3100 万 m³（见表 7-19 和表 7-20）。该方案平原水库主要供水区域为Ⅲ区。

表 7-19 虎渡河平原水库方案蓄满水位

蓄满水位（m）	来水频率（%）	25	50	75	95	98
虎渡河	2020 年	34.79	34.5	32.92	36.08	31.17
	2030 年	34.71	34.19	32.84	35.61	30.96

表 7-20 虎渡河平原水库年调蓄库容

年调蓄库容（万 m³）	来水频率（%）	25	50	75	95	98
虎渡河	2020 年	6412	6108	4646	7839	3227
	2030 年	6327	5792	4579	7307	3064

4. 沱江水库（三仙湖水库）

沱江水库是 2001 年由原藕池河沱江上下口建闸控制所形成的平原水库，总库容达到 9410 万 m³，由于配套设施未完善，目前尚未完全形成调蓄能力。

7.3.2.3 水量平衡分析

除松滋河系平原水库外，藕池河和虎渡河的平原水库蓄水都可以部分缓解Ⅱ、Ⅲ区缺水的矛盾。

根据模拟计算结果，三峡工程运用到 2020 年和 2030 年，藕池河和虎渡河平原水库在丰平枯水年可分别提供 1.24 亿～2.31 亿 m³、0.95 亿～2.12 亿 m³ 水量，特枯水年可提供 0.3 亿 m³ 左右水量。一般情况下，Ⅰ、Ⅱ、Ⅲ区 2020 年与 2030 年缺水总量将分别达到 4.52 亿 m³ 与 6.07 亿 m³，最不利组合条件下，2020 年与 2030 年缺水总量将分别达到 7.93 亿 m³ 与 12.66 亿 m³，因此，单纯由平原水库不能解决Ⅱ、Ⅲ区水资源短缺问题，关键问题是解决水源问题，即需通过西水东调或其他方式来拓展水源。Ⅰ、Ⅱ、Ⅲ区不同组合条件下，通过平原水库调节后水资源短缺情况（见表 7-21）。

表 7-21　　　　　Ⅰ、Ⅱ、Ⅲ区平原水库调节库容作用分析表　　　　单位：万 m³

情景	缺水及水库调节情况		Ⅰ	Ⅱ	Ⅲ	合计
低增长	近期	近期2020年缺水		9313	21093	14766	45172
		调节库容	虎渡河			5900	5900
			鲇鱼须	1900			1900
			藕池河中支		7447		7447
			藕池河西支		2300		2300
			沱江		9410		9410
			其他内湖	9994	19368	78	29440
		缺水状况		−2581	−17432	8788	−11225
	远期	远期2030年		11045	28451	21173	60670
		调节库容	虎渡河			5600	5600
			鲇鱼须	1900			1500
			藕池河中支		5670		5670
			藕池河西支		2300		2300
			沱江		9410		9410
			其他内湖	9994	19368	78	29440
		缺水状况		−849	−8297	15495	6349
高增长	近期	近期2020年		21610	37114	20589	79313
		调节库容	虎渡河			5900	5900
			鲇鱼须	1900			1900
			藕池河中支		7447		7447
			藕池河西支		2300		2300
			沱江		9410		9410
			其他内湖	9994	19368	78	29440
		缺水状况		9716	−1411	14611	22916
	远期	远期2030年		27376	60059	39177	126612
		调节库容	虎渡河			5600	5900
			鲇鱼须	1900			1900
			藕池河中支		5670		7447
			藕池河西支		2300		2300
			沱江		9410		9410
			其他内湖	9994	19368	78	29440
		缺水状况		15482	23311	33499	72292

7.3.2.4　藕池河东支疏浚引水分析

通过疏挖藕池东支（管家铺至梅田湖河至白景港至注子口河），扩大该地区的水资源供给，通过模型计算，在平均疏挖挖深 1m，宜昌 50% 来水保证率的条件下，管家铺在近阶段可增加约2.0亿m³水资源，到近期（2020）和远期（2030）年对增加水资源影响甚微（见图7-9），由于淤积影响与不采取疏挖措施效果基本相同，模拟计算结果说明，疏挖方案，在近阶段可暂时解决部分水资源问题，对于长远来看，不能通过疏挖藕池河来解决藕池河系水资源总量短缺的问题，要提高该地区的水资源总量供给，还需用其他水源工程措施来解决藕池河系的水资源问题。

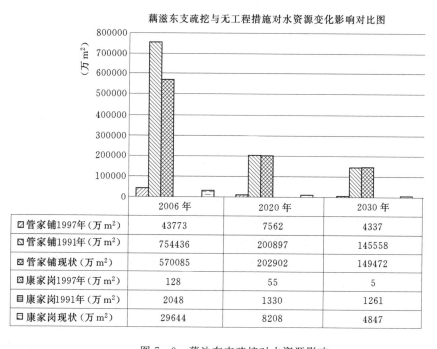

藕滋东支疏挖与无工程措施对水资源变化影响对比图

（万m²）	2006年	2020年	2030年
管家铺1997年（万m²）	43773	7562	4337
管家铺1991年（万m²）	754436	200897	145558
管家铺现状（万m²）	570085	202902	149472
康家岗1997年（万m²）	128	55	5
康家岗1991年（万m²）	2048	1330	1261
康家岗现状（万m²）	29644	8208	4847

图7-9　藕池东支疏挖对水资源影响

7.3.2.5　西水东调方案

利用松滋河较为稳定的水资源，结合疏挖枯水深槽，加大松滋河中低水分流流量，再通过工程建设由西向东从松滋东支下口小望角向东穿越虎渡河、藕池河中、西支连接藕池东支的注子口进入东洞庭湖。主要通过用松滋河丰富的水资源以及松滋河东支平原水库的调节作用补充藕池河及虎渡河下游的水源问题（见图7-10）。

在满足松滋河系地区水资源需求的基础上，计算98％长江来水频率、75％降雨保障率、经济高增长极端条件下的松滋中支可调水量，

图7-10　西水东调示意图

与Ⅰ、Ⅱ、Ⅲ区短缺水量进行比较，结果如图 7-11 和图 7-12 所示。

可以看出，建立平原水库之后，极端枯水条件下，从松滋调水水量能完全满足Ⅰ、Ⅱ、Ⅲ区的需水要求。其中水平年远期的 2～4 月可调水量与所需水量相差不大，这说明远期通过松滋河水资源西水东调，可满足Ⅰ、Ⅱ、Ⅲ区的 2～4 月需水要求，但保证率不高，其余月份水量都非常充沛。松滋河西水东调解决Ⅰ、Ⅱ、Ⅲ区水资源短缺问题，从水资源角度分析是可行的。

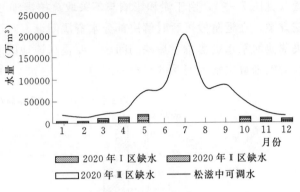

图 7-11　2020 年极端枯水条件大包方案
基础上松滋调水可行性

7.3.2.6　华容河水资源调控方案

华容河地区水源主要来自长江，汛期 6～9 月一般情况下有水，枯水期基本断流，2000 年以来每年断流 300 天以上。水源主要是通过六门闸关闸蓄水，流域内用水及县城和上游村镇排污都在华容河内，导致华容河水质污染严重。华容县城区由于长期开采地下水，已导致地下水位逐年下降，部分水井报废及地面下沉等问题。华容县境内的华一水库多年平均可供水量仅为 534 万 m³，远远不能满足城区年需水量（2015 年为 1764 万 m³，2020 年为 2184 万 m³），必须增加其他合适水源。

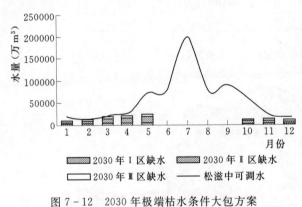

图 7-12　2030 年极端枯水条件大包方案
基础上松滋调水可行性

解决华容河地区缺水问题主要有以下几个方向：①从长江取水。通过疏挖华容河，提高从调弦口在枯水季节的入流量，或是用泵提水，通过管道或经过华洪运河分别从调弦口提水或洪水港提水引进华容河，也可从松滋河调水自流引入华容河。②建设平原水库，利用华洪运河等高截流山洪调蓄到平原水库。③从东洞庭湖引水入华容河。

1. 长江引水方案

从 1958 年华容河调弦口建闸起，华容河口河段不断淤积，口门荆江河槽同流量水位下降，从调弦口入湖径流量不断减少，华容河地区水资源短缺问题就日渐严重，据调弦口闸管理近年统计，华容河断流每年都超过 300 天（见图 7-13），2006 年断流天数达 357 天。年径流量最多的 2004 年年径流量只有 1.2 亿 m³，2006 年仅有 207 亿 m³（见图 7-14），与华容河地区现状需水 2.8 亿 m³ 相差巨大。

从长江引水的方案主要有：通过疏挖华容河，提高从调弦口在枯水季节的入流量，或是从调弦口建设泵站，用管道送入华容河地区；另一个方向是在洪水港建泵站提水，通过华洪运河调到华容河（见图 7-15）。

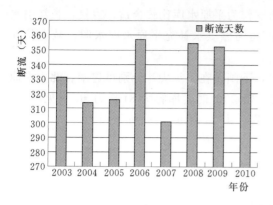

图 7-13 调弦口断流天数

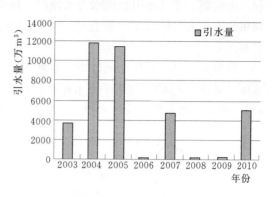

图 7-14 调弦口引水量

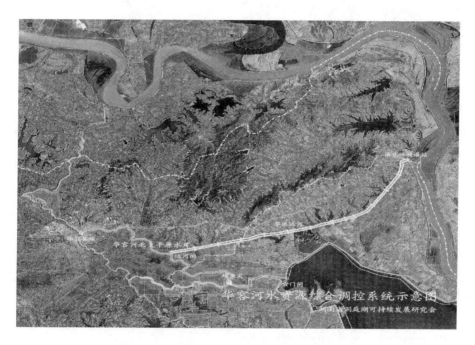

图 7-15 洪水港提水经华洪运河调水方案示意图

直接从调弦口或洪水港取水需要增加二次能源的消耗，按目前平均缺水 1.5 亿 m³ 计算，年增加能耗约 700 万 kW·h，同样需要分别从调弦口或洪水港建设管道工程或渠道工程。结合松滋河西水东调引入藕滋河系工程，延长引水工程到华容河地区，可通过自流引水方式大大降低华容河引水的运行成本。

2. 华容河平原水库

华容河目前的运行方式就是平原水库的运行方式，通过下游的六门闸与上游的调弦闸组成平原水库，将洪水期的水蓄在水库内供枯水期运用。目前的问题：一是洪水期补充水源不够；二是给排水同在一个平原水库内，无法解决水质污染问题。解决第一个问题的方法只有通过增加水源来解决，对第二个问题需要解决供排分道的问题，可考虑将华容河新华垸南北支中一支建设平原水库，而将另一支作为下水通道，通过供排水分道解决水环境和水质问题。在考虑引松滋水为水源时，用南支作为平原水库比较合适，直接从长江引水则用北支作为平原水库比较合适，可利用华洪运河撇洪水补充平原水库水源，减少长江引水。

华容河建平原水库上闸以华容县城为起点，下闸设在罐头尖，分别可建南、北支平原水库（见图 7-16），北支平原水库在设计水位 35.00m 时，库容为 3187 万 m³（见图 7-17）。南支平原水库在设计水位 35.00m 时，库容为 1925 万 m³（见图 7-18）。

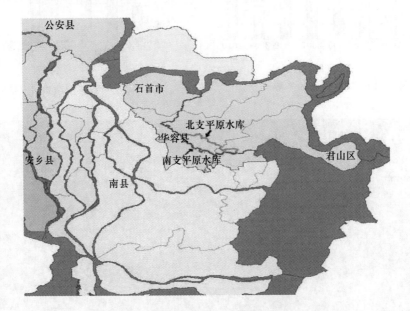

图 7-16　华容河平原水库示意图

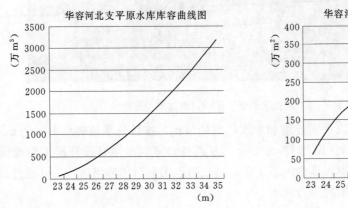

图 7-17　北支平原水库库容水位曲线

3. 华洪运河

华洪运河是 1958 年调弦堵口，钱粮湖围垦的配套工程，是一条在华容、君山两县区境内依山畔湖开挖的人工运河，运河从华容潘家渡起，经毛家渡、车古山、涂家垱、君山区尺八嘴、殷家铺、金门堡至洪水港，故名华洪运河，全长 32km，库容 520 万 m³。华洪运河因北高南低，可用于从长江调水进华容河，也可将山洪水撇进华容河。其关键需要在洪水港建泵站提取长江水。

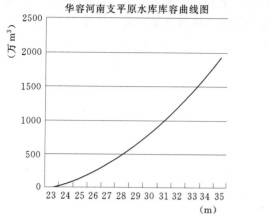
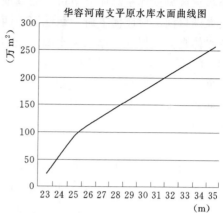

图 7-18 南支平原水库库容水位曲线

图 7-19 四口河系水资源调控体系

7.3.3 水资源调控总体方案

1. 构成

经过以上研究，针对华容河、藕池河、虎渡河流域缺水的问题，结合疏浚措施，四口河系水资源调控体系总体方案可分为藕池河系方案和华容河系方案：藕池河系方案由松滋东支大湖口河、虎渡河下游、藕池河中西支和鲇鱼须河等支叉形成的平原水库，利用地势落差水体自流及保证平原水库水源补充的西水东调工程组成，即水资源综合调控方案5＋方案23＋西水东调；华容河系方案由泵站提取长江水通过华洪运河及华容河北支平原水库调度，综合解决华容河系规划区缺水问题（见图7－19）。

西水东调工程采用自流方式到华容河在地形上是具备条件的，松滋河分流水量可通过疏挖松滋河，加大松滋河分流量予以解决。

2. 效益与影响

供需分析计算表明，满足松滋河系需水要求以后，三峡工程运用20年、30年后，松滋河平水年在Ⅰ、Ⅱ、Ⅲ区缺水月份期间富余水量分别有22.4亿、21.4亿 m³，加上平原水库的调节作用，可以解决未来虎渡河和藕池河缺水约12.4亿 m³ 的极端情况。

西水东调将减少松滋河下游的径流量，特别是对汇口及大湖口以下的安乡河的影响可能显现；而采用泵站自长江提水解决华容河水资源问题带来的运行成本问题也可能出现。

7.4 水环境调控体系

水环境的改善主要依赖于水量的增加，因此防洪和水资源调控措施在改变了河道径流过程的同时，也会影响河道的水环境质量。根据第6章的水环境分析，四口河系中的松滋水系、藕池水系和虎渡河水系，大部分河段水质符合Ⅲ～Ⅳ类水标准，目前的主要矛盾是防洪和水资源问题，因此水环境调控体系要结合防洪和水资源调控体系；而对于华容河水系，由于其上游调弦口长期淤塞，水环境条件十分恶劣，单独进行了水环境调控方案的设计和分析。通过不同防洪与水资源调控方案比选，对推荐的优化方案进行水环境的影响评价。

应用第6章建立的水环境模拟模型，依次对4个各调控方案实施情景下的三个不同水平年（2006年、2020年、2030年）在不同的来水条件下［1991年（50％）、1997年（95％）］的水环境状况进行了模拟计算与分析，得到的结果及分析如下。

7.4.1 防洪、水资源调控体系下的水环境调控作用

7.4.1.1 松滋水系控支强干方案

松滋水系控支强干方案对松滋水系的水流运动进行了控制，从而也改变了整个三口水系的水流运动，影响到污染物在河道中的运移，使河道水质发生变化。总体上来说，309方案实施后，预测未来水平年的河道水质指标与现状年相比均有所改善。同时，闸门的开闭也会改变闸门上下游的水环境条件，在一定程度上带来了局部河段污染物的沉积。

在此方案中，松滋水系上新建了4道闸门，通过模型模拟分别得到闸上和闸下及各重要断面的 TN 和 TP 浓度预测值如表7－23和表7－24所示。

表 7-22 各断面 TN 浓度年平均值 单位：mg/L

站 点	水平年（2006）		水平年（2020）		水平年（2030）	
	50%	95%	50%	95%	50%	95%
南 嘴	1.198	1.202	1.197	1.202	1.197	1.202
小河咀	1.271	1.264	1.261	1.269	1.318	1.270
注滋口	1.272	1.441	1.278	1.435	1.300	1.431
青龙窖闸上	1.198	1.199	1.197	1.199	1.197	1.199
青龙窖闸下	6.911	8.381	6.540	8.349	6.787	8.357
毛家渡闸上	5.935	6.082	5.610	6.027	5.830	6.030
毛家渡闸下	1.091	1.147	1.091	1.141	1.092	1.140
王守寺闸上	1.198	1.199	1.199	1.199	1.199	1.199
王守寺闸下	1.007	1.007	1.008	1.007	1.007	1.007
小望角闸上	1.053	1.082	1.052	1.084	1.053	1.084
小望角闸下	1.196	1.201	1.195	1.200	1.195	1.200

表 7-23 各断面 TP 浓度年平均值 单位：mg/L

站 点	水平年（2006）		水平年（2020）		水平年（2030）	
	50%	95%	50%	95%	50%	95%
南 嘴	0.077	0.077	0.077	0.077	0.077	0.077
小河咀	0.172	0.196	0.169	0.199	0.196	0.200
注滋口	0.194	0.384	0.200	0.381	0.215	0.378
青龙窖闸上	0.077	0.076	0.077	0.076	0.077	0.076
青龙窖闸下	3.687	4.784	3.478	4.765	3.617	4.770
毛家渡闸上	3.106	3.315	2.922	3.280	3.046	3.282
毛家渡闸下	0.082	0.076	0.082	0.077	0.082	0.077
王守寺闸上	0.076	0.076	0.076	0.076	0.076	0.076
王守寺闸下	0.105	0.105	0.106	0.105	0.105	0.105
小望角闸上	0.131	0.158	0.131	0.159	0.131	0.159
小望角闸下	0.077	0.076	0.077	0.076	0.077	0.076

从计算结果中可以看出，在未来水平年，大部分河系出口站点以及闸门上下的 TN 浓度在 1～1.5mg/L 之间，符合 IV 类水质标准；TP 浓度在 0.2mg/L 以下，符合 III 类水质标准。个别断面水质超过了 IV 类水标准，如注滋口断面 TP 浓度达到了 0.384mg/L，超过了 V 类水标准。

模拟结果还显示，青龙窖闸下至毛家渡闸上的河段中，TN、TP 浓度值很高，远超过了劣 V 类水的浓度。可能是由于青龙窖和毛家渡的闸门在一年中大部分时段处于关闭状态，而区间河段持续接受堤垸内的污染负荷排放，导致河段内污染负荷累积，浓度越来越高。因此在松滋水系控支强干方案实施中，应对青龙窖—毛家渡之间河段的水质恶化情况给予特别关注，必要时采取相应的措施控制污染。

7.4.1.2 藕池水系控支强干方案

藕池水系控支强干大包方案通过健闸对藕池水系河道中的水流运动进行了控制，也影响到其他水系的水流运动，从而改变了污染物在河道中的运移状况，使河道水质发生变化。总体上来说，306 方案实施后，预测未来水平年的河道水质指标与现状年相比有所改善。同时，由于建闸后闸门的开闭状态，会在一定程度上影响局部河段污染物的运移。

在此方案中，藕池水系上新建了 6 道闸门，通过模型模拟分别得到闸上和闸下及各重要断面的 TN 和 TP 浓度预测值如表 7-24 和表 7-25 所示。

表 7-24　　　　　　　　　　各断面 TN 浓度年平均值　　　　　　　单位：mg/L

站　　点	水平年（2006）		水平年（2020）		水平年（2030）	
	50%	95%	50%	95%	50%	95%
南　　嘴	1.147	1.193	1.143	1.202	1.143	1.202
小河咀	1.328	1.395	0.981	1.123	0.948	1.123
注滋口	1.185	1.186	1.186	1.191	1.186	1.195
康家岗闸上	1.178	1.177	1.176	1.169	1.176	1.169
康家岗闸下	1.178	1.176	1.175	1.167	1.174	1.168
沈家洲闸上	1.395	1.224	1.401	1.419	1.402	1.184
沈家洲闸下	1.599	1.610	0.840	0.830	0.758	0.730
藕池中支进口闸上	1.174	1.168	1.173	1.167	1.173	1.167
藕池中支进口闸下	7.840	7.233	8.126	8.114	8.154	8.227
下柴市闸上	6.938	6.583	7.176	7.317	7.200	7.372
下柴市闸下	1.595	1.606	0.839	0.828	0.757	0.729
鲇鱼须闸上	1.178	1.172	1.176	1.169	1.176	1.168
鲇鱼须闸下	5.893	2.851	5.861	2.728	5.863	2.721
九斤麻闸上	7.022	3.371	7.049	3.229	7.076	3.223
九斤麻闸下	1.186	1.182	1.186	1.184	1.188	1.186

表 7-25　　　　　　　　　　各断面 TP 浓度年平均值　　　　　　　单位：mg/L

站　　点	水平年（2006）		水平年（2020）		水平年（2030）	
	50%	95%	50%	95%	50%	95%
南　　嘴	0.095	0.087	0.095	0.077	0.095	0.077
小河咀	0.057	0.056	0.075	0.086	0.086	0.085
注滋口	0.071	0.074	0.073	0.078	0.073	0.081
康家岗闸上	0.068	0.068	0.068	0.068	0.068	0.068
康家岗闸下	0.068	0.068	0.068	0.068	0.068	0.068
沈家洲闸上	0.318	0.246	0.321	0.223	0.321	0.224
沈家洲闸下	0.004	0.005	0.041	0.035	0.067	0.059

站　点	水平年（2006）		水平年（2020）		水平年（2030）	
	50%	95%	50%	95%	50%	95%
藕池中支进口闸上	0.069	0.069	0.068	0.070	0.068	0.070
藕池中支进口闸下	5.270	5.027	5.516	5.735	5.542	5.828
下柴市闸上	4.622	4.481	4.831	5.072	4.853	5.117
下柴市闸下	0.004	0.005	0.041	0.035	0.067	0.059
鲇鱼须闸上	0.069	0.070	0.069	0.071	0.069	0.072
鲇鱼须闸下	2.450	1.176	2.418	1.107	2.418	1.102
九斤麻闸上	3.027	1.479	3.025	1.398	3.038	1.394
九斤麻闸下	0.071	0.071	0.072	0.073	0.074	0.074

从计算结果中可以看出，在未来水平年，大部分河系出口断面以及闸门上下断面的TN浓度在1～1.5mg/L之间，符合Ⅳ类水质标准；TP浓度在0.2mg/L以下，符合Ⅲ类水质标准。个别断面水质超过了Ⅳ类水标准，如安乡断面TN浓度达到了1.511mg/L，为Ⅴ类水。

模拟结果还显示，藕池中支进口与下柴市之间，鲇鱼须与九斤麻之间河道内的TN、TP浓度均较高，远远超过了Ⅴ类水水质标准。这可能是建闸后，闸门在一年中大部分时段处于关闭状态，而区间河段仍接受堤垸内的污染负荷排放，导致河段内污染负荷的累积，从而使得河道中的污染物浓度越来越高。因此在该方案实施中，应对藕池中支进口闸下—下柴市闸上河段以及鲇鱼须闸下—九斤麻闸上河道的水质恶化情况给予特别关注，必要时采取相应的控制污染措施或闸门调控措施。

7.4.1.3　虎渡河建平原水库方案

在此方案中，南闸和新开口闸之间形成平原水库后，虎渡河的水流运动规律发生了改变，从而影响到污染物在河道中的运移，使河道水质发生变化。总体上来说，305方案实施后，预测未来水平年的河道水质指标与现状年相比均有所改善。

在此方案中，南闸和新开口闸控制了虎渡河下支平原水库，通过模型模拟分别得到闸上和闸下及各重要断面的TN和TP浓度预测值如表7-26和表7-27所示。

表 7-26　　　　　　　　　**各断面 TN 浓度年平均值**　　　　　　　　　单位：mg/L

站　点	水平年（2006）		水平年（2020）		水平年（2030）	
	50%	95%	50%	95%	50%	95%
南　嘴	1.099	1.118	1.098	1.096	1.099	1.093
小河咀	1.076	1.127	1.102	1.122	1.102	1.127
注滋口	1.435	1.324	1.410	1.311	1.412	1.271
南闸闸上	1.312	1.210	1.356	1.226	1.356	1.227
南闸闸下	1.001	1.000	1.002	1.001	1.002	1.001
新开口闸上	1.011	1.004	1.027	1.010	1.027	1.011
新开口闸下	1.083	1.118	1.080	1.104	1.080	1.143

表 7 - 27　　　　　　　　　　　　　各断面 TP 浓度年平均值　　　　　　　　单位：mg/L

站　点	水平年 (2006)		水平年 (2020)		水平年 (2030)	
	50%	95%	50%	95%	50%	95%
南　嘴	0.086	0.084	0.086	0.081	0.086	0.081
小河咀	0.089	0.088	0.087	0.085	0.087	0.084
注滋口	0.246	0.169	0.228	0.160	0.229	0.126
南闸闸上	0.156	0.111	0.162	0.121	0.162	0.120
南闸闸下	0.101	0.100	0.101	0.101	0.101	0.101
新开口闸上	0.106	0.103	0.117	0.106	0.117	0.106
新开口闸下	0.088	0.088	0.088	0.092	0.088	0.092

从计算结果中可以看出，在未来水平年，大部分河系出口断面以及闸门上下断面的 TN 浓度在 1～1.5mg/L 之间，符合Ⅳ类水质标准；TP 浓度在 0.2mg/L 以下，符合Ⅲ类水质标准。可见虎渡河下支建平原水库方案对新建闸门上下有的水环境状况没有明显的影响，基本能够保持Ⅳ类水的水质。

7.4.2　华容河系水环境调控方案

由于华容河上游调弦口淤塞，基本没有入流水量，稀释能力很差，导致华容河下游水环境问题尤其突出。泥沙淤积，水流不畅同时也导致四口河系地区水污染加重，水质变差，如华容河下游已出现严重水污染现象。洞庭湖年排污量约 3 亿多 t，往年入湖淡水丰富，水质一般为Ⅲ类，秋冬水质大部分河湖水质为Ⅲ～Ⅳ类。三峡工程蓄水运用以后，秋冬入湖淡水量减少 80%，稀释能力大幅度降低，使洞庭湖水体总磷等营养物质的含量很高，冬季总磷含量已经严重超标，位于洞庭湖中部的茅草街、沅江河段污水延绵数十公里。

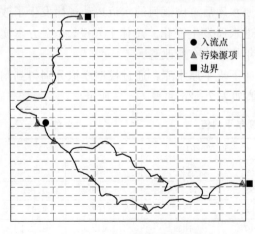

图 7 - 20　设计流量入流位置

为了改善华容河的水质状况，以华容河为例，针对水环境问题进行水量调控设计和分析，将目前的Ⅳ类或Ⅴ类水提高到Ⅲ类水。方案设计一定的来流作为稀释水量进行水环境的调控，设来水水质为Ⅱ类，即 TN 浓度为 0.5mg/L，TP 浓度为 0.1mg/L。

根据华容河沿程排污情况，结合 2003～2008 年的排污量计算，设计进行华容河上游调水来调控水环境方案。选取污染最严重河段的断面作为入流点，具体入流位置如图 7 - 20 所示。调水过程如图 7 - 21 所示的流量过程进行水环境调控，来水水质为Ⅱ类，即 TN 浓度为 0.5mg/L，TP 浓度为 0.1mg/L。通过模型的模拟计算可知，年均调水量约为 1.84 亿 m³，各年的调水量如表 7 - 28 所示。

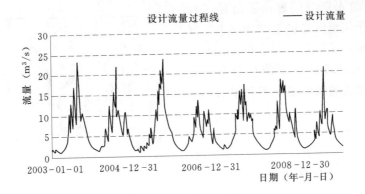

图 7 - 21　设计流量过程

表 7 - 28　　　　　　　　　　各 年 份 的 调 水 量

年　　份	调水量（亿 m³）	年　　份	调水量（亿 m³）
2003	1.97	2007	1.91
2004	1.86	2008	1.90
2005	2.08	2009	1.63
2006	1.55	年平均	1.84

对调水条件下的华容河水质状况进行模拟预测，得到河段沿程的 TN、TP 浓度。

根据模拟结果，河道内大部分河段的 TN、TP 浓度均处于 1.0mg/L 和 0.2mg/L 之下，达到Ⅲ类水质标准，部分上游河道的水质甚至达到了Ⅱ类水质标准。因此认为，此调水调控方案能够在一定程度上起到稀释作用，使华容河大部分河道内的水质基本恢复Ⅲ类及Ⅲ类以下水质标准，实现水环境调控目标。

7.5　综合调控体系

7.5.1　综合调控体系方案

前面的研究分别针对松滋、虎渡、藕滋和调弦河系，研究了不同水资源调控体系方案对防洪、水资源和水环境方面影响，不同水系有不同的特点，须解决的问题也各有差异，解决的办法也不尽相同。通过方案组合优化与模拟分析研究，我们认为四口河系水资源调控体系总体方案布置一是要方综合考虑在分河系的方案研究中所得出的结论意见，二是要充分平衡各河系方案优劣，将不利影响降至最低，三是兼顾防洪、水资源利用与水环境保护三者利益。基于以上分析和考虑，我们提出四口河系水资源综合调控体系总体方案如下。

在不影响现有四口河系与江湖关系格局的前提下，综合诸因素考虑，提出四口河系综合调控总体方案：松滋河系控支强干 303 方案＋虎渡河平原水库 305 方案＋藕滋河系控支强干 306 方案进行组合（简称为 307 方案，见图 7 - 22）。该总体方案的特点是：①不影响大的江湖关系，对荆江防洪影响小；②减少了四口河系地区防洪压力，缩短防洪堤 517km；③结合堵支并流建设平原水库，增加了可调控水资源总量，在一定程度上缓解了四口河系地区的水资源问题；④简化了河系，为保证主干河流河势稳定与冲淤平衡提供了条件和保障；⑤对藕滋河系和华容河系水资源短缺及水环境问题不能从根本上解决。缺点是江湖联通时间短，不利于水环境的改善。

7.5.2 综合调控体系防洪评价

通过江湖关系演变对藕池河系影响的研究表明，藕池河系地区缺水规模在未来30年内将上升到近5亿 m³，分别采用前述讨论研究过的水资源调控工程方案（比较，其中可利用的蓄洪补枯可调蓄的水资源量最多能达到 2.46 亿 m³（藕池河系 306 方案），在此方案下，现状条件下（2006 年地形），遇 1998 年典型洪水，由于藕池河系控支强干作用，减少荆江对藕池河分流，影响监利水位抬升 0.08m，增加监理河段荆江流量

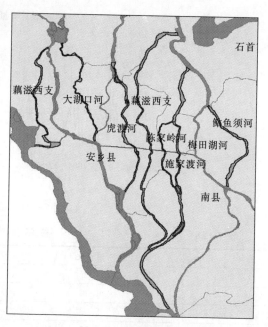

图 7-22　综合调控体系示意图

887m³/s，但对长江防洪影响不明显（35.14m，1998 年实测水位 36.21m），刚好达到设计水位，但藕池口洪峰流量减少 1051m³/s，水位较现状抬升 0.34m，管家铺水位抬升 0.57m（37.65m，高于设计水位 0.15m），康家岗抬升 0.45m，北景港水位抬升 0.46m，梅田湖河进口水位抬升 1.66m（37.04m，高于设计水位 0.78m），对藕池河系防洪有影响，需要考虑分支行洪，降低水位；利用藕池中支施家渡河行洪，仅保留陈家岭河建平原水库，即选择藕池河系综合 304 方案分析演算，遇 1998 年典型洪水，由于藕池河系控支强干作用，减少荆江对藕池河分流，影响监利荆江河段水位抬升 0.06m，增加流量 595m³/s，但长江防洪影响不大，藕池口洪峰水位升高 0.23m，管家铺洪峰水位升高 0.32m，康家岗抬升 0.29m，北景港水位下降 −0.04m，施家渡河水位升高 0.51m（35.86m，高于设计水位 0.33m），梅田湖河进口水位抬升 0.89m（36.27m，高于设计水位 0.01m），此方案可考虑局部加高堤防或疏挖河道解决防洪问题；如果采用疏挖河道方案，即藕池东支疏挖 1.0m，藕池口洪峰水位下降 0.04m，管家铺洪峰水位不变，藕池河系其他各站水位大部分下降，少量站水位略升，但也低于设计水位，分别用 1998 典型年洪水分析 2020 和 2030 年，洪水位均下降，遇 1954 年典型年洪水，考虑三峡调度，本方案与现状比，洪水位仅施家渡河进口上升 0.63m（36.31m，高于设计水位 0.78m），陈家岭河进口上升 0.68m（36.40m，高于设计水位 0.07m），但采用此方案蓄水量最大为 1.39 亿 m³。

7.5.3 综合调控体系水资源评价

1. 不同来水条件水库库容计算

考虑各方案互相影响后的整体水系各平原水库不同来水频率条件下的蓄满水位如表 7-29所示。

表 7-29 **四口河系大包方案各平原水库蓄满水位**

来水频率（%） 蓄满水位（m）		25	50	75	95	98
鲇鱼须河	2020 年	34.56	32.99	31.72	33.26	28.45
	2030 年	33.97	32.41	31.19	32.54	28.1
藕池中支	2020 年	34.75	33.45	32.12	33.77	28.29
	2030 年	34.26	32.61	30.51	33.13	28.26
藕池西支	2020 年	32.94	33.23	31.81	32.25	28.29
	2030 年	32.79	32.37	31.29	32.04	28.26
虎渡河	2020 年	34.1	34.32	32.15	36.45	31.21
	2030 年	33.71	34.02	31.89	36.07	31.03
松滋东支	2020 年	33.24	35.99	32.79	30.53	27.07
	2030 年	32.94	35.35	32.37	30.4	27.08
松滋西支	2020 年	35.76	37.33	33.88	32.39	28.67
	2030 年	35.49	37.06	33.41	32.18	28.67

根据提取各分段截面面积及河道长度，计算得到典型年来水条件平原水库年调蓄库容如表 7-30 所示。

表 7-30 **四口河系控支强干大包方案年调蓄库容**

来水频率（%） 年调蓄库容（万 m³）		25	50	75	95	98
鲇鱼须河	2020 年	3351	1861	1194	2068	0
	2030 年	2723	1506	997	1576	0
藕池中支	2020 年	10700	7469	4791	8200	0
	2030 年	9390	5710	2432	6773	0
藕池西支	2020 年	2990	3330	1854	2261	0
	2030 年	2821	2380	1443	2059	0
虎渡河	2020 年	5701	5924	4006	8273	3258
	2030 年	5338	5621	3797	7828	3118
松滋东支	2020 年	3977	5973	3690	2358	730
	2030 年	3785	5460	3428	2286	734
松滋西支	2020 年	4189	5606	2955	2186	585
	2030 年	3975	5352	2699	2085	585

2. 水资源供需平衡分析

选取 50% 来水保证率，50% 降雨保证率低增长情形分析大包方案对 Ⅱ，Ⅲ 区供水影响。平水条件大包方案 Ⅱ 区、Ⅲ 区供需水过程如图 7-23 和图 7-24 所示。

大包方案完成后，在近期年平水条件下，Ⅱ，Ⅲ 两区能完全满足生活和二、三产用水增长的需求，远期年仍有 1～2 个月的缺口，农业需水仍然无法满足。

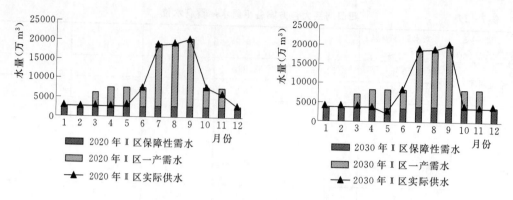

图 7-23　平水条件大包方案 Ⅱ 区供需水过程

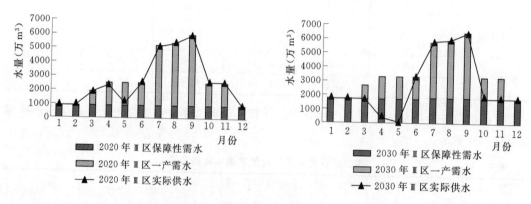

图 7-24　平水条件大包方案 Ⅲ 区供需水过程

选区 98% 来水保证率，75% 降雨保证率高增长极端枯水情景分析大包方案对 Ⅱ，Ⅲ 区供水影响，如图 7-25 和图 7-26 所示。

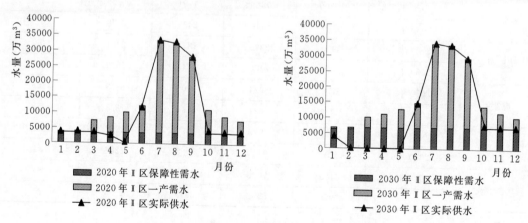

图 7-25　极端枯水条件大包方案 Ⅱ 区供需水过程

极端枯水条件下，大包方案平原水库建成后，藕池区及华容区仍然存在保障性供水缺口，需要通过跨水系调水，长江引水解决保障性供水，同时考虑在枯水年抽取地下水进行农业灌溉等手段来解决水资源问题。

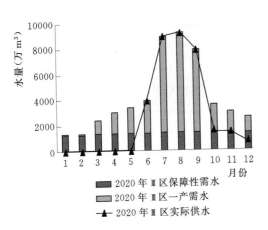
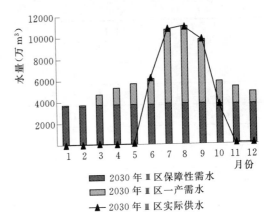

图 7-26　极端枯水条件大包方案Ⅲ区供需水过程

3. 调控方案水资源影响评价

该方案为组合方案，与藕池水系单独进行控支强干兴建平原水库相比，对Ⅱ区没有影响，但组合方案进一步改善了Ⅲ区的水资源供给。

7.5.4　综合调控体系水环境评价

影响分析：四口河系控支强干大包方案分别在藕池水系、虎渡河、松滋水系上建闸，对藕池水系、虎渡河、松滋水系的水流运动进行了控制，从而影响到污染物在河道中的运移，使河道水质产生变化。总体上来说，在331方案实施后，预测未来水平年的河道水质指标与2006年相比均有所改善。同时，由于建闸后闸门的开闭会改变闸门上下游的水环境条件，会在一定程度上影响到局部河段污染物的运动。

在四口河系控支强干大包方案中，分别在藕池水系、虎渡河、松滋水系上建闸中，通过模型模拟分别得到闸上和闸下及各重要断面的TN和TP浓度预测值如表7-31和表7-32所示。

表 7-31　　　　　　　　　　　各断面 TN 浓度年平均值　　　　　　　　　　单位：mg/L

站　点	水平年（2006）		水平年（2020）		水平年（2030）	
	50%	95%	50%	95%	50%	95%
南　嘴	1.191	1.200	1.207	1.202	1.207	1.204
小河咀	1.402	1.424	0.991	1.184	1.093	0.995
注滋口	1.186	1.186	1.185	1.191	1.186	1.194
青龙窖闸上	1.198	1.199	1.198	1.198	1.200	1.198
青龙窖闸下	6.948	9.160	8.059	11.416	8.080	10.152
毛家渡闸上	6.054	7.746	7.027	9.905	7.044	7.296
毛家渡闸下	1.089	1.104	1.186	1.151	1.186	1.159
王守寺闸上	1.198	1.199	1.200	1.198	1.201	1.198
王守寺闸下	1.025	1.019	1.022	1.014	1.021	1.016
小望角闸上	1.093	1.037	1.099	1.027	1.097	1.079

站 点	水平年（2006）		水平年（2020）		水平年（2030）	
	50%	95%	50%	95%	50%	95%
小望角闸下	1.092	1.037	1.098	1.027	1.096	1.079
康家岗闸上	1.178	1.177	1.176	1.169	1.176	1.169
康家岗闸下	1.058	1.176	1.055	1.167	1.055	1.168
沈家洲闸上	1.394	1.223	1.401	1.181	1.402	1.182
沈家洲闸下	1.796	1.676	0.855	1.230	1.100	0.848
藕池中支进口闸上	1.174	1.168	1.173	1.167	1.173	1.167
藕池中支进口闸下	7.865	7.278	8.143	8.140	8.174	8.252
下柴市闸上	6.956	6.624	7.191	7.339	7.218	7.394
下柴市闸下	1.792	1.672	0.854	1.227	1.099	0.846
鲇鱼须闸上	1.178	1.172	1.176	1.169	1.176	1.168
鲇鱼须闸下	5.923	2.846	5.885	2.736	5.888	2.728
九斤麻闸上	7.057	3.366	7.162	3.239	7.257	3.233
九斤麻闸下	1.187	1.182	1.186	1.184	1.191	1.186
南闸闸上	1.348	1.154	1.298	1.149	1.294	1.152
南闸闸下	1.007	1.003	1.010	1.002	1.011	1.002
新开口闸上	1.016	1.007	1.018	1.007	1.019	1.007
新开口闸下	1.177	1.085	1.198	1.033	1.195	1.033

表 7 - 32 　　　　　　　　　　　　各断面 TP 浓度年平均值　　　　　　　　　　单位：mg/L

站 点	水平年（2006）		水平年（2020）		水平年（2030）	
	50%	95%	50%	95%	50%	95%
南 嘴	0.080	0.078	0.080	0.078	0.080	0.079
小河咀	0.059	0.056	0.074	0.057	0.060	0.071
注滋口	0.072	0.074	0.072	0.077	0.072	0.080
青龙窖闸上	0.079	0.077	0.079	0.077	0.079	0.078
青龙窖闸下	3.727	5.281	4.318	6.712	4.330	5.898
毛家渡闸上	3.217	4.388	3.734	5.755	3.743	4.077
毛家渡闸下	0.082	0.080	0.080	0.079	0.080	0.079
王守寺闸上	0.079	0.077	0.079	0.077	0.079	0.078
王守寺闸下	0.117	0.113	0.115	0.110	0.114	0.112
小望角闸上	0.154	0.126	0.159	0.119	0.157	0.156
小望角闸下	0.154	0.126	0.158	0.119	0.156	0.155
康家岗闸上	0.068	0.068	0.068	0.068	0.068	0.068
康家岗闸下	0.132	0.073	0.130	0.074	0.068	0.074

站　　点	水平年（2006）		水平年（2020）		水平年（2030）	
	50%	95%	50%	95%	50%	95%
沈家洲闸上	0.317	0.245	0.321	0.222	0.321	0.223
沈家洲闸下	0.004	0.005	0.037	0.006	0.003	0.034
藕池中支进口闸上	0.068	0.069	0.068	0.070	0.068	0.070
藕池中支进口闸下	5.287	5.062	5.531	5.754	5.558	5.846
下柴市闸上	4.634	4.513	4.845	5.089	4.868	5.133
下柴市闸下	0.004	0.005	0.037	0.006	0.003	0.034
鲇鱼须闸上	0.069	0.070	0.069	0.071	0.069	0.072
鲇鱼须闸下	2.469	1.174	2.432	1.111	2.432	1.107
九斤麻闸上	3.049	1.475	3.086	1.403	3.136	1.400
九斤麻闸下	0.071	0.071	0.072	0.073	0.075	0.074
南闸闸上	0.148	0.138	0.166	0.138	0.157	0.138
南闸闸下	0.104	0.102	0.105	0.101	0.105	0.101
新开口闸上	0.108	0.104	0.108	0.104	0.109	0.104
新开口闸下	0.083	0.086	0.084	0.097	0.084	0.097

从计算结果中可以看出，在未来水平年，大部分河系出口断面以及闸门上下断面的 TN 浓度维持在 1～1.5mg/L 之间，符合Ⅳ类水质标准；大部分断面的 TP 浓度在 0.2mg/L 以下，符合Ⅲ类水质标准。但是个别断面的水质超过了Ⅳ类水标准，如沈家洲闸上断面的 TP 浓度均在 0.2mg/L 以上，最大达到了 0.321mg/L，为Ⅴ类水。

模拟结果还显示，青龙窖至毛家渡之间，藕池中支进口至下柴市之间，鲇鱼须至九斤麻河道内的 TN、TP 浓度很高。根据前几个方案的分析，可能是由于这些河段上的闸门在大部分时段内处于关闭状态，河道水流运动缓慢甚至停滞，而堤垸内的污染负荷输入并没有减少，因此河段内污染负荷呈逐渐积累状态，污染物浓度越来越高。因此在四口河系控支强干大包方案的实施中，需对青龙窖至毛家渡，藕池中支进口至下柴市，鲇鱼须至九斤麻河段的水质恶化情况给予特别关注，必要时采取相应的控制污染措施或闸门调控措施。

7.6　小结

通过对调控体系各方案的比较分析研究，推荐采用松滋建闸 301 方案＋四口控支强干大包方案 307＋松滋西水东调的组合方案，该方案的综合特点有以下几点。

（1）对江湖关系影响小。现状条件下遇 1998 年大洪水时，藕池口洪峰水位下降 0.04m，未来与现状方案对比，2020 年情景下，藕池口洪峰水位降低 0.13m，管家铺洪峰水位降低 0.13m，藕池口洪峰流量增加 331m³/s，管家铺洪峰流量增加 551m³/s，河网区内各控制站水位变化不大；2030 年情景下，藕池口洪峰水位降低 0.14m，管家铺洪峰水位降低 0.15m，藕池口洪峰流量增加 361m³/s，管家铺洪峰流量增加 540m³/s，河网内水位变化不大。

遇 1954 年大洪水时，选用 1954 年经过三峡水库调蓄后的泄水排沙过程作为模型上边界条件，在 2006 年地形条件下，按照沙市 45.00m（冻结高程）、莲花塘 34.40m（冻结高程）、汉口 29.73m（冻结高程）和鄱阳湖口 22.50m（冻结高程）分洪，与现状方案比较，管家铺、康家岗闸上、南嘴和注滋口站的水位较现状水位略有抬高，抬高幅度小于 0.10m。

（2）减少了防洪堤线 516.8km，减轻了该地区防汛压力。

（3）解决了松澧洪水遭遇问题，同时增加了松滋河水资源供给。

（4）基本解决四口河系地区水资源时空分配不均问题。增加调蓄库容 1.2 亿 m³，建立松滋河自流补充水源的西水东调体系，保障了藕池河系江湖联通与水系的流动。

（5）由于非汛期水量有所增加，对四口河系的水环境总体上有改善作用，水质指标有所提高。

（6）整体方案由于同时解决水资源问题和防洪问题，增强了四口河系地区经济社会发展的自然环境及资源优势，为经济社会长期可持续发展创造了条件。

第8章 结论与展望

8.1 主要结论

（1）四口河系河网一维非恒定流水沙输运及河床变形模拟数学模型和二维湖泊非恒定流水沙模型。

区域模型之间采用显式联结，形成四口河系系统模型。通过用 1981～1990 年水沙系列资料率定参数，1991～2000 年水沙系列资料验证和 2002～2008 年坝下河道冲淤资料对模型进一步验证。模拟精度达到了本研究关于防洪、水资源分析方面的要求，具备预测三峡工程运用后四口河系蓄泄关系变化的模拟功能。

（2）考虑山丘区和堤垸区不同产汇流机制的洞庭湖四口河系区间分布式水文模型。

其中山丘区的分布式水文模型考虑了流域地貌特征并基于 Richards 方程和运动波方程模拟产汇流过程，用于浏阳河、沩水、汨罗江和新墙河流域逐日洪水过程的模拟和预报；堤垸区水文模型考虑了不同土地利用类型，基于 1km×1km 网格进行产流计算，用于模拟和预报 68 个堤垸的逐日径流和排水过程。根据 1991～2007 年的模拟结果统计，山丘区间年均径流量为 140.6 亿 m^3，堤垸区间年均径流量 196.0 亿 m^3，洞庭湖区间总径流量为 336.6 亿 m^3。区间洪水模型给四水河网和洞庭湖的洪水演进模拟提供了详细的区间入流边界条件，为提高洪水模拟和预报精度创造了条件。

（3）四口河系地区非点源污染负荷及河道水质模拟模型。

根据洞庭湖四口河系区域地势平缓、河网纵横交错的特点，建立了该地区的非点源污染负荷计算与河道水质模拟耦合的水环境分析模型。该模型可模拟和预报因降雨产汇流、水土流失等导致的非点源污染物迁移过程，以及工业及生活集中排放点源污染物入河及河道水质的时空变化过程。

（4）三峡水库运用后四口河道的冲淤变化。

在 2006 年实测地形基础上，利用经三峡水库调蓄后的 90 水沙系列循环计算，结果表明：三峡蓄水运行后四口河系分流分沙逐渐减少但减少速度有减缓趋势。四口河系各河段有冲有淤，淤积呈减缓趋势。其中，新江口河段、松滋河东支 15 河段（南平镇至林家厂）和大湖口河为冲刷河段，且冲刷有进一步发展趋势。以 1998 年的水位流量关系为基础，分析预测未来 10 年、20 年和 30 年水位流量关系相对于 1998 年水位流量关系的变化。结果表明：新江口、沙道观、官垸、自治局站同流量下水位分别升幅在 0.15m、0.20m、0.16m、0.14m 以内；弥陀寺、康家岗、管家铺站同流量下水位升高明显分别为 1.00～0.50m、0.60～0.06m、0.96～0.32m；大湖口、注滋口站同流量下水位下降，分别为 0.61～0.04m 、0.39～0.07m，其中，同流量下水位变化低水部分大于高水部分。

（5）四口建闸的防洪作用。

松滋口建闸后闸前泥沙略有冲刷，与三峡水库配合，实现与澧水错峰调度，可大大提高松滋河系的防洪标准，减少蓄洪垸的分洪量，特别是为应对类似1935年曾发生的毁灭性洪灾，提供了十分有利的条件。松滋口建闸后，遭遇1998年典型洪水，松澧错峰调度，松滋口削减流量4350m³/s，松滋河系各站水位除安乡河四分局站和肖家湾站基本不变，其他各站水位下降0.09～1.77m；长江洪峰时，在三峡水库发挥防洪作用条件下，松滋口闸按照流量7100m³/s控制，与现状方案相比，除了松滋口闸上洪峰水位升高0.36m外，松虎河系其他各站水位下降0.02～0.52m。此外，在建闸方案中，考虑了松滋河系、藕池河系主要过流河道疏挖1.0m，松滋口可在枯季（10月至次年5月）增加过流量215～237m³/s，多进水量45亿～50亿m³；藕池口可在枯季增加过流量17～37m³/s，多进水量3.7亿～7.8亿m³，结合平原水库蓄水，可大大减缓四口河系地区枯季的缺水状况。

（6）控支强干措施对防洪的作用。

松滋河系：当沙市水位超过警戒水位时，官垸河控制闸、大湖口河控制闸开闸行洪，松滋中支湖南境内疏挖1.5m，新江口、沙道观洪峰水位基本不变，河网区各站水位普遍下降0.10～0.21m。藕池河系：当监利水位超过警戒水位，中支及东支鲇鱼须河上下闸开闸行洪，藕池西支仍关闸蓄水，藕池东支疏挖1.0m，管家铺水位升高0.30m、比堤防设计水位低0.11m，康家岗闸上水位升高0.11m、比堤防设计水位低0.17m，梅田湖河进口断面水位升高0.72m、比堤防设计水位高0.48m。松滋东支大湖口河控支强干后，可有效控制该河段的冲刷发展，同时促进松滋中支河道发育，采用推荐的综合调控体系后，可缩短防洪堤线517km，大大提高四口河系地区防洪能力。

（7）堤垸调整的可行性及对防洪的影响。

当三峡水库调度采用对城陵矶补偿调度优化方式时，1954年洪水经过三峡水库调蓄后，按照沙市水位45.00m、城陵矶水位34.90m、汉口水位29.50m、湖口水位25.50m（均为吴淞高程）控制分洪。结果表明：城陵矶附近区超额洪量减少到294.69亿m³；在此基础上，结合四口河系建闸、控支强干综合运用，位于四口河系中部的安昌垸、安化垸、南顶垸和集成安合四个蓄洪垸可考虑调整。

（8）四口河系地区现状和未来的水资源供需分析。

以2008年为现状水平年，2020年和2030年为近期和远期水平年，考虑不同降水频率（50%，75%）、不同社会经济发展模式（高速发展、低速发展），预测了四口河系地区的水资源需求并开展了水资源供需分析。结果表明：现状条件下四口河系地区在枯水季节存在不同程度的水资源短缺，主要集中在华容水系和藕池水系的春秋季节；未来四口河系地区的水资源需求增长较快，其中生活需水略有增加、一产需水变化不大、二产三产需水有较大幅度增加；在四口分水比例进一步下降的条件下，四口河系地区未来水资源供需矛盾将进一步突显，尤以华容河水系和藕池河水系的问题突出。

（9）四口河系地区水资源调控方案。

包括控支强干与平原水库在内的水资源调控措施能够一定程度缓解水资源短缺形势，控支强干措施增加了干流流量与过水时间，平原水库增加了水资源调蓄能力。松滋水系平原水库增加调蓄能力1.4亿m³，可为西水东调提供水源；虎渡河平原水库增加调蓄能力0.7亿m³，可改善Ⅲ区（藕池中区）保障性用水；藕池水系平原水库增加调蓄能力1.7

亿 m³，在平水年可基本满足Ⅱ区（藕池东区）、Ⅲ区的藕池水系保障性用水需求；华容河水系需通过华洪运河或松滋从长江调水解决水资源矛盾。

（10）四口河系的水环境现状和变化趋势。

根据现场水质调查和模型模拟分析的结果表明：洞庭湖四口河系的水体环境质量总体尚好，主要河道断面水质以Ⅲ类为主，部分断面水质为Ⅳ类（属轻度污染），主要超标项目为总氮和总磷；华容河的水环境现状十分恶劣，为Ⅴ类和劣Ⅴ类。按照现状污染排放水平计算，未来的污染负荷会逐年增加，主要河道的污染物浓度呈增长趋势，局部断面的增长趋势十分显著，小河咀和注滋口断面在非汛期的总氮和总磷浓度将超过Ⅴ类水标准。

（11）防洪及水资源调控方案对水环境的影响并提出了针对华容河的水环境调控对策。

调控方案对四口河系的水环境总体上都有改善作用，水质指标有所提高，水体质量基本维持在Ⅲ～Ⅳ类水标准。但是，由于建闸控制了水流自然运动，在闸门控制的部分断面由于水流不畅导致污染物有所积累，水质出现恶化现象。华容河水环境调控方案：通过调水方式使华容河内维持一定的河道流量，恢复水体自净能力。每年至少需要调水 1.84 亿 m³，才能使华容河水质由Ⅳ类提高到Ⅲ类水标准。

（12）四口河系综合调控体系。

从三峡工程运用后长江中下游防洪形势改善和四口河系河道不断萎缩的演变趋势出发，以有效缩短防洪堤线长度、控支强干、堤垸调整等工程措施与非工程措施进行防洪布局为基础，结合区域水资源需求和水环境改善，提出了控制松滋河东支和西支、虎渡河下游、藕池河中、西支和东支鮎鱼须河，以水体自流西水东调工程串联虎渡河和藕池河系平原水库，华容河自长江调水，疏浚松滋河中支和藕池河东支主干维持分流格局，调整安昌、安化、南顶、集成安合等堤垸不再作为蓄洪垸，结合长江与澧水洪水错峰调度及保障松滋疏挖引水防洪安全推荐松滋口建闸，从而形成四口河系防洪、水资源和水环境保护的综合调控体系。这一体系对江湖格局和长江防洪安全影响甚微，使四口河系防洪标准超过20 年一遇，缩短防洪堤线 517km，基本保障四口河系地区未来 30 年经济社会可持续发展的水资源需求，并维持主要水体不低于Ⅲ类水质标准，维持良好的水环境状况。

8.2　不足与展望

（1）三峡工程建成运行后长江中下游江湖关系的演变，四口分流分沙变化、河道冲淤变化等是一个十分复杂的过程，其中有许多机理尚不十分清楚，需要长期观测资料不断修正水沙数学模型。

（2）三峡工程建成运行后，四口河系地区的防洪形势不仅与通过四口分流的长江上游洪水、上游四水流域洪水，以及洞庭湖区间洪水有关，同时还与洞庭湖出口的长江水位顶托密切相关。本项目重点研究了长江洪水与澧水洪水的遭遇问题，针对三峡工程建成运行后整个洞庭湖防洪形势的研究还不够全面和系统，有待今后继续开展全面研究。

（3）在水资源研究方面，区域社会经济发展与国民经济用水水平的预测存在较大不确定性，生态需水的计算方法尚不够成熟，未来的需水预测结果存在一定不确定性。另一方面，四口分流量还在随长江中下游江湖关系的演变而不断变化，四口河系地区的可利用水资源量的时空分布同样存在一定程度的不确定性。因此，未来该地区的水资源供需分析及缺水预测结果尚有待进一步深入研究。

（4）在水环境研究方面，一方面，由于长系列的河道和湖泊水质监测数据严重不足，水环境模型的参数率定存在不确定性，导致水质模拟结果不是十分理想；另一方面，四口河系的水环境与洞庭湖区水环境密切相关，本项目中针对四口河系地区的水环境模型需要扩展到整个洞庭湖地区，建立一维河网和二维湖泊耦合的水环境模拟模型。

（5）本项目首次提出了四口河系综合调控体系，该体系主要以工程措施为主。在今后的研究中，需要针对洞庭湖区域，进一步完善这一调控体系，补充非工程措施等其他调控手段。

参 考 文 献

［1］ 湖南省水利水电勘测设计研究总院．湖南省洞庭湖人畜安全饮水规划报告，2007．

［2］ 湖南省水利水电勘测设计研究总院．洞庭湖区血吸虫防治规划，2008．

［3］ 湖北省荆州市环保局．荆江市 2005 年环境质量公报，2005．

［4］ 张光贵．洞庭湖演变对农业生态环境的影响［J］．长江流域资源与环境，1997（4）：363－367．

［5］ 张振全．洞庭湖区洪水模拟模型应用研究［D］．武汉：武汉大学，2005．

［6］ 吴作平，杨国录，甘明辉．荆江—洞庭湖水沙数学模型研究［J］．水利学报，2003，（7）：96－100．

［7］ 谭维炎，胡四一，王银堂．长江中游洞庭湖防洪系统水流模拟-Ⅰ．建模思路和基本算法［J］．水科学进展，1996，7（4）：337－344．

［8］ 李义天，吴道喜，张硕辅．洞庭湖区分蓄洪区调度运用数学模型研究报告［R］．武汉：武汉水利电力大学，1997．

［9］ 赖锡军，姜加虎，黄群．洞庭湖地区水系水动力耦合数值模型［J］．海洋与湖沼，2008，（1）：74－81．

［10］ 鲁光银，朱自强，邓吉秋，等．基于 3S 的洞庭湖区蓄洪垸分洪调度模型［J］．中南工业大学学报（自然科学版），2002，33（1）：1－4．

［11］ 胡四一，王银堂，谭维炎．长江中游洞庭湖防洪系统水流模拟-Ⅱ．模型实现和率定检验［J］．水科学进展，1996，7（4）：346－353．

［12］ 胡四一，施勇，王银堂．长江中下游河湖洪水演进的数值模拟［J］．水科学进展，2002，13（3）：278－286．

［13］ 湖南省统计局．湖南统计年鉴 2009［M］．北京：中国统计出版社，2009．

［14］ 湖南省常德市统计局．常德市统计年鉴，2009．

［15］ 湖南省岳阳市华容县发展和改革局．华容统计年鉴，2009．

［16］ 湖南省常德市安乡县统计局．安乡统计年鉴，2009．

［17］ 湖南省常德市安乡县统计局．安乡县 2008 年国民经济和社会发展统计公报，2009．

［18］ 湖南省常德市澧县统计局．澧县统计年鉴，2009．

［19］ 湖南省常德市澧县统计局．澧县 2008 年国民经济和社会发展统计公报，2009．

［20］ 湖南省益阳市沅江市统计局．沅江统计年鉴，2009．

［21］ 湖南省益阳市沅江市统计局．沅江市 2008 年国民经济和社会发展统计公报，2009．

［22］ 湖南省益阳市南县统计局．南县统计年鉴，2009．

［23］ 湖南省益阳市南县统计局．南县 2008 年国民经济和社会发展统计公报，2009．

［24］ 湖南省益阳市大通湖区统计局．大通湖区 2008 年国民经济和社会发展统计公报，2009．

［25］ 湖南省岳阳市君山区统计局．君山区 2008 年国民经济和社会发展统计公报，2009．

［26］ 湖北省地方志编委．湖北年鉴 2009［M］．武汉：湖北年鉴社，2009．

［27］ 湖北省荆州年鉴编辑委员会．荆州年鉴 2009，2009．

［28］ 湖北省松滋市统计局．日新月异金松滋（1978—2008），2008．

［29］ 湖北省松滋市统计局．松滋市 2008 年国民经济和社会发展统计公报，2009．

［30］ 湖北省荆州市公安县统计局．国家统计局公安调查队．屠陵记忆——公安改革开放 30 年统计年鉴（1978—2008），2008．

[31] 湖北省荆州市公安县统计局. 公安县 2008 年国民经济和社会发展统计公报，2009.

[32] 湖南省民政厅. 湖南省行政区划简册（2009）. 长沙：湖南省地图出版社，2009.

[33] 湖南省水利水电厅. 洞庭湖水利志——湖南省洞庭湖区基本资料汇编（第四分册），1989.

[34] 华容县水利志编写组. 华容县水利志 [M]. 北京：中国文史出版社，1990.

[35] 湖南省质量技术监督局. 湖南省用水定额，2008.

[36] 水利部水利水电规划设计总院. 全国水资源综合规划技术大纲，2003.

[37] 中国水利水电科学研究院水资源研究所. 安阳市水资源规划，2002.

[38] 王忠静，等. 敦煌水资源合理利用与生态保护综合规划，2009.

[39] Danish Hydraulic Institute (DHI). MIKE 11: A modelling system for Rivers and Channels Reference Manual. DHI, 2007.

[40] Neitsch S. L. , J. G. Arnold, J. R. Kiniry, J. R. Williams, Soil and Water Assessment Tool User's Manual Version 2000, Agriculture Research Service and Blackland Research Center, 2001.

[41] Williams, J. R. 1975. Sediment yield prediction with universal equation using runoff energy factor. ARS-S-40. Washington, D. C. : USDA, Agric. Res. Serv.

[42] 长江流域水资源保护局. 三峡工程生态与环境 [M]. 北京：科学出版社，2000.

[43] 陈栋. 三峡水库非汛期水动力及水质模拟研究 [D]. 济南：山东大学硕士学位论文，2008.

[44] 郝芳华，程红光，杨胜天. 非点源污染模型——理论方法与应用 [M]. 北京：中国环境科学出版社，2006.

[45] 贺建林. 三峡工程对洞庭湖鱼类资源的影响分析 [J]. 武陵学刊，1997 (5)：95 - 97.

[46] 湖南省洞庭湖水利工程管理局. 湖南省洞庭区湖堤垸图集，2004.

[47] 湖南省洞庭湖水利工程管理局. 洞庭湖堤垸大中型泵站基本情况表，2007.

[48] 贺建林，陶建军. 三峡工程对洞庭湖环境影响的几个主要方面的探讨 [J]. 湘潭师范学院学报，1996，17 (3)：61 - 65.

[49] 江苏省环境监测中心. 长江口及毗邻海域碧海行动计划，2006.

[50] 李倩. 三峡工程对洞庭湖生态环境的影响 [D]. 湖南：湖南大学硕士学位论文，2005.

[51] 李海彬. 三峡工程运行对洞庭湖湿地资源影响研究 [D]. 湖南：长沙理工大学硕士学位论文，2008.

[52] 全国污染源普查水产养殖业污染源产排污系数测算项目组. 水产养殖业污染源产排污系数手册，2011.

[53] 谢小立，吕焕哲. 不同土地利用模式下红壤坡地雨水产流与结构拟合 [J]. 生态环境，2008，17 (3)：1250 - 1256.

[54] 张华峰. 浙江饮水工程对嘉兴平原河网水环境影响的评价研究 [D]. 杭州：浙江大学硕士学位论文，2008.

[55] 赵人俊. 流域水文模拟 [M]. 北京：水利电力出版社，1984.

[56] 赵振兴，何建京. 水力学 [M]. 北京：清华大学出版社，2010.

[57] 中国环境规划院. 全国水环境容量核定技术指南，2003.

[58] 朱求安，张万昌. 新安江模型在汉江江口流域的应用及适应性分析 [J]. 水资源与水工程学报，2004，9：19 - 23.

[59] 湖南省水利水电勘测设计院. 澧水流域规划报告松澧地区防洪规划专题报告，1989.